OLED 有機發光二極體
顯示器技術

陳志強　編著

🄽 全華圖書股份有限公司

序 言

　　科技來自於人性，消費性電子的興盛帶動了平面顯示技術。傳統陰極射線映像管過於笨重，而液晶顯示器礙於物理極限，無法滿足人們對視角與動態影像的高畫質需求。有機發光二極體(OLED, Organic Light-Emitting Diode)顯示技術應用範圍廣，具備了自發光的特性、敏捷的反應速度、寬廣的可視範圍、清晰的對比度、極薄的面板厚度、重量輕、耗電量低並具備可撓曲等優勢，被喻為完美的平面顯示器。

　　1987 年 Kodak 實驗室透過蒸鍍多層結構有機發光材料，實現可商品化小分子有機發光二極體(SMOLED, Small Molecule OLED)顯示器。1990年劍橋大學實驗室藉由分子聚合物作為有機發光材料，成功開發出高分子有機發光二極體(LEP, Light Emitting Polymer)顯示器。而隨著小分子有機發光二極體與高分子有機發光二極體材料的日趨成熟，引發出另一股投入有機發光二極體面板的熱潮。

　　本書為分成三大部分，第一部份(第一章至第三章)介紹有機發光二極體的開發歷史、元件結構、顯示原理與規格應用。第二部份(第四章至第八章)介紹有機發光二極體全彩化顯示技術、被動式背板技術與主動式背板技術、陰極與陽極製程技術。第三部份(第九章至第十二章)介紹有機發光二極體畫素設計、顯示驅動原理、面板封裝技術、未來技術指標與趨勢。作者期待藉由此入門書淺顯易懂的辭句，使讀者減少不必要的閱讀困難，並將有機發光二極體顯示器之原理與應用正確且完整的呈現給讀者。

　　最後，將此書獻給我的家人，感謝他們在精神上的支持與鼓勵。

陳志強　謹識於台北

編輯部序

　　「系統編輯」是我們的編輯方針，我們所提供給您的，絕不只是一本書，而是關於這門學問的所有知識，它們由淺入深，循序漸進。

　　有機發光二極體顯示器具備自發光特性、敏捷的反應速度、寬廣的可視範圍、低的耗電量、清晰的對比、面板厚度薄、重量輕並具備可撓曲等優勢，被喻為完美的顯示器。本書藉由淺顯易懂的辭句將有機發光二極體顯示器之開發歷史、發光原理、面板設計與未來趨勢呈現給讀者。內容包括：有機發光二極體應用與規格、有機發光二極體顯示原理及全彩技術、被動式矩陣背板技術、主動式矩陣背板技術、有機發光二極體陽極製程、有機發光二極體陰極製程、主動式類比畫素設計、主動式數位畫素設計、有機發光二極體封裝技術、有機發光二極體技術藍圖等。本書適用於科大電子、電機、光電系「LED 製程與應用」課程。

　　同時，為了使您能有系統且循序漸進研習相關方面的叢書，我們以流程圖方式，列出各有關圖書的閱讀順序，以減少您研習此門學問的摸索時間，並能對這門學問有完整的知識。若您在這方面有任何問題，歡迎來函連繫，我們將竭誠為您服務。

相關叢書介紹

書號：05072
書名：幾何光學
編著：耿繼業.何建娃.林志郎

書號：06053
書名：白光發光二極體製作技術
　　　－由晶粒金屬化至封裝
編著：劉如熹

書號：05233
書名：基礎色彩再現工程
編譯：陳鴻興.陳君彥

書號：08096
書名：顯示色彩工程學
編著：胡國瑞.孫沛立.徐道義.陳鴻興
　　　黃日鋒.詹文鑫.羅梅君

流程圖

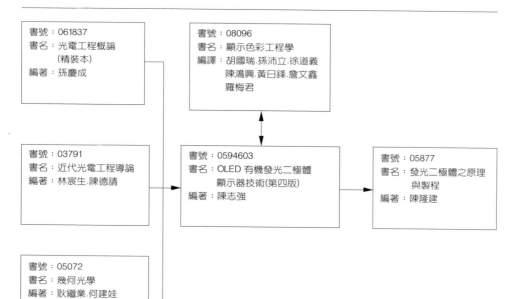

書號：061837
書名：光電工程概論
　　　（精裝本）
編著：孫慶成

書號：08096
書名：顯示色彩工程學
編譯：胡國瑞.孫沛立.徐道義
　　　陳鴻興.黃日鋒.詹文鑫
　　　羅梅君

書號：03791
書名：近代光電工程導論
編著：林宸生.陳德請

書號：0594603
書名：OLED 有機發光二極體
　　　顯示器技術(第四版)
編著：陳志強

書號：05877
書名：發光二極體之原理
　　　與製程
編著：陳隆建

書號：05072
書名：幾何光學
編著：耿繼業.何建娃
　　　林志郎

目 錄

CONTENTS

第 4 章　有機發光二極體全彩技術......................4-1

第 5 章　被動式矩陣背板技術 5-1

第 8 章　有機發光二極體陰極製程 8-1

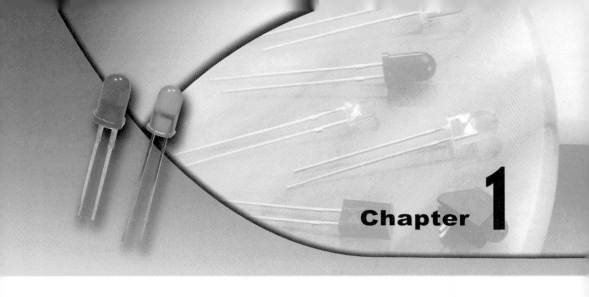

Chapter 1

緒論-顯示未來

1.1 前言

　　您可曾想像過 Steven Spielberg 在電影關鍵報告(Minority Report)裡所描述的曲面看板與透明顯示器於現代實現，事實上早在八〇年代科學家便已開發出第一代的有機發光二極體(OLED, Organic Light Emitting Diode)技術，九〇年代已有實際的有機發光二極體商品問世。相較於傳統陰極射線映像管(CRT, Cathode Ray Tube)笨重且耗電、液晶面板窄視角與反應速度過慢等缺點，有機發光二極體顯示器屬於自發光顯示技術的一種，其整體面板厚度約只有 2mm，具有高亮度、反應速度快與輕薄等優點。

1.2 平面顯示世代

　　圖 1.1 顯示平面顯示世代開發歷史，隨著顯示科技的多元發展，諸如平面陰極射線管顯示器、電漿顯示器、液晶顯示器與有機發光二極體顯示器等各類型平面顯示技術百花爭鳴。透過近年來顯示趨勢的發展脈絡，不難發現具有高解析的影像、寬廣的觀賞視角、輕薄體積的有機發光二極體顯示器已成為平面顯示的未來主流。

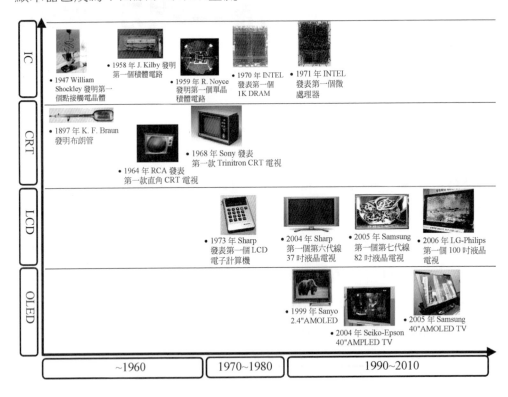

圖 1.1　平面顯示世代開發歷史

● 1.2.1　平面陰極射線管電視的開發

　　1897 年 Karl Ferdinand Braun 發明布朗管(Braun Tube 或稱 Cathode Ray Tube)，1934 年真空映像管(Vacuum Tube)第一次應用於電視。五○年代科學家發現磷光材料可以被陰極射線激發出色彩，之後的彩色映像管(CPT, Color Picture Tube)被廣泛應用於各類顯示裝置。

　　五○年代末期平面型 CRT 電視概念就已被提出[1,2]，1953 年美國聯邦通訊委員會(FCC，Federal Communication Council)正式將彩色電視納為製播傳輸的標準，1960 年彩色電視開始放送。1964 年 RCA(Radio Corporation of America)發表第一款直角 CRT 電視，1968 年 Sony 發表第一款 Trinitron CRT 電視。1990 年 Hitachi 發表 32 吋 16:9 彩色高畫質(HD, High-definition)CRT，同年 Thomson 發表 34 吋 16:9 彩色高畫質 CRT，1991 年 Matsushita 發表 32 吋超平面彩色映像管(Super Flat Face CRT)，1995 年 Toshiba 發表微濾光片(Microfilter)彩色 CRT 電視。1998 年 Sony 導入 32 吋與 36 吋平面 Trinitron CRT 電視，2001 年 Sony 推出 40 吋平面 Trinitron CRT 電視。兩次世界大戰期間陰極射線螢幕被廣泛應用於軍事用途，直至今日 CRT 電視已是生活中不可或缺的家電[3]。CRT 擁有穩定的顯示能力與低成本的優勢，因此被大量應用於電視與電腦螢幕，然而隨著資訊時代對於觀賞品質的嚴苛要求，不論對於超平面(Flat Face)、省電特性或是短管(Thin Tube)電視的規格，CRT 技術面臨到物理極限而受限[4,5,6]，因此百家爭鳴的平面顯示世代就此展開。

● 1.2.2　電漿電視的開發

　　1964 年美國伊利諾大學的 D. L. Bitzer 與 H. G. Slottow 提出 AC 型電漿顯示器(PDP, Plasma Display Panel)的概念，1992 年 Fujitsu 發表 21 吋彩

色電漿顯示器，1995 年 Fujitsu 發表 42 吋電漿電視，1999 年 Pioneer 開發出 50 吋高畫質解析度的電漿電視，2000 年 LG 發表 60 吋高畫質電漿電視，2004 年 LG 發表 76 吋全高畫質(Full HD)電漿電視，2005 年 Panasonic 發表 65 吋全高畫質電漿電視，同年 FHPD 發表 55 吋全高畫質電漿電視，2006 年 Panasonic 展示 103 吋全高畫質電漿電視，同年 FHPD 發表 42 吋全高畫質電漿電視，2008 年 Panasonic 發表 150 吋電漿電視。面對後八代液晶電視的大量生產與 OLED 技術的成熟，電漿電視的市場與產品定位逐漸受到威脅。

1.3　液晶顯示器的發展與沿革

　　在眾多的平面顯示技術中，液晶顯示器(LCD, Liquid Crystal Display)是最早量產商品化的平面顯示商品。表 1.1 列舉液晶顯示器重要的里程碑，1888 年奧地利植物學家 Friedrich Reinitzer 在分析植物的組成時發現液晶的特殊現象[7]，隔年德國物理學家 Otto Lehmann 將此現象正名為 "Fliessende Krystalle"，也就所謂的液晶(Liquid Crystal)[8]。到了六零年代末期 Westinghouse Electric Corp.的 James Fergason 將膽固醇液晶應用於溫度計(Temperature Indicators)。1967 年 RCA 的 Paul K. Weimer 提出以三個 MOSFET 搭配一個電容的主動式液晶顯示架構(如圖 1.2 所示)，1968 年 RCA 的 George Heilmeier 將第一個 Nematic 型液晶應用到實際顯示器上。1970 年 James Fergason、Martin Schadt 與 Wolfgang Helfrich 發明扭轉向列型(TN,Twisted Nematic)液晶。

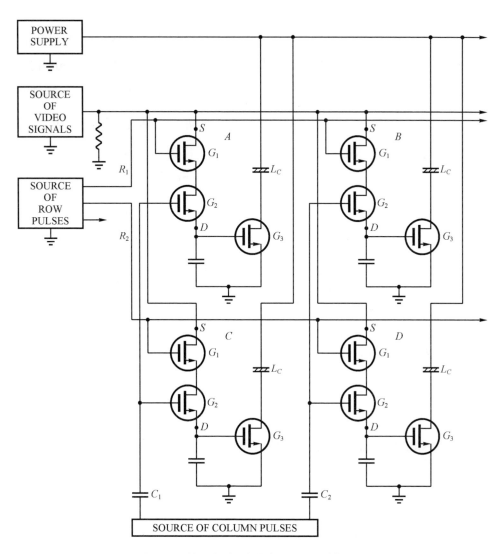

圖 1.2　第一個主動式液晶顯示架構概念

　　1973 年 Westinghouse 的 T. P. Brody 首度以硒化鎘(CdSe, Cadmium Selenide)元件實現第一個薄膜電晶體液晶顯示器(TFT-LCD, Thin-Film Transistor Liquid Crystal Display)[9]。同年 Sharp 推出型號 EL-805 的液晶電子計算機，這是第一個低耗電的商業化被動式液晶商品[10]。1975 年 Hughes 提出以一個 MOSFET 搭配一個電容的反射式液晶畫素架構。1979 年 P.G. LeComber 第一個發明非晶矽薄膜電晶體[11]，並於 1981 年將非晶矽薄膜電晶體應用於主動式液晶顯示器中[12]，在此之前的 AMLCD 都是以 MOSFET 為面板驅動核心。1983 年 Sharp 的 Masataka Matsuura 開發出碲(Te, Tellurium)薄膜電晶體液晶顯示器[13]，同年 Suwa Seikoshafa 第一個複晶矽液晶面板問世[14]。1985 年 Toshiba 發表以 640×200 解析度的反射式面板筆記型電腦，1986 年 Toshiba 展示第一個獨立型主動式液晶顯示器，其解析度為 640×480 並支援八色顯示。

　　1988 年 Sharp 做出第一片量產型 14 吋主動式液晶顯示器[15]，八零年代中期 TN 型薄膜電晶體液晶顯示器已廣泛被使用[16]。九零年代初期 Sharp、Toshiba、Casio 等公司開始第一代線液晶面板生產，1996 年 Sanyo 量產小型低溫複晶矽面板[17]，2002 年 Sharp 發表第一個製作於玻璃基板的 Z80 微處理器[18]。2003 年 Samsung 發表第一個第五代線的 57 吋液晶電視，2004 年 Sharp 發表第一個第六代線的 37 吋液晶電視，2005 年 Samsung 發表第一個第七代線的 82 吋高畫質液晶電視，2006 年 LG-Philips 發表第一個 100 吋的液晶電視。

表 1.1　液晶顯示器之里程碑

年份	公司	里程碑
1888	—	・發現液晶材料[7]
1967	RCA	・提出以三個 MOSFET 搭配電容的 AMLCD 架構
1968	RCA	・第一個液晶時鐘
1973	Sharp	・第一個液晶顯示器計算機[10]
1973	Westinghouse	・第一個硒化鎘 AMLCD 顯示器[9]
1979	Dundee University	・第一個非晶矽 AMLCD 顯示器[11,12]
1982	Sanyo	・3 吋與 4 吋非晶矽 AMLCD 顯示器
1983	Sharp	・碲薄膜電晶體 AMLCD 顯示器[13]
1983	Suwa Seikosha	・第一個 2.14 吋低溫複晶矽 AMLCD 顯示器[14]
1983	Seiko Epson	・4.25 吋高溫複晶矽 AMLCD 顯示器
1985	Toshiba	・10 吋非晶矽 AMLCD 顯示器
1987	Sharp	・4 吋非晶矽 AMLCD 顯示器
1988	Sharp	・14 吋非晶矽 AMLCD 顯示器[15]
1989	Seiko Epson	・10 吋全彩 MIM-LCD 顯示器
1990	Philips	・5.8 吋非晶矽 TFD-LCD 顯示器
1990	Sony	・Viewfinder 複晶矽 AMLCD 顯示器[19]

表 1.1 液晶顯示器之里程碑(續)

年份	公司	里程碑
1991	Seiko-Epson	・9.5 吋複晶矽 AMLCD 顯示器[20]
1992	Toshiba	・13.3 吋非晶矽 AMLCD 顯示器
	Matsushita	・15 吋非晶矽 AMLCD 顯示器
	NEC	・12.9 吋非晶矽 AMLCD 顯示器
1993	Sharp	・17 吋非晶矽 AMLCD 顯示器
1994	LG	・9.5 吋非晶矽 AMLCD 顯示器
	Sharp	・21 吋非晶矽 AMLCD 顯示器
1995	Samsung	・10.4 吋與 22 吋非晶矽 AMLCD 顯示器
	Toshiba	・13.8 吋 FSA 非晶矽 AMLCD 顯示器
1996	Samsung	・21.3 吋非晶矽 AMLCD 顯示器
	Sharp	・第一個雙片 29 吋並接的 40 吋非晶矽 AMLCD 顯示器
	Sanyo	・2.5 吋低溫複晶矽 AMLCD 顯示器[17]
1997	Toshiba	・12.1 吋低溫複晶矽 AMLCD 顯示器
	Samsung	・30 吋非晶矽 AMLCD 顯示器板
1998	Sharp	・2.6 吋 CGS AMLCD 顯示器[21]
1999	Toshiba	・15 吋低溫複晶矽 AMLCD 顯示器

表 1.1　液晶顯示器之里程碑(續)

年份	公司	里程碑
2000	Toshiba	• 2.1 吋畫素整合 SRAM 之低溫複晶矽 AMLCD 顯示器[22]
	Sanyo	• 2.1 吋畫素整合 SRAM 之低溫複晶矽 AMLCD 顯示器
2001	Samsung	• 40 吋非晶矽 AMLCD 顯示器
	Toshiba	• 2.1 吋整合 DA Converter 與放大器之低溫複晶矽 AMLCD 顯示器
	Mitsubishi	• 2.1 吋畫素整合 DRAM 之低溫複晶矽 AMLCD 顯示器
2002	Sharp	• 玻璃基板整合 8-Bit Z80 CPU [18]
	Toshiba	• 8.4 吋可撓曲低溫複晶矽 AMLCD 顯示器
	Samsung	• 46 吋非晶矽 AMLCD 顯示器
	Sony	• 3.82 吋低溫複晶矽液晶面板整合完整界面電路
2003	Toshiba	• 22 吋低溫複晶矽 OCB AMLCD 顯示器
		• 3.5 吋具輸入功能之低溫複晶矽 AMLCD 顯示器[23]
	LG-Philips	• 第一個 52 吋液晶電視
	Samsung	• 第一個第五代線的 57 吋液晶電視 • 21.3 吋序性側向結晶低溫複晶矽 AMLCD 顯示器
2004	Sharp	• 第一個第六代線的 37 吋液晶電視
2005	Samsung	• 第一個第七代線的 82 吋液晶電視
2006	LG-Philips	• 第一個 100 吋的液晶電視

1.4　無機發光二極體之發展

　　無機電激發光(EL, Electroluminescence)的濫觴可以追朔至 1907 年 H.J. Round 發現碳化矽(SiC, Silicon Carbide)發光二極體的整流現象[24]。到了 1923 年 O.W. Lossev 發現碳化矽發光二極體在順偏與逆偏狀態下的電激發光現象[26,27]。1936 年 G. Destriau 發表以硫化鋅(ZnS, Zinc Sulphide)為主的發光二極體[28]。1955 年 G. A. Wolff 發現磷化鎵(GaP)單晶的橘色發光現象[29]，1962 年 J. I. Pankove 與 J. E. Berkeyheiser 發表第一個砷化鎵(GaAs)發光二極體[30]，1971 年 J. I. Pankove 發表第一個藍光氮化鎵(GaN)發光二極體[31]。

1.5　小分子有機發光二極體之發展

　　表 1.2 列舉了有機發光二極體之重要里程碑，有機發光二極體顯示器或稱之有機電激發光顯示器(OEL, Organic Electroluminescence)起源於 1963 年 Pope、Kallmann 與 Magnante 將 Anthracene 分子之單晶(Crystals)加上 400 伏特高壓電流後產生發光現象[32]，1965 年第一個有機發光二極體專利被公開[33]，1982 年 Patridge 開發出第一個聚合物有機發光二極體元件。

　　1987 年 Eastman Kodak 的 C. W. Tang 與 Steven A. Van Slyke 藉由熱蒸鍍有機小分子 Alq3(tris(8-hydroxy-quinoline)aluminum)的方式形成第一個低於 10 伏特電壓驅動的小分子有機發光二極體(SMOLED, Small Molecular Organic Light Emitting Diode) [34,35]。圖 1.3 顯示 C. W. Tang 所

提出的小分子有機發光二極體結構，其設計製作出含電子傳遞層(ETL, Electron Transport Layer)與電洞傳遞層(HTL, Hole Transport Layer)之異質接面雙層元件結構，使得商品化的小分子有機發光二極體邁進一大步。

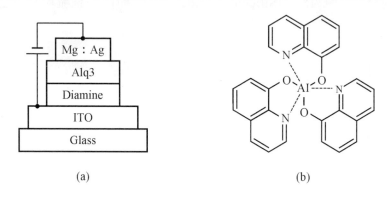

(a)　　　　　　　　　　　　　(b)

圖 1.3　小分子有機發光二極體的原始結構

● 1.5.1　小尺寸 SMOLED 的開發

圖 1.4 顯示近代小分子與高分子有機發光二極體顯示器之開發，1995 年 TDK 與日本能源半導體實驗室(SEL, Semiconductor Energy Laboratory)共同發表以複晶矽薄膜電晶體背板驅動的 4 吋 QVGA AMOLED 單色顯示器，這是第一個白色有機發光二極體搭配彩色濾光片法(WCFA, White Emitter and Color Filter Array)。1996 年 Pioneer 發表 256×64 解析度的 4 吋綠光被動式有機發光二極體顯示器。1997 年 Pioneer 推出 260,000 色被動式有機發光二極體汽車音響面板。1997 年 Idemitsu Kosan 發表 5 吋色轉換法(CCM, Color Change Media)被動式有機發光二極體面板[36]。1999 年 Sanyo 與 Kodak 共同發表以低溫複晶矽薄膜電晶體背板驅動之 2.4 吋全彩

AMOLED 面板[37]。同年 IBM 與 eMagin 發表以單晶 MOSFET 背板驅動
的 SMOLED 微型顯示器(Micro-Display)。

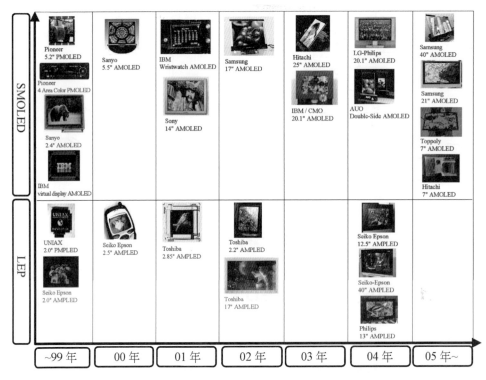

圖 1.4　近代小分子與高分子有機發光二極體顯示器開發

　　2000 年 Pioneer 率先將商業化彩色 PMOLED 應用於 Motorola 的行動
電話，其面板可顯示綠色 OLED 點矩陣(Dot Matrix)加上藍色與橘色的圖
像(Icons)，整體亮度約 100cd/m²，壽命約 5000 小時[38]。同年 Sanyo 發表
以真空熱蒸鍍(VTE, Vacuum Thermal Evaporation)配合金屬遮罩(Metal
Shadow Mask)的 5.5 吋 AMOLED 顯示器。

● 1.5.2　中大尺寸 SMOLED 的開發

　　2001 年 Sony 發表第一款 14 吋 AMOLED 面板，其整體面板厚度僅 1.4mm，重量爲 230 克。此款 AMOLED 採用上部發光與電流驅動架構(TAC, Top Emission Adaptive Current Drive)，四個 TFT 的電流鏡架構提供極佳的發光均勻度與亮度[39]。同年 Samsung 發表 15.1 吋主動式有機發光二極體面板，IBM 與 eMagin 也在這一年以單晶 MOSFET 開發 0.77 吋 AMOLED 微型顯示器與搭載 1.08 吋 AMOLED 的 Linux 手錶[40,41,42]。

　　2002 年 Tohoku Pioneer 的 PMOLED 廣泛地被 Fujitsu、LG Electron 與 KENWOOD 所採用，同年 Sony 發表 10.2 吋與 13 吋之 AMOLED 顯示器。Sanyo 也在這一年發表 14.7 吋 WCFA AMOLED 與 15 吋之 AMOLED TV[43]。2002 年韓國 Samsung 也相繼開發出 2.5 吋、15 吋與 17 吋 AMOLED。而 LG-Philips 的 8 吋 AMOLED 顯示器也於這一年問世。

　　2003 年 Sony 發表 24.2 吋無接縫式小分子有機發光二極體面板，其藉由 4 片 12.1 吋 TFT 基板以 2×2 並接而成的 24.2 吋 AMOLED TV 產品[44]。2003 年友達光電與 UDC(Universal Display Corporation)首次將磷光 (Phosphorescent)發光技術應用於 4 吋非晶矽 AMOLED，其耗電量約螢光有機發光二極體的 42%[45]。同年奇美電子與日本 IDT(International Display Technology)、IBM 共同開發出以非晶矽技術基礎的 20 吋小分子有機發光二極體電視[46]。

　　2004 年 Sony 發表一款 12.5 吋 WCFA AMOLED，由於利用微共振腔與上部發光結構，其顏色再現性大於 80%[47]。同年 Samsung 採用雷射熱轉印色彩(LITI, Laser Induced Thermal Imaging)技術發表 2.2 吋與 17 吋 AMOLED TV。同年友達發 1.5 吋雙面顯示主動式小分子有機發光顯示器

(Double-Sided AMOLED)，其 1.8 公釐之厚度可雙面獨立驅動顯示不同畫面。2005 年 Samsung 發表 21 吋與 40 吋非晶矽 AMOLED 電視，同年統寶光電結合白光有機發光二極體及 COA(Color Filter on Array)技術開發出 7 吋 AMOLED 面板[48]。2006 年友達光電量產 2 吋 176×220 AMOLED 面板，並導入 BenQ-Siemens S88 手機。2007 年 SONY 發表 11 吋螢幕的 XEL-1 AMOLED 電視，這款 OLED 電視的解析度為 960×540，最薄的厚度僅有 3mm。2014 年 Samsung 發表 55 吋曲面 OLED 電視，使用非晶矽薄膜電晶體背板，後期因為良率問題而放棄 OLED 電視產品線，轉而發展 QD-LCD 電視做為主力，直到 2022 年才又以 QD-OLED 技術重回 OLED 電視市場。2022 年 LGD 發表 97 吋 4K(3840×2160)OLED EX 電視面板，這一代的白光 OLED 特別使用氘(Deuterium)化合物，改善了 OLED 壽命與與發光效率，LG 採用 OLED EX 電視面板的 Evo 系列電視，擁有更高的峰值亮度，OLED 面板保固也從原本的 2 年延長為 5 年。2023 年 LGD 發表以微透鏡陣列(MLA, Micro Lens Array)增強亮度的 77 吋 4K OLED 電視，同年 ASUS 發表 16 吋直視型立體顯示 3D OLED 筆記型電腦，解析度為 3200×2000，同時有 120Hz 畫面更新率與 DCI-P3 100%的色域。

1.6　高分子有機發光二極體之發展

　　1990 年劍橋大學實驗室的 J. H. Burroughes 利用旋轉塗佈聚苯基乙烯基(PPV, Polyphenylenevinylene)共軛高分子作為發光材料(如圖 1.5 所示)，也就是所謂的高分子有機發光二極體(PLED, Polymer Light Emitting Diode 或 LEP, Light Emitting Polymer)[49,50]。1996 年 CDT(Cambridge Display Technology) 發表第一個高分子有機發光二極體展示品。 1998 年

Seiko-Epson 與 CDT 共同發表 2.5 吋低溫複晶矽主動式單色高分子有機發光二極體顯示器[51]。2000 年 Seiko-Epson 發表 2.5 吋彩色低溫複晶矽主動式高分子有機發光二極體顯示器。

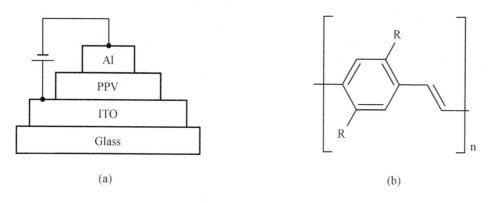

(a)   (b)

圖 1.5　高分子有機發光二極體的原始結構

　　2001 年 Toshiba 發表 2.85 吋之 AMLEP 顯示器[52]。2002 年 Toshiba 發表 17 吋 AMLEP 面板，同年 Seiko Epson 發表 2.1 吋低溫複晶矽 AMLEP 面板與 2.1 吋可撓曲 AMLEP 面板[53]。同年 Samsung 以雷射熱轉印色彩技術開發出 3.6 吋 QVGA AMPLED 面板[54]。2004 年 Seiko-Epson 成功的開發出單片式 12.5 吋 AMLEP TV 與 40 吋無接縫式(Seamless Tiling)大面積 AMLEP TV，其藉由 4 片 20 吋低溫複晶矽 TFT 基板接合成 40 吋面板。同年 Philips 發表 13-inch AMLEP TV[55]，Casio 也在這一年發表 6.0 吋非晶矽 AMLEP [56]。2005 年 Seiko-Epson 成功的開發出高解析度 6.5 吋 AMLEP，2006 年 Sharp 發表 3.6 吋 202PPI 的連續晶界複晶矽型的 AMLEP[57]。2018 年 BOE 發表以噴墨印刷(IJP, Ink-Jet Printing)方式製造的 55 吋 4K AMOLED，除了在第 8.5 代生產線製造外，OLED 材料使用率高，整個噴墨印刷製程都是在大氣環境下生產。2020 年 CSOT 發表 31 吋

可撓式 FHD AMOLED，使用 IGZO 薄膜電晶體背板，顏色達到 90% DCI-PI 的色域範圍。

表 1.2 有機發光二極體之里程碑

年份	小分子有機發光二極體		高分子有機發光二極體	
	公司	里程碑	公司	里程碑
1987	Kodak	開發小分子有機發光二極體材料[34,35]		
1990			Cambridge	開發高分子有機發光二極體材料[49,50]
1995	TDK	第一個 4 吋單色 AMOLED		
1996	Pioneer	第一個單色綠光 PMOLED 產品	CDT	第一個高分子有機發光二極體展示品
1997	Pioneer	260,000 色 PMOLED 汽車音響面板		
	Idemitsu Kosan	5 吋 CCM PMOLED[36]		
1998	Idemitsu Kosan	10.4 吋 CCM PMOLED[58]	Seiko Epson	第一個 2.5 吋單色低溫複晶矽 AMLEP[51]
	Princeton University 與 USC	第一個磷光 OLED		
1999	Sanyo	2.4 吋低溫複晶矽 AMOLED[37]		
	IBM	單晶背板驅動 OLED 的微型顯示器		

表 1.2　有機發光二極體之里程碑(續)

年份	小分子有機發光二極體		高分子有機發光二極體	
	公司	里程碑	公司	里程碑
2000	Pioneer	將商業化彩色 PMOLED 應用於 Motorola 行動電話	Seiko Epson	2.5 吋彩色低溫複晶矽 AMLEP
	Sanyo	5.5 吋低溫複晶矽 AMOLED		
2001	IBM 與 eMagin	0.77 吋單晶矽 OLED 微型顯示器與 1.08 吋 OLED Linux Watch [40,41,42]	Toshiba	2.85 吋低溫複晶矽 AMLEP[52]
	Sony	14 吋低溫複晶矽 AMOLED[39]		
	Samsung	15.1 吋 AMOELD		
2002	Sharp	3 吋 CGS AMOLED	Toshiba	17 吋低溫複晶矽 AMLEP
	Sony	10.2 吋與 13 吋之 AMOLED	Seiko Epson	2.1 吋 IJP 低溫複晶矽 AMLEP 2.1 吋可撓曲高 AMLEP
	Sanyo	14.7 吋 WCFA AMOLED 與 15 吋之 AMOLED TV[43]	Samsung	3.6 吋 QVGA LITI AMLEP[54]
	Samsung	2.2 吋、15 吋與 17 吋 AMOELD 雷射熱轉印色彩之 3.6 吋 QVGA AMOLED 面板[53]	Alien	PMLEP by Fluidic Self Assembly Driver IC[59]
	LG-Philips	8 吋 AMOLED		

表 1.2　有機發光二極體之里程碑(續)

年份	小分子有機發光二極體		高分子有機發光二極體	
	公司	里程碑	公司	里程碑
2002	富士電機	2.8 吋 CCM PMOLED		
	鍊寶與大霸電子	被動式 OLED 手機		
	AUO	4 吋非晶矽 AMOLED		
2003	Sony	24.2 吋無接縫式 AMOLED[44]	Michigan University	200 DPI 非晶矽 AMLEP [60]
	Samsung	磷光主動式 OLED 面板與 2.2 吋雙面顯示 OLED 面板		
	CMO 與 IDTech	20 吋非晶矽 AMOLED[46]		
	AUO	磷光非晶矽 AMOLED[45]		
2004	Sony	12.5 吋 WCFA AMOLED[47]	Seiko Epson	4 片玻璃基板組合之 40 吋 AMLEP[61] 12.5 吋 AMLEP
	LG-Philips	20.1 吋寬螢幕 AMOELD	Philips	13 吋 AMLEP TV[55]
	Samsung	17 吋與 2.2 吋 AMOELD	CASIO	6.0 吋非晶矽 AMLEP [56]
	AUO	1.5 吋雙面顯示 AMOLED	MicroEmissive Displays	QVGA Microdisplay Si-Base CMOS AMLEP[62]

表 1.2　有機發光二極體之里程碑(續)

年份	小分子有機發光二極體		高分子有機發光二極體	
	公司	里程碑	公司	里程碑
2005	Toppoly	7 吋 AMOLED[48]	Toppan	第一個直接印刷方式的 5 吋 QVGA PMLEP[63]
	Samsung	21 吋 AMOELD 40 吋 RGBW WCFA AMOLED[64] 2.6 吋 VGA LITI AMOLED[65]	Seiko Epson	6.5 吋低溫複晶矽 AMLEP
	Eastman Kodak	RGBW WCFA AMOLED	Samsung	第四代基板生產 14.1 吋 AMLEP[66]7.0 吋 HVGA 非晶矽 AMLEP
2006	EMagin	3D AMOLED Microdisplays	Sharp	3.6 吋 202ppi CGS AMLEP [57]
	Samsung	4.3 吋　WQVGA 3D AMOLED 14.1 吋微晶矽 AMOLED[67]		
	UDC	Flexible Stainless Steel 基板磷光低溫複晶矽 AMOLED[68]		
2007	Sony	11 吋 XEL-1 AMOLED 電視		
2014	Samsung	55 吋曲面 OLED 電視		

表 1.2　有機發光二極體之里程碑(續)

年份	小分子有機發光二極體		高分子有機發光二極體	
	公司	里程碑	公司	里程碑
2018			BOE	55 吋 IJP 4K AMOLED
2020			CSOT	31 吋 IJP FHD Flexible AMOLED
2022	LGD	97 吋 4K OLED EX 電視		
	Samsung	34 吋 3440x1440 175Hz QD-OLED 65 吋 4K 120Hz QD-OLED		
2023	LGD	77 吋微透鏡陣列 4K OLED 電視		
	ASUS	16 吋直視型立體顯示 3D OLED 筆記型電腦		

1.7　主動式有機發光二極體的優勢

　　傳統陰極射線映像管礙於物理極限，無法滿足人們對於輕薄與大尺寸的壁掛型(Wall Mount)平面電視的需求。主動式有機發光二極體電視(AMOLED TV, Active Matrix Organic Light Emitting Diode Television)具有反應速度快、高色再現性、重量輕與廣視角等優點，可因應各類型消費性產品的設計要求。

　　表 1.3 顯示 AMLCD 與 AMOLED 之規格比較，有機發光二極體面板反應速度比液晶電視快一千倍以上，動作畫面質感較優，動態影像辨識性高。加上其具有 170 度以上的廣視角，可解決液晶面板視角的問題，充分滿足消費者對於數位電視的需求。而過去較令人詬病的壽命問題，近年來已有大幅的改善，一般而言藍色有機發光二極體材料的壽命約 15,000 小時，藍綠色有機發光二極體材料的壽命約 21,000 小時，綠色有機發光二極體材料的壽命約 35,000 小時，橘色有機發光二極體材料的壽命約 34,000 小時，紅色有機發光二極體材料的壽命約 20,000 小時，面板操作溫度範圍約-40℃至+85℃。

表 1.3　AMLCD 與 AMOLED 之規格比較

規格	AMLCD (側光式 LED)	AMLCD (直下式 Mini-LED)	AMOLED
尺寸	15.6 吋	15.6 吋	15.6 吋
解析度	3840×2160	3840×2160	3840×2160
面板技術	· LTPS 主動背板 · IPS · Edge-lit LED	· LTPS 主動背板 · IPS · Mini-LED	· LTPS 主動背板 · RGB OLED
色域	Adobe 100%	DCI-P3 100%	DCI-P3 100%
亮度	400nits	1000nits	400nits (OPR100%) 440nits (OPR50%)
對比	1000:1	1000:1 20,000:1 (HDR)	100,000:1 1000,000:1 (HDR)
視角(CR>10)	89/89/89/89 度	89/89/89/89 度	89/89/89/89 度
反應時間	30ms	9ms	0.1ms

表 1.3　AMLCD 與 AMOLED 之規格比較(續)

規格	AMLCD (側光式 LED)	AMLCD (直下式 Mini-LED)	AMOLED
功率消耗	7.7W(400nits)	27.2W(1000nits) 11W(400nits)	13.58W(400nits)
面板厚度	2.6mm	4.0mm	1.21mm
面板重量	320g	550g	200g
有害藍光的比例	60%~70% 17%(低藍光設計)	60%~70% 17%(低藍光設計)	6.5%
HDR 支援	無	VESA DisplayHDR 1000	VESA DisplayHDR True Black 500
畫面更新率	60Hz	60Hz	60Hz

　　隨著發光材料與封裝(Encapsulation)技術的成熟，壽命已不再是主動式有機發光二極體顯示器的發展瓶頸。

● 1.7.1　極致輕薄

　　圖 1.6 顯示 AMLCD 與 AMOLED 架構，一般液晶電視的輝度需高於於 450cd/m²，若以液晶面板的光線穿透率反推算背光模組的輝度，大約需要超過 10000cd/m² 以上的發光輝度，因此大部分的光轉換成為熱能。而有機發光二極體為自發光顯示器，發光效率遠大於液晶顯示器，因此有機發光二極體面板功率消耗較 LCD 省電。

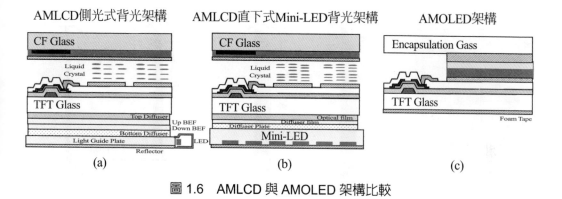

圖 1.6　AMLCD 與 AMOLED 架構比較

　　圖 1.7 顯示 CRT、液晶與有機發光二極體電視整體厚度比較，傳統陰極射線映像管造型笨重，以 Sony 的 36 吋的短管型平面電視為例，其整體厚度約 644mm，整體重量約 103 公斤，完全無法滿足消費者對於壁掛型電視的要求。目前市面上最熱門的壁掛型平面電視首推液晶電視，但由於液晶電視屬於非自發光型顯示器，需要使用冷陰極燈管(CCFL, Cold Cathode Fluorescent Lamp)，其壽命約 50,000 小時。為了達到高亮度與均勻度，往往使用超過 10 根以上的 CCFL 燈管，整體厚度大於 20mm 以上。

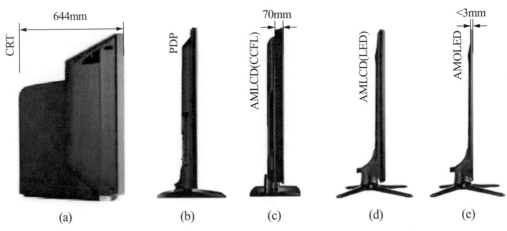

圖 1.7　CRT、液晶與有機發光二極體電視整體厚度比較

以 Sharp 的 37 吋液晶電視為例，其整體厚度約 70mm，整體重量約 14 公斤。而主動式有機發光二極體顯示器為自發光型顯示器不需要額外的背光源，因此一般 AMOLED TV 面板整體厚度約在 3mm 以下，重量為為傳統液晶電視的五分之一以下，實際荷重輕薄因此非常適合應用與壁掛式應用。另外傳統陰極射線映像管電視含有多種危害環境的物質，在回收處理上受到限制，美國與歐盟基於環保等因素已制定相關法律。而主動式有機發光二極體顯示器屬於綠色環保產品，無論在耗電與回收成本上都極具優勢。

● 1.7.2　曲面可折疊

隨著軟性可撓式顯示(Flexible Display)技術愈來愈成熟，顯示面板走向更符合人體工學設計的曲面可折疊設計。可撓式顯示設計包含曲面螢幕(Curve)、折疊螢幕(Foldable)、捲撓螢幕(Rollable)、滑動螢幕(Slidable)與任意彎曲伸縮螢幕(Stretchable)。LCD 面板彎曲時，液晶的間隙(Cell Gap)

必須維持，背光模組也要保持均光性，大大限制 LCD 可撓設計的發展空間。圖 1.8 顯示硬式 OLED(Rigid OLED)、曲面 OLED(Curve OLED)與折疊 OLED(Foldable OLED)面板的堆疊結構圖。硬式 OLED 是在玻璃基板上形成 OLED(如圖 1.8(a)所示)，利用玻璃膠(Frit Glass)與封裝玻璃來形成密封。軟性的可撓式 OLED 透過轉移技術(Transfer Technology)，藉由雷射照射將主動背板上的 TFT 與玻璃基板分離，透過貼合技術將 TFT 轉移至軟性透明聚醯亞胺(CPI, Colorless Polyimide)基板上。CPI 基板可以完全貼合在 2.5D 或 3D 的保護玻璃(CG, Cover Glass)，搭配保護玻璃圓弧邊角設計，讓 OLED 顯示區更貼近邊框弧度，使得無顯示區域減少產生窄邊框視覺效果(如圖 1.8(b)所示)。到了可折疊 OLED 的設計時，將硬式的保護玻璃置換成軟性的塑膠保護膜(Cover Film)或超薄玻璃(UTG, Ultra-Thin Glass)，搭配薄膜封裝(TFE, Thin Film Encapsulation)結構後可以達到彎折半徑(Bending Radius)小於 2mm 以下(如圖 1.8(c)所示)。

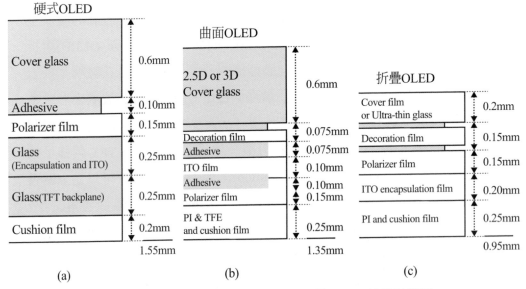

圖 1.8　硬式 OLED、曲面 OLED 與折疊 OLED 堆疊結構圖

● 1.7.3　流暢反應速度

　　圖 1.9 顯示液晶電視與有機發光二極體電視視角比較，液晶電視發展最大的限制在於視角(View Angle)與反應速度(Response Time)的侷限。藉由液晶材料的選擇與過驅動的設計使得目前市面上液晶電視的反應速度已改善到 8 毫秒，但液晶電視在播放快速移動的動態影像時仍易產生殘影，對視聽娛樂而言，液晶電視在應答速度方面仍有持續提昇的空間。而主動式有機發光二極體顯示器是藉由有機材料中的電子電洞傳輸而激發出顏色光，因此有機發光二極體顯示器反應速度低於 10 微秒。

(a) AMLCD

(b) AMOLED

圖 1.9　液晶電視與有機發光二極體電視視角比較

　　圖 1.10 顯示液晶電視與有機發光二極體電視反應速度比較，因為微秒等級的反應速度，因此在動態影像播放時並不會產生如液晶電視的殘影現象，OLED 快速的反應時間搭配可變刷新率(VRR, Variable Refresh Rate)與高畫面更新率(HFR, High Frame Rate)的設計，可以讓 OLED 顯示技術匹配遊戲顯卡或高動態影片的變化，減少在玩遊戲或觀看影片時畫面卡頓、撕裂、閃爍與失真。加上有機發光材料的色彩幾乎接近 NTSC 色彩的再現標準，因此可呈現整體畫面的高色彩飽和度(WCG, Wide Color Gamut)，讓彩色豔麗飽滿。無論是觀賞高畫質電視或是串流影片(Stream Video)節目，

有機發光二極體電視皆能展現高對比與動感十足的流暢感。

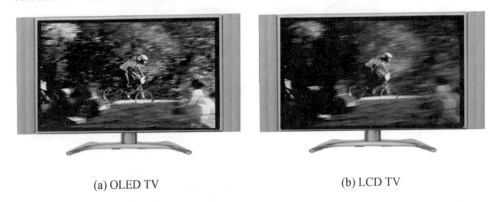

(a) OLED TV   (b) LCD TV

圖 1.10　液晶電視與有機發光二極體電視反應速度比較

● 1.7.4　高動態範圍畫質

　　高動態範圍(HDR, High Dynamic Range)影像亮度比一般畫面範圍更寬廣，可顯示更高亮度並提供高對比畫面和細緻的色彩。LCD 的背光驅動可分為全域調光(Global Dimming)及區域調光(Local Dimming)，全域調光無法局部調暗亮度，因此無法達到高對比度與最低黑階範圍。而區域調光將背光切分為多個獨立發光區域，可以更精確搭配畫面來調整 LED 亮度。特別是搭配 Mini-LED 的區域調光技術，Mini-LED 背光屬於直下式背光(Direct Backlight)的一種，搭配量子點增強膜(QDEF, Quantum Dot Enhancement Film)與擴散板(Diffuser Plate)達到薄型化背光模組。圖 1.11 比較 AMLCD 背光調光與 OLED 自發光畫素的差異，雖然 LCD 無法像 OLED 般單獨調整每個畫素亮度，透過大於數百到上千個分區的 Mini-LED 陣列，可以達成最大黑階(Black Level)亮度 0.02nits，大幅降低黑暗背景下顯示明亮物體的光暈效應(Halo Effect)。圖 1.11(c)顯示 OLED 的自發光畫素能夠完全關閉不發光,不會影響相鄰畫素,黑階亮度小於 0.0005nits,清楚呈現暗部場景細節,可以完全符合 VESA Display HDR600 True Black 等級的要求。

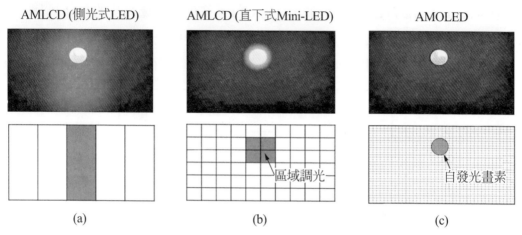

圖 1.11　AMLCD 背光調光與 OLED 自發光畫素之比較

● 1.7.5　護眼低藍光

在可見光的頻譜中,藍光的波長較短能量較強,當藍光穿透眼睛的角膜與水晶體射入視網膜(Retina),造成視網膜感光細胞的損傷,特別是兒童與青少年的眼睛水晶體透明度佳,有害藍光特別容易穿透,藍光所導致的視網膜損傷更勝於成人。圖 1.12 顯示以白光 LED 作為背光源的 LCD 與 OLED 的發光頻譜,對眼睛有害的藍光(HBL, Harmful Blue Light)落在 415nm 到 455nm 波長之間,LED 背光源的藍光峰值約集中在 440nm 到 450nm 波長,有害藍光(415nm~455nm)區間佔整體藍光區間(400~500nm)的比例約 60%~70%,LCD 透過 LED Bin 的設計可以將藍光 LED 主波長紅移,有害藍光的比例約可降到 17%。OLED 為自發光畫素,透過藍光畫素的結構微調，使發光頻譜中藍色峰值偏移 415nm 到 455nm 波長的區間，因此有害藍光的比例較 LED 背光的 LCD 面板少。WOLED 的有害藍光的比例約 35%，而 RGB OLED 的有害藍光的比例約 6.5%。採用量子點 (Quantum Dot)的 QD-OLED 摒除白光 OLED 搭配彩色濾光片的設計，以藍光 OLED 激發不同尺寸的量子點而生成的紅光與綠光，這類 QD-OLED 架構的有害藍光的比例約 11.5%，遠低於 50%有害藍光的比例。

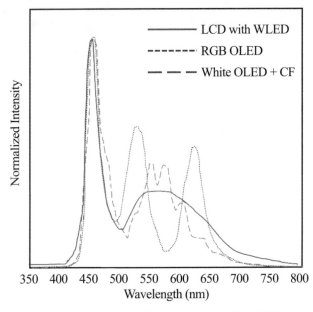

圖 1.12　AMLCD 與 AMOLED 之發光頻譜

參考資料

[1]　W. R. Aiken, Proc. IRE Vil.45, No.12, (1957), pp. 1599

[2]　D. Gabor, et al., Proc. IEE Vol.105-B, No.24, (1958), pp. 581

[3]　M. Morizono, SID Digest, (1990), pp. 4

[4]　N. Nakamura et. al., SID Digest, (1988), pp. 386

[5]　A. Taki, SID Digest, (1996), pp. 879

[6]　E. Yamazaki, et al., Proc. International Display Workshops,(2001), pp. 659

[7]　F. Reinitzer, Wiener Monatschr, Für Chem., Vol. 9, (1888), pp. 421.

[8]　O. Lehmann, Z. Phys. Chem., Vol. 4, (1889), pp. 462

[9]　T. P. Brody et al, IEEE Transactions on Electron Devices, Vol. ED-20, No. 11, (1973), pp. 995

[10] S. Mito et al., Proc. 5th Int. Liquid Crystal Conf., (1974), pp. 247

[11] P. G. Le Comber et al., Electronics Letters, Vol.5, (1979), pp. 179

[12] A. J. Snell, et al, Appl. Phys., Vol. 24, (1981), pp. 357

[13] M. Matsuura, et al., SID Digest,,(1983), pp. 148

[14] S. Morozumi et al., SID Digest, (1983), pp. 156

[15] T. Nagayasu, et al., Proc. Int. Display Research Conf., (1988), pp. 56

[16] M. Schadt et al., Appl. Phys. Lett., 18, (1971), pp. 127

[17] G. Rajeswaran et al., SID Digest, (2000), pp. 974

[18] B. Lee et al., IEEE Int'l. Solid-State Circuits Conference, (2003), pp. 164

[19] Y. Hayashi, et al. International Display Research Conference, (1990), pp. 60.

[20]T. W. Little, , et al. International Display Research Conference, (1991), pp. 219

[21] M. Osame et al., SID Digest, (1998), pp. 1059

[22] H. Kimura et al., SID Digest, (2001), pp. 268

[23] T. Nishibe et al., International Display Workshop, (2003), pp. 359

[24] H. J. Round, Electron World, 19, (1907), pp. 309

[26] O. W. Lossev, Telegrafia i Telefonia, 18, (1923), pp. 61

[27] O. V. Lossev Wireless World and Radio Rev., Vol.271, (1924), pp. 93

[28] G. Destriau, J. Chimie Phys. Vol.33, (1936), pp. 587

[29] G. A. Wolff, et al., Phys. Rev. Vol.100, (1955), pp. 1144

[30] J. I. Pankove, et al., Proc. IRE, 50, (1962), pp. 1976

[31] J. I. Pankove et al., RCA Review Vol.32, (1971), pp. 383

[32] M. Pope, et al., J. Chem. Phys., Vol.38, (1963), pp. 2042.

[33] Patent US3172862

[34] C. W. Tang, et al., Appl. Phys. Lett., Vol.51, No.12, (1987), pp. 913

[35] Patent US 4356429, US 4539507

[36] M. Matsuura et al., Proc. International Display Workshops, (1997), pp. 581

[37] G. Rajeswaran et al., SID Digest , (2000), pp. 974

[38] Y. Fukuda, et al., SID Digest, (1999), pp. 430

[39] T. Sasaoka et al., SID Digest ,(2001), pp. 384

[40] C. Narayanaswami, et al., IEEE Computer, (2002), pp. 33

[41] M. T. Raghunath, et al, Journal of Personal and Ubiquitous Computing, Vol 6, (2002), pp. 17

[42] G. W. Jones, SID Digest , (2001), pp. 134

[43] K. Mameno et al., Proc. International Display Workshops, (2003), pp. 267

[44] M. Ohara, et al., SID Digest , (2002), pp. 168

[45] J. J. Lih, et al., SID Digest , (2003), pp. 14

[46] T. Tsujimura, et al., SID Digest , (2003), pp. 6

[47] M. Kashiwabara, et al., SID Digest (2004), pp. 1017

[48] D. Z. Peng, et.al, Proc. International Display Workshops, (2005), pp. 629

[49] J. H. Burroughes, et al., Nature, Vol.347, (1990), pp539.

[50] Patent WO90/13148, US 5247190, US5401827

[51] M. Kimura et. al. Proc. International Display Workshops, (1999), pp. 171

[52] N. Kamiura, te al., Proc. International Display Workshops, (2001), pp. 1403

[53] T. Funamoto et al., SID Digest, (2002), pp. 899

[54] S. T. Lee, et al., SID Digest, (2002), pp. 784

[55]J. J. L. Hoppenbrouwers, et al., Proc. International Display Workshops, (2004), pp. 1257

[56] T. Shirasaki, et al., Proc. International Display Workshops, (2004), pp. 275

[57] T. Gohda, SID Digest, (2006), pp. 1767

[58] C. Hosokawa, et al., SID Digest , (1998), pp. 7

[59] Y. Shi, et al., SID Digest, (2002), pp. 1092

[60] Y. Hong, et al., SID Digest, (2003), pp. 22

[61] S. Iino, et, al., SID Digest, (2006), pp. 1463

[62] I. Underwood, et al., SID Digest, (2004), pp. 293

[63] K. Takeshita et al., Proc. International Display Workshops, (2005), pp. 597

[64] K. Chung, et al, International Meeting on Information Display, (2005), pp. 781

[65] K. J. Yoo, et al., SID Digest (2005), pp. 1344

[66] A. K Saafir, et al., SID Digest (2005), pp. 968

[67] K. S. Girotra, et al., SID Digest, (2006), pp. 1972

[68] A. Chwang, et al., SID Digest (2006), pp. 1858

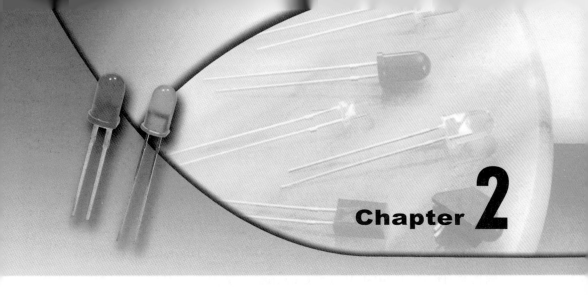

Chapter **2**

有機發光二極體
應用與規格

2.1 前言

　　科技始終來自於人性，所有的面板技術、規格、標準等最終還是被設計滿足人的需求。無論是消費性電子、工業用或商業用顯示器，有機發光二極體面板設計承接液晶顯示器的經驗，降低產品設計與驗證的時程(TAT, Turn Around Time)，加速有機發光二極體面板導入市場的時間(Time to Market)。同時隨 OLED 面板技術的成熟，全客製化(Full Custom)的有機發光二極體顯示器將興起，因此依客戶需求所設計的面板更能符合消費者的需求。

2.2　有機發光二極體應用

　　有機發光二極體顯示器主要應用於車用顯示器(Automotive Display 或 In-Vehicle Displays)、音響顯示器(Audio Systems Display)、電子式觀景窗(EVF, Electronic View-Finders)、數位相機(DSC, Digital Still Cameras)、數位攝影機(DVC, Digital Video Cameras)、掌上型遊戲機、手機用主面板(Mobile Phone Main Display)、手機用副面板(Mobile Phone Sub-Display)、消費性電子產品(CE, Consumer Electronics)、個人數位助理(PDA, Personal Digital Assistant)、攜帶式多媒體撥放裝置(PMP, Portable Multimedia Player)、無線通訊裝置(Telecommunications)、微型顯示器(Micro-Display)、頭戴式顯示器(HMD, Head Mounted Display)[1]、筆記型電腦與桌上型監視器(Monitor)、大型壁掛式電視(Wall-Mounted TV)等。如表 2.1 所列舉的有機發光二極體顯示器之應用產品，有人機介面的地方皆可見有機發光二極體的蹤跡。

表 2.1　有機發光二極體顯示器之應用產品

	OLED 架構	主動背板	基板
手持裝置與手機顯示器	・RGB 畫素 ・Top Emission	LTPS 或 LTPO	玻璃或 PI 基板
車用顯示器	・RGB 畫素 ・Top Emission	LTPS	玻璃或 PI 基板
筆記型電腦顯示器	・RGB 畫素 ・Top Emission	LTPS	玻璃基板

表 2.1　有機發光二極體顯示器之應用產品(續)

	OLED 架構	主動背板	基板
多媒體應用顯示器與監視器	· RGB 或 RGBW Pixel · Top 或 Bottom Emission	LTPS 或 IGZO	玻璃基板
航空電子顯示器	· RGB 畫素 · Top Emission	LTPS	玻璃或 PI 基板
雷達顯示器	· RGB 畫素 · Top Emission	LTPS	玻璃基板
醫療用顯示器	· RGB 或 RGBW 畫素 · Top 或 Bottom Emission	LTPS 或 IGZO	玻璃基板
平面電視	· RGBW 畫素 · Top 或 Bottom Emission	IGZO 或 a-Si	玻璃基板
數位資訊顯示器	· RGBW 畫或透明畫素 · Top 或 Bottom Emission	IGZO 或 a-Si	玻璃基板
VR 裝置顯示器	· RGB 畫素 · Top Emission	LTPS	玻璃或 PI 基板
AR 裝置顯示器	· RGB 或 RGBW 畫素 · Top Emission	CMOS	晶圓(Wafer)基板

● 2.2.1　手持式裝置與手機顯示器

在輕、薄、短、小產品的股切需求下，小型有機發光二極體顯示器是手持式裝置(Handset)顯示之主流。小至 0.33 吋的電子式觀景窗、1.8 吋至 2.0 吋的數位相機、1.5 吋至 8 吋行動電話、3.3 吋至 5 吋個人數位助理與攜帶式多媒體撥放器等都是其應用範圍。手機極度輕薄的設計趨勢，凸顯

OLED 自發光、高對比、廣色域與細膩畫質等優點，特別是高螢幕佔比 (Screen-to-Body Ratio)螢幕、曲面弧形邊框與折疊型手機設計，都使得 OLED 面板脫穎而出。主流手機採用低溫複晶矽(LTPS)TFT 主動背板的硬式 OLED 面板，而高階手機則採用低溫複晶氧化物(LTPO)TFT 主動背板的 OLED 面板，搭配高度客製的曲面 OLED(Curve OLED)與可折疊 OLED(Foldable OLED)也日趨普及。一般 LCD 顯示器隔著液晶單元間隙、玻璃基板與背光模組才能達到感光元件、指紋感測器或觸覺回饋致動器 (Haptic Actuator)區域，OLED 少了硬梆梆的玻璃基板與背光模組的架構，除了螢幕開孔(HIAA, Hole in Active Area 或稱 Hole-in-Display)(如圖 2.1(b))、曲面、折疊、捲撓的柔性應用，OLED 也可以設計螢幕下相機(UDC, Under Display Camera)(如圖 2.1(c))，螢幕下指紋(FoD, Fingerprint on Display)等全螢幕窄邊框架構。

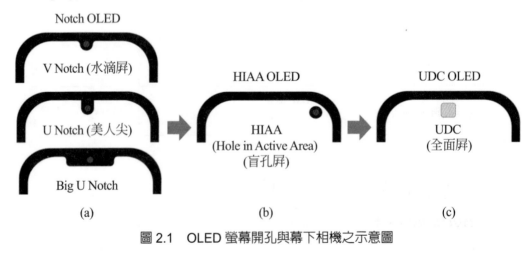

圖 2.1　OLED 螢幕開孔與幕下相機之示意圖

● 2.2.2　車用顯示器

車用顯示器或車載顯示器是人車互動的重要媒介，OLED 的高解析度、高對比、反應時間快、高低溫範圍大、客製異形切割的自由型態顯示(Free Form Display)、曲面與軟性不易碎等特性，讓車用顯示器不再只是螢幕功能與車內裝潢。而軟性 OLED 面板採用塑膠基板，可以完全符合車用嚴苛的信賴性測試，對於汽車行駛耐震性與耐衝撞性特別好，大幅提升駕駛安全性。

車用顯示器必須操作在最佳與最差的發光條件與環境溫度條件，因此面板的關鍵在於強健性與高可靠度。有機發光二極體為電流驅動元件，因此其亮度隨著電流設定而有寬廣的動態操作範圍，在極低亮度的操作畫面下也不會有閃爍產生。另外車用電視或導航顯示器也是數位時代重要的需求，特別是衛星數位廣播可讓移動中的汽車接收數位信號，地面的數位廣播(ADTB-T, Advanced Digital Television Broadcasting-Terrestrial)可以讓時速一百八十公里的汽車接受數位廣播訊號，汽車電視可以播放數位 DVD、看電視、網際網路連接、接收全球定位系統(GPS, Global Position System)訊號等。

車用顯示器依據位置可區分為中央控制型顯示器(Center Console Display)、中央抬頭型顯示器(Center Overhead Display)、後座頭枕型顯示器(Seat-Back Display)與後座車頂型(Dual Overhead Display)。中央控制型、中央抬頭型與後座頭枕型顯示器約在 4 至 8 吋之間，解析度為 WVGA 或 WQVGA 為主，長寬比以 16:9 為主。而後座車頂型顯示器為多人觀看使用，因此顯示器尺寸約在 10.4 至 12.1 吋之間，解析度為 VGA 或 SVGA，長寬比以 4:3 為主，圖 2-2 列舉了車用顯示器之應用領域，以中央控制區域的顯示需求為例，駕駛者或乘客會依據顯示裝置位置有不同的觀看角度，駕駛者與乘客大約以四十五度方向來觀看置於中央的顯示面板，尤其是駕駛者更是經常利用視線餘光來獲取車內系統狀態與導航訊息，因此不同顯示裝置位置就會有不同的視角需求。然而液晶材料的雙折射率(Birefringence)特性使得可視角受限，導入低色偏廣視角特性的 OLED 面板，這類的應用限制便可迎刃而解。車用顯示器須依照不同車種規格、不同國家安規標準、耐久規格等作客制化面板設計。加上車用環境嚴苛，在面板設計時需考量到溫差變化、濕度、耐震動性、電磁相容性、抗紫外光、抗反射等相互關係[2,3]。

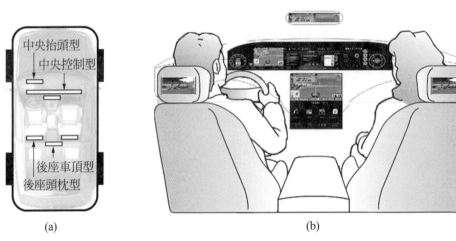

圖 2.2　車用顯示器之應用

● 2.2.3　筆記型電腦顯示器

　　1985 年 Toshiba 的 T1100 筆記型電腦首先採用被動反射式液晶面板，並於 1993 年導入 7.8 吋 AMLCD 的液晶面板。然而有機發光二極體面板提供更輕薄與強健的特性，更適合被設計於筆記型電腦顯示器。近來主流的超輕薄筆記型電腦與高效能電競筆記型電腦，其除了強調輕薄外型與耐用性之外，訴求色彩豐富的廣色域、極致窄邊框與全螢幕的高螢幕佔比也是產品的重點，這些都是 OLED 相較 LCD 面板的強項。圖 2.3 顯示高階可折疊式筆記型電腦多變應用情境，從內折型(In-Fold)、外折型(Out-Fold)到可同時向內及向外折疊的內外折(In-and-Out)變形筆記型電腦趨勢，都可以將柔性 OLED 面板的特性發揮到淋漓盡致。

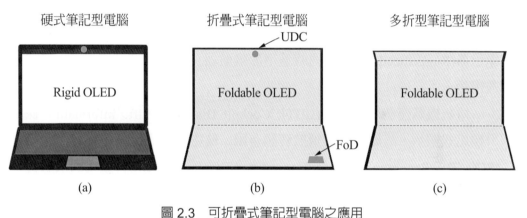

硬式筆記型電腦　　　　　　折疊式筆記型電腦　　　　　多折型筆記型電腦

Rigid OLED　　　　Foldable OLED　　　　Foldable OLED

(a)　　　　　　　　　　(b)　　　　　　　　　(c)

圖 2.3　可折疊式筆記型電腦之應用

● 2.2.4　多媒體應用顯示器與監視器

多媒體應用顯示器與監視器尺寸主要在 17 吋至 24 吋之間，解析度為FHD 或 SXGA 為主。另外，在地理資訊系統(GIS, Geographic Information System)、數位博物館(Digital Art Museums)、數位資料庫(Digital Archive)等領域亦可發現有機發光二極體監視器的應用。高階的有機發光二極體監視器也廣泛應用於出版預覽顯示器(Pre-Press Publishing Display)與工業設計顯示器(Industrial Design Display)。由於有機發光二極體全平面的特性，可以容納兩張 A4 全尺寸文件編輯，適合大畫面影像編輯或是跨頁文件編排設計，大大提升對於財務報表、證券分析、專業影像、繪圖及版面設計工作者的生產力。

● 2.2.5　航空電子顯示器

以往飛航器上簡單的儀表與空電系統已被功能強大的整合式空電所取代，其中最核心的裝置莫過於航空電子顯示器(Avionic Display)[4]。圖2.4 顯示航空電子顯示器之應用，大面積的有機發光二極體航空顯示器提供清晰、高資訊內容、體積輕薄與高穩定性的優點，這類強健型 AMOLED 顯示器(Ruggedized Display)同時適用於飛航器、船艦與軍用(Military)等特殊用途。

傳統機載座艙顯示系統(CDTI, Cockpit Display Traffic Information)採用類比式顯示，其能提供的飛航資訊有限。航空用全景機載座艙顯示系統(PCCADS, Panoramic Cockpit Control and Display System)將類比式飛航資訊經由類比式介面單元之轉換成為數位式資訊，配合輕、薄、大畫面、高解析度的座艙顯示器，充分整合各種地形資料庫、導航資料庫及全球定位系統，提供駕駛員飛機位置、機場助導航設施及空域 3D 圖形顯示，符合新一代導航、通訊及監控的需求[5]。航空雷達監視系統已進化至數位式雷達與自動相依監視系統(ADS, Automatic Dependent Surveillance)的架構，由於自動相依監視系統不斷播送飛航器的位置，駕駛員能夠藉由機載座艙顯示器獲得鄰近飛航器的位置。

OLED 面板作為顯示或內部照明用，厚度減薄、重量也較 LCD 面板輕、能有效增加機艙內部空間，提供更加彈性的機內設計，並減輕整體飛航器重量。異形切割與曲面 OLED 顯示器設計能配合圓滑的機艙結構，特別是機艙靠窗處的牆壁或天花板上顯示航線、飛行高度、天氣與機外風景等資訊，在寸土寸金的飛航器裡，OLED 面板給機艙設計提供更大的自由度。

座艙顯示系統　　　　　　　　　　　　　　球型顯示系統

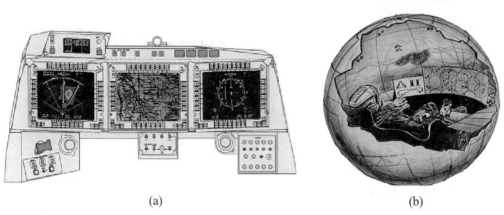

(a)　　　　　　　　　　　　　　　(b)

圖 2.4　航空電子顯示器之應用

● 2.2.6　雷達顯示器

CRT 在 1920 年代首次被導入雷達顯示系統中[6]，其藉由光柵掃描(Raster Scan)的原理由左至右、由上而下的順序將雷達影像更新，然而電子束在螢幕四周易產生失真。而有機發光二極體雷達顯示器(Radar Display)高密度的畫素提供較細膩的雷達影像，全平面的特性可展現出更銳利(Sharpness)的圖像，雷達影像透過電腦處理後，藉由光纖的傳輸並透過AMOLED 忠實地將影像呈現。應用於航空交通管制(ATC, Air Traffic Control)、船隻交通管制(VTC, Vessel Traffic Control)或氣象雷達顯示(Weather Radar Display)尚可提供高的影像品質。有機發光二極體面板顯示器佔據空間較傳統 CRT 小、功率消耗低、低輻射的優點，大幅提升系統之可靠度，同時降低裝備之重量、體積和功率之消耗，完全符合交控中心的設計規劃[7]。

● 2.2.7　醫療用顯示器

X 光影像起源於 1895 年 Roentgen 使用光板(Photo Plate)，七〇年代初期數位醫療 X 光攝像概念已問世，隨著數位醫學影像傳輸(DICOM, Digital Imaging and Communications in Medicine)與影像儲存傳輸系統(PACS, Pictures Archiving and Communication System)的成熟，直接帶動數位 X 光攝像技術的應用。數位 X 光攝像系統省去了傳統 X 光片費時的流程，約比傳統電腦放射線攝影(CR, Computed Radiography)系統節省四倍處理時間，並提供了無底片的醫療診斷影像(Film-less Diagnostic Image)是核磁共振造影(MRI, Magnetic Resonance Imaging)、超音波影像診斷裝置或電腦放射線攝影裝置的判讀參考影像。

兩百萬畫素以上高解析度醫療用平面顯示器(Medical Display)使用於電腦斷層掃描(CT, Computed Tomography)、電腦放射線攝影的灰階醫療影像、正子斷層造影(PET, Positron Emission Tomography)、核磁共振造影、內視鏡等彩色醫學影像。圖 2.5 顯示醫療用顯示器之應用，醫療用有機發光二極體顯示器可調整 DICOM-CL 模式(白底畫面的攝影底片用)或 DICOM-BL 模式(藍底畫面的攝影底片用)，使得更接近實際醫療攝影底片的模式。並且可顯示病歷表與診療報告的電子診療系統。依照美國放射學會(ACR ,American College of Radiology)標準建議醫療影像用顯示器最小亮度為 170 cd/m^2。10bits 的灰階滿足需要高解析度和高階調表現的數位 X 光攝影檢查或 X 光影像的判讀[8]。

　　爲了提高判讀性與降低醫療誤判，醫生對於醫療顯示器的解析度、對比、均勻性要求嚴格。高解析度 OLED 顯示器，具有色彩鮮艷飽滿、廣色域、高亮度、高對比、無閃爍(Flicker-Free)等特性，搭配人工智慧(AI, Artificial Intelligence)影像辨識、遠距影像診斷、遠距手術達成智慧醫療的應用。

X-Ray Photo-Film　　　　　　醫療用顯示器　　　　　　超高解析OLED顯示器

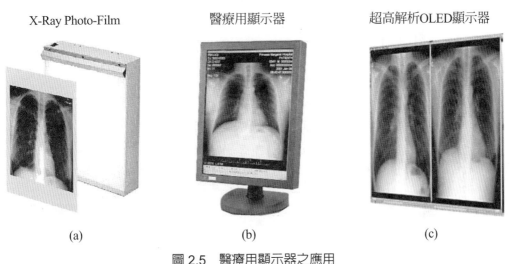

(a)　　　　　　　　　　　(b)　　　　　　　　　　　(c)

圖 2.5　醫療用顯示器之應用

● 2.2.8　平面電視

　　鑑於傳統 CRT 電視發展的物理極限，電視的研發方向朝向輕薄與大尺寸的壁掛型平面電視。平面電視取代過去龐大厚重的映像管的曲度螢幕，讓可視畫面相對大了些，生活空間大了許多。表 2.2 列舉各類平面電視之畫素設計。

　　LCD電視MVA(Multi-Domain Vertical Alignment)多域分割的液晶光學設計，讓人眼可以看到廣視角與低色偏。透過 Mini-LED 背光技術的升級，大幅提昇 HDR 畫面品質。LED 產業技術成熟，LCD 面板供應鏈也比較多元化，使得 Mini-LED LCD 電視的價格平易親人。OLED 電視分成採用白光 OLED 光源的 WOLED 面板，與採用藍色 OLED 光源的 QD-OLED 面板。WOLED 面板額外設計白色子畫素，讓整體發光亮度提升，相對也會較省電。而 QD-OLED 面板則是用量子點(Quantum Dot)讓電視的色彩更鮮明、亮度更高。

　　圖 2.6 比較 LCD 電視與 OLED 電視的優缺點。OLED 電視呈現深邃的黑色與耀眼的細節、優異對比、豐富色彩、流暢畫面動作、廣闊觀賞角度，搭配環境光源感應器(Ambient Light Sensor)的回饋，OLED 更能重現 HDR 影像的效果。OLED 沒有背光模組的架構，能夠使電視設計更加纖薄，可以無空隙貼合牆面，非常適合壁掛在客廳，完美融入居家空間。

表 2.2　平面電視之畫素設計

	LCD TV	WOLED TV	QD-OLED TV
畫素設計	· MVA Cell · RGB Type	· WOLED · RGBW Type	· QD-OLED · RGB Type
畫素俯視圖			
畫素側視圖			

　　高更新率顯示器大多用於電競遊戲用 NB、顯示器等產品，隨串流影音的盛行，OLED 電視搭載高更新率面板更能營造出身歷其境的視覺體驗。近來第 8.5 代 OLED 面板產線逐漸釋出，採用更大世代的基板生產，每塊基板可切出更多 OLED 面板，更具經濟優勢，OLED 電視的價格也能更親民。

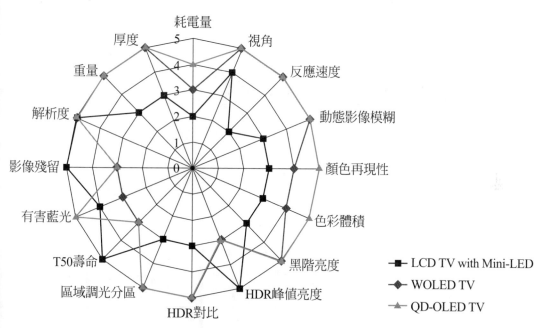

圖 2.6　液晶電視與有機發光二極體電視之比較

● 2.2.9　數位資訊顯示器

　　數位資訊顯示器(DID, Digital Information Display)又稱為公共顯示器(Public Display)，其具備超大顯示面積、高亮度、高對比與高資訊內容的顯示媒體。相較於傳統平面廣告、海報需要額外印製與張貼，公共顯示器透過有線或無線網路的聯結，依照放置位置、撥出時段更新內容，提供動態即時且多樣的數位資訊給消費者(如圖 2.7 所示)。這類的數位招牌(Digital Signage)可以應用於機場、車站、購物商場、娛樂場所、銀行、旅社、飯店、醫院、學校與其他廣告展示。數位資訊顯示器有別於一般的監視器或大型電視，其必須提供對嚴苛氣候與戶外環境的高耐受性，並具有二十四小時運作與全年無休的高可靠性，因此在 OLED 面板初始設計時必須額外考量到顯示效能、使用環境與產品壽命。

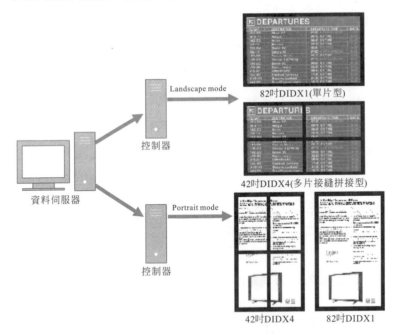

圖 2.7 數位資訊顯示器之示意圖

● 2.2.10　頭戴式 VR 與 AR 顯示器

VR 和 AR 頭戴裝置是邁向元宇宙(Metaverse)的關鍵介面，虛擬實境 (VR, Virtual Reality)的呈現內容皆是虛擬影像，故一般皆透過光學鏡頭 (Optical Lens)直接將虛擬影像從 OLED 直接映入消費者的眼睛。擴增實境 (AR, Augmented Reality)則是配合光波導(Optical Waveguide)光學系統設計，搭配高解析度 OLED 面板。為了增加使用者的沉浸感，AR 用的 OLED 面板採用矽基 OLED(OLEDoS, OLED on Silicon)，其主動背板的材質捨棄了玻璃基板，改採用半導體技術的 CMOS 製程，實現更輕薄、低耗能與超高解析度的顯示面板，因此也稱之為 Micro OLED。當使用者戴上 VR 或 AR 頭戴裝置時，隨著快速左右擺頭的使用情境，使用者常抱怨影像模糊與畫面延遲的痛點。OLED 反應速度快、低延遲(Low Persistence)的特性，搭配插黑(BDI, Black Data Insertion)驅動方式，大幅降低動態影像反應時間(MPRT, Moving Picture Response Time)與動態影像模糊(Motion Blur)現象。戰鬥機的頭盔顯示系統(HMDS, Helmet Mounted Display System) 也有類似的需求，頭盔顯示系統為飛行員提供戰鬥機性能參數、目標、武器等多種情資，在戰鬥飛行時反應速度快、低延遲的 OLEDoS 顯示器成為第一首選。

2.3　面板解析度

顯示器是人機介面的關鍵，無論是電腦、電視或行動通訊最終仍需要透過顯示器來展現其豐富的資訊內容，而這些顯示裝置能展現資訊的多寡取決於解析度(Resolution)的規格[6]。有機發光二極體顯示器的解析度代表其可以顯示點的數目，也就是說在同樣的顯示尺寸之下，可展現出的畫面色彩較豐富。解析度越高則可以顯示的畫面越細緻，可閱讀性(Visibility)的提升，能提供給閱讀者更多的圖片與文字資訊內容。

　　圖 2.8 顯示各類型解析度畫面，一般低解析度的面板顯示如 *A*、*V*、*W* 等特定的斜體英文字元(Italic Characters)時，閱讀者很容易發現斜體區域的不連續階梯狀文字顯示，其原因在於低解析度所能定址的有效畫素不足，而導致文字或圖形資料再現性失真。以監視器的顯示主流 15 吋 XGA 面板來說，其解析度僅有 85.3ppi，點距則為 0.298mm，相較於彩色雜誌的 200ppi 或報紙的 150ppi 解析度差距甚大，若畫素提昇為 UXGA，則解析度亦可拉高至 133ppi，將可顯示更高精細的圖像。

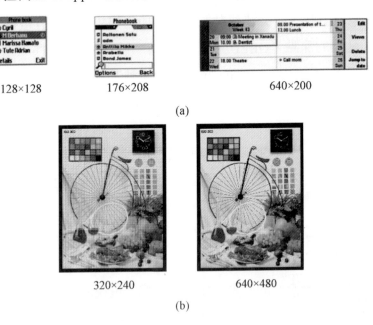

128×128　　　　176×208　　　　　　640×200

(a)

320×240　　　　　　640×480

(b)

圖 2.8　各類型解析度畫面

VGA (640×480)

SXGA (1280×1024)

(c)

圖 2.8　各類型解析度畫面(續)

表 2.3 顯示 OLED 與 LCD 面板尺寸、解析度與長寬比之對應相關性。若面板解析度不夠，顯示出來的圖案或字型邊緣會呈現鋸齒狀卡卡的線條，而解析度高物理意義代表單位距離內的畫素密度高，因此顯示器要呈現微小的細節，就要從解析度與使用者觀看的距離著手。以玻璃背板為主的 OLED 應用，其面板解析度往往受限於 RGB 畫素蒸鍍或噴墨印刷製程的準確度，而停滯在 500PPI 解析度。OLEDoS 採用成熟的半導體製程，製造良率高於玻璃背板的 LTPS 或 IGZO 技術，OLED 解析度可以突破 2000PPI。

表 2.3　OLED 與 LCD 面板解析度一覽表

面板廠商	尺寸(吋)	解析度	長寬比	顯示技術	PPI
LGD	97	3840×2160	16:9	OLED	45
LGD	48	3840×2160	16:9	OLED	93
BOE	95	7680×4320	16:9	OLED	93

表 2.3　OLED 與 LCD 面板解析度一覽表(續)

面板廠商	尺寸(吋)	解析度	長寬比	顯示技術	PPI
LGD	88	7680×4320	16:9	OLED	100
SDC	15.6	1920×1080	16:9	OLED	142
LGD	2.4	320×240	4:3	OLED	167
SDC	16	3200×2000	16:10	OLED	236
SDC	14	2880×1800	16:10	OLED	243
SDC	4.65	1280×720	16:9	OLED	316
Sharp	5.7	2560×1440	16:9	LCD	515
Sharp	6.4	2880×1440	2:1	LCD	580
AUO	3.5	1600×1400	8:7	OLED	615
JDI	3.5	1600×1440	11:10	LCD	616
Sharp	2.9	1440×1440	1:1	LCD	700
AUO	2.89	1440×1440	1:1	LCD	706
JDI	2.89	2160×2160	1:1	LCD	800
JDI	5.5	3840×2160	16:9	LCD	806
AUO	2.02	1440×1440	1:1	LCD	1008
AUO	2.89	2160×2160	1:1	LCD	1057
Sharp	2.9	2160×2160	1:1	LCD	1058
LGD	4.3	4800×3840	4:3	OLED	1116
JDI	2.56	2160×2160	1:1	LCD	1192
JDI	2.88	2448×2448	1:1	LCD	1201
AUO	2.89	3456×3456	1:1	LCD	1200
Sharp	2.9	2520×2520	1:1	LCD	1210

表 2.3　OLED 與 LCD 面板解析度一覽表(續)

面板廠商	尺寸(吋)	解析度	長寬比	顯示技術	PPI
JDI	2.21	1920×1920	1:1	LCD	1227
eMagin	1.06	2048×2048	1:1	OLEDoS	2732
Sony	0.7	1920×1080	16:9	OLEDoS	3511
BOE	0.5	1280×960	4:3	OLEDoS	3200
BOE	0.39	1920×1080	16:9	OLEDoS	5644

因此有機發光二極體顯示器為了忠實表現出圖片與文字資訊內容，選擇適當的解析度規格是面板設計的第一步。

● 2.3.1　長寬比

人的雙眼睛是以橫向排列而非縱向排列，透過眼角膜傳輸到大腦的腦下皮質層時產生較舒適的觀賞畫面大小約是人類眼球移動及橫向掃描的比例，由於大部分人眼的比例約為 1.78 比 1，因此為了使觀看者擁有最舒適的觀賞品質，電影最初就被設定為 16:9 的螢幕長寬比(Aspect Ratio)格式。然而 1950 年代發明電視時，由於映像管是用陰極射線的方式產生影像畫面及色彩，當時電子槍(Electron Gun)掃描的技術並無法達到寬螢幕比例，因此沿用 4:3 的螢幕比例至今。隨著顯示技術的突飛猛進與 HDTV 的推波助瀾，寬螢幕顯示已是 IT 與 CE 的標準規格。另外雷達顯示器(Radar Display)為了符合雷達圓形掃描的功能，其面板長寬比設計為 1:1，屬於特殊用途顯示器的規格。

● 2.3.2　CIF 與 QCIF

　　國際電信聯盟(ITU, International Telecommunication Union)為了能使得網路視訊標準相容，而又能夠在低價位的市場上提供可接受之影像品質，在 ITU-T H.263 中定義了五種統一資料格式，包含 SQCIF(Sub-Quarter CIF)、QCIF(Quarter CIF)、CIF(Common Image Format)、4CIF 與 16CIF。表 2.4 顯示面板解析度規格，除了 SQCIF 以外，其他格式的長寬比均為4:3。CIF 是一種數位網路的視訊會議播放畫面標準，其提供每秒鐘 30 個 352×288 解析度畫框。QCIF 解析度為 CIF 之 1/4，解析度為 174×144。QCIF 為 ITU H.261 視訊會議之標準，CIF 與 QCIF 相容並適用於多媒體串流(Multimedia Streaming)、行動電視(Mobile TV)、NTSC、PAL 及 SECAM 電視標準。當應用於窄頻寬(Bandwidth)視訊會議系統時，通常採用 QCIF 或解析度 128×96 的 SQCIF。若高頻寬之視訊會議系統時可採用解析度 704×576 的 4CIF 或解析度 1407×1152 的 16CIF。事實上，CIF 影像格式已經足夠提供高畫質電視品質了，而對於低價位的影像電話來說，基於技術與成本考量 SQCIF 或 QCIF 格式將會非常適用於有機發光二極體面板，而 CIF 以上的格式則可能是為了和 H.261 或是 H.262 相容時才需要。因此 CIF 與 QCIF 解析度已是中小型行動通訊、手持式裝置的面板標準格式。

● 2.3.3　VGA 與 QVGA

　　早在 1981 年 IBM 開發出 CGA(Color Graphics Adapter)規格，其可以顯示 80×25 解析度或 40×25 解析度的 16 色文字、640×200 解析度的雙色圖形或 320×200 解析度的四色圖形，屬於 4:3 長寬比的規格。不過由於 CGA 色彩單調、字型顆粒粗、顯示文字資料時不夠細緻，之後 IBM 在 1987 年推出 PS/2 電腦並推廣 VGA(Video Graphics Array)標準規格，IBM 將 VGA

規格內建在電腦主機板(Motherboard)中並提供其他外插式電腦週邊(Plug-in Board)使用[6]。VGA 除了彩色數提升到 256 色，解析度也進展到 640×480，屬於 4:3 長寬比的規格。由於像素時脈週期與像素取樣速率相同，因此速度是根據面板解析度及更新期間而定。而隨著高階行動通訊與 PDA 的興起，QVGA(Quavter VGA)解析度已成為手持行動裝置的標準規格。

● 2.3.4　XGA 與 SXGA

XGA(Extended Graphics Array)是由 IBM 於 1990 年導入的顯示標準，XGA 解析度為 1024×768 可顯示 256 色或高彩。Super XGA 解析度為 1280×1024 全彩，由於 SXGA 的長寬比為 5:4，因此畫面相容性上較不普遍，因此後來發展出 Stretched XGA 1400×1050 解析度的 4:3 格式[6]。

● 2.3.5　QUXGA 與 QUXGA-Wide

QUXGA(Quad Ultra XGA)解析度為 3200×2400，屬於 4:3 長寬比的規格。QUXGA-Wide(Widescreen Quad Ultra XGA)解析度為 3840×2400，屬於 16:10 長寬比的規格。

● 2.3.6　HDTV

高畫質電視(High Definition LCD TVs)的發展源自於日本的 NHK 實驗室，NHK 於 1983 年推出類比式的高畫質電視，1975 年 Matsushita 發表第一款 30 吋 HDTV CRT 電視。經過長時間的規格訂定與硬體架構開發，數位高畫質電視已於 2000 年陸續試播，美國於 2006 年全面電視數位化，而日本、法國與英國也定於 2010 年以前達到數位電視的目標。高畫質電視資料已由類比轉換為數位訊號，一般類比電視訊號易在經過傳輸過程中，受到外在環境影響而產生影像失眞與雜音，而數位訊號透過 0 與 1 編碼傳輸訊號，在傳送過程不易受到干擾，且視訊資料也較容易作影像處理與補償。有機發光二極體電視可同時搭配類比介面與數位介面，類比視訊需經過 ADC 電路轉換爲數位訊號，經過處理與校正後，藉由驅動電路中的 DAC 將數位訊號轉換爲類比訊號供畫素使用。亦可藉由數位介面直接將數位信號輸入有機發光二極體電視的 DAC 系統，可達到低失眞高畫質的效果。

有機發光二極體面板的同步信號線負責控制每一條掃描線及影像圖框，掃描並顯示於有機發光二極體上的時序，掃描的方式可分爲交錯式掃描(Interlaced)與順序式掃描(Progressive)兩類。交錯式影像將整張圖框分成奇數場與偶數場，奇數場由奇數掃描線構成，偶數場則由偶數掃描線構成，因此每秒 30 張圖框的動態影像形成每秒 60 場景，可以減少畫面閃爍(Flicker)現象。順序式掃描常用於電腦監視器和影像掃描器，它是將整張圖框由左而又由上而下毫無遺漏的掃描完畢才進行另一圖框的掃描。大部分的 AMOLED 與 AMLCD 電視爲順序式掃描居多，並使用同步信號線來控制每一條掃描線及圖框何處開始與結束。水平同步指示每一條新掃描線的開始，而垂直同步則指示每一個新圖框的開始。這兩個信號確保能得到一對齊且可觀看的影像，至於其極性及脈波寬度的區間長度則依面板而有所不同。一般標準畫質規格(SD, Standard Definition)以 4:3 與 16:9 的長寬比爲主，可採用 30fps(Frame Per Second)的交錯式掃描或 60fps 的順序式掃描。而高畫質規格(HD, High Definition)以 16:9 的長寬比爲主，其解析度分爲 1920×1080 與 1280×720。國際通訊聯盟 (ITU, International Telecommunications Union)的 ITU-R BT. 709 規範關於 HDTV 相關規格[9]，1920×1080 影像格式使用 50 與 60fps(Frame Per Second)的交錯掃描方式、或 24、25、30、50 與 60fps(Frame Per Second)的順序掃描方式。當 AMOLED 硬體不支援 HDTV 時，交錯掃描的輸入訊號在顯示前會被轉換成順序掃描訊號，因此一般的 AMLCD 與 AMOLED 電視多以順序掃描方式驅動。而 1280×720 格式也廣泛應用於其他數位電視系統中，這類影像格式以 24、25、30、50 與 60fps 的順序掃描方式。由於 1920×1080 影像畫素是 1280×720 的兩倍，因此數位電視系統以 FHD(Full High Definition) 的 1920×1080 為主[10]。4K UHD(Ultra HD)的解析度是 3840×2160，總共有 8,294,400 個畫素。8K UHD 解析度是 7680×4320，總共有 33,177,600 個畫素。8K 內容提供 OLED 無與倫比的清晰度與細節，隨著 8K 影音處理晶片的日趨成熟，加速了 8K OLED 電視的市場普及。

表 2.4　面板解析度規格一覽表

顯示規格		解析度	長寬比	畫素(百萬)
SQCIF	Sub-Quarter CIF	128×96	—	—
QCIF	Quarter CIF	176×144	11:9	0.03
CGA	Color Graphics Adapter	320×200	4:3	0.06
QVGA	Quarter VGA	320×240	4:3	0.07
WQVGA	Wide QVGA	400×240	5:3	0.09
CIF	Common Image Format	352×288	11:9	0.1
VGA	Video Graphic Array	640×480	4:3	0.31
SVGA	Super VGA	800×600	4:3	0.48
WVGA	Wide VGA	800×480	5:3	0.38

表 2.4　面板解析度規格一覽表(續)

顯示規格		解析度	長寬比	畫素(百萬)
UWVGA	Ultra Wide VGA	1024×480	32:15	0.49
XGA	Extended Graphic Array	1024×768	4:3	0.79
WXGA	Wide XGA	1280×768	16:10	0.98
		1280×800	16:10	1.02
		1366×768	16:9	1.04
WXGA+	Wide Stretched XGA	1400×900	16:10	1.26
SXGA	Super XGA	1280×1024	5:4	1.31
SXGA+	Stretched XGA	1400×1050	4:3	1.47
WSXGA	Wide SXGA	1600×1024	25:16	1.63
WSXGA+	Wide Stretched XGA	1680×1050	16:10	1.76
UXGA	Ultra XGA	1600×1200	4:3	1.92
HDTV-P	Progressive Scan HDTV	1280×720	16:9	0.92
HDTV-I FHD	Interlace Scan HDTV Full HD	1920×1080	16:9	2.07
HDTV-EI WUXGA	Extended Interlace Scan HDTV Wide UXGA	1920×1200	16:10	2.30
QXGA	Quadruple XGA	2048×1536	4:3	3.15
QSXGA	Quadruple SXGA	2560×2048	4:3	5.24
QUXGA	Quadruple UXGA	3200×2400	4:3	7.68

表 2.4　面板解析度規格一覽表(續)

	顯示規格	解析度	長寬比	畫素(百萬)
WQUXGA	Wide Quadruple UXGA	3820×2400	16:10	9.21
QFHD	Quadruple Full HD	3840×2160	16:9	8.29
4K UHD (或 QFHD)	4K Ultra HD (Quadruple Full HD)	3840×2160	16:9	8.29
8K UHD	8K Ultra HD	7680×4320	16:9	33.17

2.4　直視型立體顯示設計

　　直視型立體顯示技術(Auto-stereoscopic 3D Displays)是利用左右眼相距約 6.5cm 而產生的微角度差異畫面，在適當的觀賞角度與距離下，透過大腦將兩幅畫面融合成立體深度。目前 OLED 直視型立體顯示技術大多屬於空間分割法(Spatial-multiplexed)，其將處理過的立體影像分割為左眼訊號和右眼訊號，透過 OLED 面板上的視差屏障(Parallax Barrier)與柱狀透鏡(Slanted Lenticular)結構將左眼訊號和右眼訊號分別在特定距離與角度顯現。

2.4.1　視差屏障型

　　左眼和右眼觀看的角度不同，OLED 畫素透過準確的視差屏障設計，通過的光線只讓位於左眼或右眼的區域看的到，其他區域被妙地遮蔽。由於左眼與右眼只看到各自獨立的影像，因此立體串音(3D Cross-Talk)現象較柱狀透鏡型低(如圖 2.8(a)所示)。視差屏障型的缺點在於實體畫素必須切割為左右眼使用的個別畫素，因此在 3D 模式下實際看到的水平解析度僅 2D 模式的一半，而不透光的視差屏障亦會阻隔光輸出，使得整體 OLED 面板亮度偏暗。以 1366×768 實體解析度為例，左眼與右眼影像實際僅顯現 683 畫素寬與 768 畫素高，因此實務上藉由導入白色子畫素的方塊型矩陣(Quad RGBW)來提升亮度並提高 OLED 面板原生解析度來解決這類的限制。

● 2.4.2　柱狀透鏡型

柱狀透鏡型是利用特殊設計透鏡將左眼與右眼區畫素的光線分別折射至左與右眼而產生立體影像(如圖2.9(b)所示)。柱狀透鏡陣列的密度愈高，則影像的解析度愈佳，但相對的立體感效果愈差。實務上透過電腦輔助模擬出不同透鏡陣列密度、柱狀透鏡傾斜角度與透鏡陣列排列角度等，以設計出最低立體串音、最低死角與最多觀賞角度的立體效果。柱狀透鏡型的缺點在於實體畫素必須切割為左右個別影像，雖然亮度衰減的影響程度較視差屏障型低，但水平方向的解析度仍會減半，因此實務上藉由導入低溫複晶矽技術來提高OLED面板原生解析度。另外，藉由導入液晶結構所形成的柱狀透鏡，透過外部電場控制使其透鏡的聚焦特性轉換，可自由切換2D顯示與3D顯示模式。

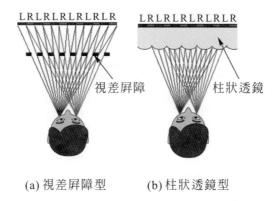

(a) 視差屏障型　　　　(b) 柱狀透鏡型

圖 2.9 立體顯示設計示意圖

● 2.4.3　多重影像設計

多重影像設計的概念與直視型立體顯示設計類似，例如雙影像 (Dual-View)OLED 面板設計可以分別讓左側使用者查看導航地圖，而在右側使用者觀賞藍光 DVD 影音。以 WVGA 的 OLED 面板為例，兩組 400×480 的影像訊號藉由畫框暫存器(Frame Buffer)與控制器(Controller)整合為 800×480 的影像，搭配視差屏障技術的設計將光源分離左、右兩個方向，因此單一 OLED 面板可同時顯示兩幅完全獨立而不同的影像資訊。圖 2.10 顯示雙影像 OLED 面板示意圖，透過視差屏障的設計，同時使用者與使用者間的距離與觀看角度，由下列公式(2.1)與(2.2)得知視差屏障間距。

$$\frac{b}{z-g} = \frac{2i}{z}$$ ....(2.1)

$$\frac{i}{g} = \frac{e}{z-g}$$ ....(2.2)

其中 b 為視差屏障間距、i 為畫素、g 為視差屏障與面板的間隙、z 為觀看的垂直距離、e 為觀看範圍間距。一般而言，視差屏障間距必須小於兩倍的畫素間距。以 8 吋 WVGA 解析度的雙影像 OLED 面板設計為例，其畫素間距約 0.22mm，採用 0.63mm 玻璃與 0.2mm 的偏光板，一般使用者的雙眼距離約 65mm。假設左右側使用者與雙影像 OLED 面板的垂直距離為 246mm，由公式可得知左側使用者與右側使用者在大於 25cm 的觀看距離均可使用雙影像模式。這類的技術可以擴展到多影像 (Multi-View)OLED 面板，但設計複雜度相對提高。

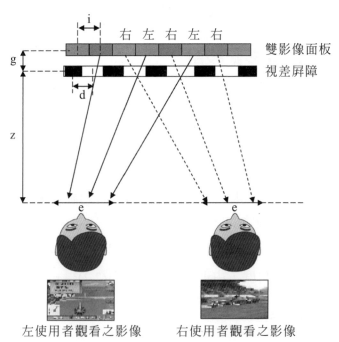

圖 2.10 雙影像 OLED 面板示意圖

2.5　內嵌式感應器設計

全螢幕與高螢幕佔比一直是各家產品強調的設計之一，因此周邊的感應器元件都得隱藏在螢幕後面，這類的內嵌式感應器設計包括觸控感應，前置相機，指紋感應器等。

● 2.5.1　內嵌式觸控面板

人性化的觸控人機溝通介面(Human-machine Interface, HMI)帶動了許多商機與電子產品的應用，無論是傳統外貼電阻式或電容式觸控面板，都需要在 OLED 面板上外掛一層觸控玻璃，不但整體面板厚度與成本增加，也使得顯示對比與亮度衰減。而內嵌式觸控面板(Embedded Touch Panel)整合觸控面板與 OLED 面板，不必外加觸控玻璃，具有客製化與輕薄的優點。目前 OLED 內嵌式觸控面板大多屬於投射電容型與光學感應型設計。

投射電容型觸控面板在強化玻璃(Tempered Glass)或玻璃封蓋(Glass Cover)上製作 X 與 Y 方向的透明導電電極，當手指與透明導電電極上的寄生電容等效串聯而產生一電容的改變，此電容值的改變會轉換為電流訊號傳送至控制 IC 上，透過由中央處理單元進行資料處理並運算得出座標結果。目前投射電容觸控面板設計已趨成熟並逐漸成為市場主流。

光學感應型觸控面板則是利用內建光感應器(Light Sensor)畫素，當手指、筆或光筆接觸面板後，接觸的位置會因外部環境光源或內部 OLED 畫素自發光源被遮擋而變暗，畫素感應器檢測光線變化再藉由讀取電路轉換為座標信號。實務上利用非晶矽 PIN 結構或複晶矽薄膜二極體(TFPDs, Thin-Film Photodiodes)整合於 OLED 畫素內，這類的感光二極體必須具備低的暗電流、高的光電流、高的信號雜訊比(SNR, Signal-to-Noise Ratio)、光增益、靈敏度與反應速度。另外，藉由相同的概念可導入環境光感應(ALS,

Ambient Light Sensor)回饋機制調節亮度與對比，達到觀看舒適度與節省功率消耗電的效果。

● 2.5.2　螢幕下相機

　　圖 2.11 顯示螢幕下相機(UDC, Under Display Camera)之示意圖，螢幕下相機又稱為屏下相機，UDC OLED 將畫素切個為正常發光區域與透明不發光區域，透明不發光區域是用來把光線通過透明層再進入 CCD 感光元件，增加感光元件的進光量與照光強度。圖 2.11(b)顯示常見的螢幕下相機的畫素設計，包含維持解析度的縮小版畫素、低解析度版畫素、放大版畫素。維持解析度的縮小版畫素的發光面積不足，螢幕下相機區域容易顯得偏暗。而低解析度版畫素與放大版畫素得顆粒感較明顯，螢幕下相機區域容易呈現鋸齒狀或線條不直的現象，同時螢幕下相機因為遮蔽與光學繞射所引起柔光濾鏡與背景模糊問題，各家 OLED 面板廠無不費勁心思在畫素排列、材料選擇、無圓型偏光片架構、補償電路與後端影像處理(例如 AI 演算法)。

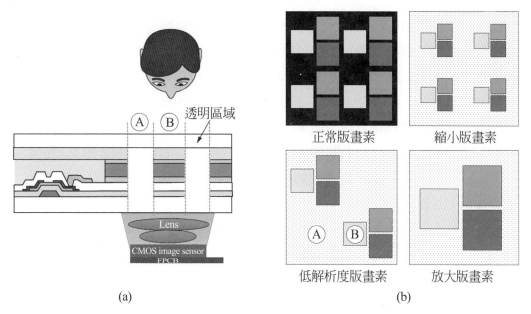

圖 2.11　螢幕下相機之示意圖

● 2.5.3　螢幕下指紋

　　生物辨識(Biometrics)技術包括指紋(Fingerprint)、人臉(Face)、虹膜(Iris)等獨特的生物特徵辨識架構，其中指紋具有高的可靠度，因此最常被採用在個人身份鑑定(Identification)與驗證(Verification)，而全螢幕窄邊框的架構使得 OLED 整合指紋辨識設計成為趨勢。圖 2.12 顯示螢幕下指紋(FoD, Fingerprint on Display)之示意圖，螢幕下指紋又稱為屏下指紋，常見的螢幕下指紋辨識技術包括超音波式感應器(Ultra-sound Fingerprint Sensors)與光學式感應器(Optical Fingerprint Sensor)。超音波式感應器透過 Tx 端壓電材料(Piezoelectric Material)發射超音波，利用指紋表面波峰和波谷空氣密度的不同，透過反射回 Rx 感應器的時間差與訊號強度構建出指紋影像(如圖 2.12(b)所示)。超音波指紋感應的穿透性佳，可穿透約 800μm 厚度的玻璃，且支援活體檢測，抗污能力高，即使濕手指與髒污手指也可以使用。超音波式雖然結構簡單，但製造技術難度較高、成本也較高。光學式指紋感應器採用 OLED 自己的光照射到螢幕上的手指指紋後，反射通過準直結構(Collimator)，再由 CMOS 影像感應器接收指紋影像(如圖 2.12(c)所示)。每個人的指紋波峰和波谷不同，因此影像的明暗程度不相同，進而可得出不同指紋影像，指紋影像經由校正(Calibration)、影像強化處理(Enhancement)得到高品質清晰的指紋特徵。光學式指紋感應器製造技術難度較低，且相關供應鏈成熟是其優勢。

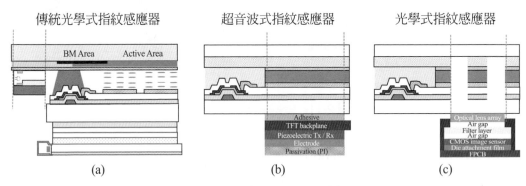

圖 2.12　螢幕下指紋之示意圖

2.6　綠色概念設計

顯示器產品生命週期較短，綠色概念設計(Green Product Design)成為新產品開發的主要課題。也就是說在面板設計之初，納入環境污染、產品回收等的考量，實踐永續性設計的觀念。諸如歐盟(EU, European Union)所推行的包裝材指令(Packaging and Packaging Waste)、廢棄車輛指令(ELV, End-of-Life vehicles)、特定有害物質限制指令(RoHS, Restriction of Hazardous Substances)、廢電機電子設備指令(WEEE, Directive on Waste

Electronics and Electrical Equipment)、使用能源產品生態化設計指令草案 (EUP, Directive on Eco-design requirements for Energy-using Products)等，均能將節省能源、低有毒物質、可回收等環境化等設計之概念(DfE, Design for Environment)融入面板相關產品中。特定有害物質限制規定 2006 年起，輸歐電子產品不可含有鉛(Lead)、鎘(Cadmium)、汞(Mercury)、六價鉻 (Hexavalent Chromium)等物質，國際間對於生產者的產品環保責任也有相關的法令規範，基於對環境保護和健康的考量，面板設計者應從產品生命週期評估的觀點出發，了解產品從原料開採、設計、製造、使用、到最終處理對環境的可能影響，也就是所謂延長生產者責任(EPR, Extended Producer Responsibility)的產品設計概念。

● 2.6.1　無鉛面板

以驅動 IC 的選擇為例，自動捲帶封裝(TCP, Tape Carrier Package)與軟膜覆晶封裝(COF, Chip on Film)為 AMLCD 與 AMOLED 驅動 IC 主要的封裝方式。一般自動捲帶封裝和軟膜覆晶封裝的內引腳接合運用熱壓縮的方式，成串排列的與金凸點接合在晶片上，因為錫鉛合金具有低成本，良好的可焊性焊和良好的機械力，因此廣泛應用在驅動 IC 裡。然而為了符合歐盟的廢電機電子設備指令與特定有害物質限制指令，有機發光二極體驅動 IC 的矽底材型的焊料(Solder)使用錫-銀(Sn-Ag)或錫-銀-銅(Sn-Ag-Cu)之合金，而在前導框型採用錫-銅(Sn-Cu)，錫-鉍(Sn-Bi)和冰銅錫等無鉛材質 [9,11]。驅動 IC 的錫鉛封裝溫度約 180~200℃之間，而無鉛封裝製程大多需要 200~260℃，高溫製程易造成零組件與基材損傷與封裝的可靠性問題，因此如何使用無鉛製程(Lead-Free)的驅動 IC 封裝，同時避免諸如使用壽命降低、接觸不良、機械可靠性與電子特性的退化，將是提升競爭優勢的關鍵。

● 2.6.2　無汞面板

　　一般液晶面板的背光系統都採用冷陰極燈管(CCFL, Cold Cathode Fluorescent Lamp)，而燈管中含有微量的汞蒸氣。除了 RoHS 管制外，TCO'01 要求液晶顯示器方面汞含量亦不得大於 2ppm，TCO'03 特別要求冷陰燈管易拆解設計，盡可能減低在作業過程中損壞燈管造成洩漏的風險。這意味著採用無汞的背光系統或無背光系統(Backlight-Free)是實現無汞化的趨勢。冷陰極燈管背光模組具有電氣及光學特性安定，壽命長及耐震等特性，但因冷陰極燈管內含汞成分，在歐盟的特定有害物質限制中規定每根燈管含十豪克以下的汞不在管制範圍，因此冷陰極燈管僅含汞二至三毫克暫不受影響，而有機發光二極體無需光源因此完全符合面板綠色設計需求。

● 2.6.3　無鉻面板

　　AMOLED 中的有機發光二極體有金屬導線與黑色矩陣製程，為了降低鉻金屬製程對環境的污染性，鉻金屬導線已被限制使用於有機發光二極體背板中，而鉻金屬黑色矩陣製程也漸被高光感度的黑色樹脂與無電鍍(Electro-less)鎳所取代[10,12]。除了限制含鉻金屬的面板製程，在製造過程中導入無鉻光罩(Chrome-less Mask)也是未來綠色設計的重要方向。

● 2.6.4　省電設計

　　CRT、有機發光二極體顯示器和電漿顯示器屬於自發光型，只要不給予能量時畫面即呈暗態。而液晶顯示器屬於非自發光型，背光源無論是亮態或暗態都是一直開著，因此面板功率消耗較高。顯示面板的省電設計可藉由驅動系統之設計或利用相關電源管理軟體達到面板省能，通常在產品研發階段時就會設計符合業界省電規範，例如美國能源之星(Energy Star)、瑞典 TCO 標章、歐盟 EU-Flower 標章、德國藍天使標章(German Blue Angel Eco Norm)。以美國能源之星節能規範爲，其主要規範液晶顯示器產品於待機狀態與關機狀態下之耗能。液晶顯示器功率消耗之標準比傳統 CRT 螢幕之標準要來得嚴格，規範其功率消耗須於待機狀態低於 3Watt, 關態狀態低於 2Watt 之標準[13]。一般來說，面板的功率消耗絕大部分來自於背光系統，以 14.1 吋 XGA 的筆記型電腦爲例，約有百分之三十三至四十的電力耗損於面板，而面板的背光源佔了主要的部分。OLED 自發光的特性使其在顯示深色或低灰階色彩內容時，所需 OLED 畫素發光的強度亦較低，因此功率消耗相對於液晶顯示面板要來的低，特別在顯示高色彩圖片或動態影像的耗電表現遠比液晶面板來的佳。目前由於 AMOLED 的設計大多依循 AMLCD 作爲設計目標，因此主要規格多比照液晶顯示器的規範。

2.7　綠色概念製造

OLED 面板廠的能源消耗相當大，爲了減緩 OLED 製造過程對於環境的衝擊，除了降低二氧化碳排放、廢水回收、化學溶液回收、光阻劑及顯影液回收外[14]，對於材料成本中可再回收利用的部分亦是面板廠的重點。

2.7.1　低二氧化碳排放

OLED 面板廠主要排放溫室氣體爲全氟化物 (PFCs, Perfluorocarbons)，大多來自於乾蝕刻及清洗化學氣相沉積(CVD, Chemical Vapor Deposition)製程的反應室上，次世代面板廠多已採用低全氟化物的耗用製程與導入高效率的廢氣處理系統(Scrubber)來減緩排放，並藉由減少製程步驟與工廠傳送佈局最佳化，可以減少整體耗電量縮與二氧化碳排放。以 Sharp 位於日本 Kameyama 第八代廠環保設計為例，包括使用太陽能電力系統、燃料電池發電機、百分之百廢水回收系統與廢熱發電系統。這樣的廠房設計所產生的電力可供應廠房約三分之一的需求，較傳統的電力系統減少百分之四十的二氧化碳排放量。OLED 屬於自發光畫素，無需背光模組的架構，零組件與塑膠使用量更少，而且不像 QD-LCD 含有鎘與磷化銦等有害物質，相對的有害物質與總揮發性有機物(TVOCs,Total Volatile Organic Compound)的排放也減少，當產品生命週期結束時的回收率也會高於 LCD。尤其是越大尺寸的電視或數位資訊顯示器，OLED 面板的總揮發性有機物的排放與對環境污染程度會遠低於 LCD 面板。

● 2.7.2　低水資源消耗

隨著次世代面板需求量日益增加，產能持續擴充相對需要大量用水並會產生大量製程廢水。實務上面板廠處理廢水並回收再利用至冷卻用水、廢氣收集系統之濕式洗滌塔、鍋爐用水、衛廁用水與其他用水等。更積極地將製程中有機與無機清洗水予以篩選、處理回收再利用。

● 2.7.3 廢液回收處理

OLED 面板廠的化學溶液消耗量大，因此廢液回收系統成為次世代廠房必備的基本設計，諸如光阻剝離液回收系統、顯影液回收系統純化處理後再供應到製程使用，不僅減少原料的使用量，亦可大幅降低水資源耗用與廢溶液的產出量。如導入蝕刻液濃度控制系統(Etching Solution Density Control System)，即時監控蝕刻液酸鹼度並自動補充蝕刻液來降低整體化學品與用水量。以 TMD 為例，其將蝕刻液濃度控制系統概念導入金屬鋁蝕刻系統中，每年可減少 13.6 tons/year 的蝕刻化學品用量消耗。

另外，低溫複晶矽製程所將產生的廢水可分為含氟廢水、酸鹼無機廢水及有機廢水，其中含氟廢水是低溫複晶矽製程獨特且須額外處理的一環。低溫複晶矽在結晶前後與閘極氧化層成膜前會使用緩衝氧化矽蝕刻液(BOE, Buffer Oxide Etcher)或氫氟酸作為清潔步驟並去除表面的自生氧化層，因此 OLED 面板廠必須額外設計氟收集沉澱設備處理含氟廢水。實務上會在廢液中加入碳酸鈣(Calcium Carbonate)使氟離子結合成為氟化鈣，再將氟化鈣抽至沉澱池混凝、膠凝後分離，處理後的含氟離子濃度已降低至法定標準以下，因此排放至一般廢液處理而減緩汙染。

● 2.7.4　銦金屬回收

OLED 製程用之銦金屬(Indium)的來源分為一次(Virgin)銦錠與回收再生(Reclaim)銦錠兩種，由於銦金屬在地殼中的含量十分稀少，並沒有獨立礦產，為主要分佈於鋅礦中的一種微量元素，需由提煉出鋅金屬後之廢渣中，再經提煉方而成銦錠。次世代基板面積大，所耗用的銦量也相對提高，因此除了針對一般靶材的回收外，在面板製造廠內設置銦蝕刻廢液回收裝置，將銦成份加以分離後再進行回收。而針對報廢的 OLED 面板則收集拆解，經由去除偏光膜與封裝材料、玻璃擊碎等程序，將玻璃碎片(Glass Cullet)上的 ITO 或 IZO 浸泡於酸溶液槽內蝕刻，同時調整溫度與 pH 值等方法來提升銦金屬溶解分離的效率，最後再提煉成銦錠回收。

● 2.7.5　玻璃回收

一般玻璃回收分為未鍍膜玻璃與已鍍膜玻璃，未鍍膜玻璃可直接回收於玻璃原料而再融熔成新玻璃基板。而已鍍膜玻璃部份含有機材質，掩埋處理對環境有相當性傷害，因此將其研磨成細粉狀添加於其他原料中，可做爲混凝土級配、水泥原料添加劑、玻璃添加劑、陶瓷用料、建築材料、工藝品等用途。

參考資料

[1] S. Riehemann, et al., SID Digest, (2006), pp. 163

[2] M. R. Vincen, SID Digest, (1999), pp. 326

[3] M. Heimrath, SID Digest, (2000), pp. 1149

[4] E. Hugues, et al., EURODISPLAY, (2002), pp. 241

[5] D. G. Hopper, Proc. SPIE, vol.4022, (2000).pp. 378

[6] J. A. Castellano, Handbook of Display Technology. (1992), San Diego: Academic Press.

[7] P. Santy, et al., SID Digest, (2001), pp. 71

[8] F. Hayashiguchi, Proc. International Display Workshops, (2005), pp. 243

[9] Rec. ITU-R BT. 709,

[10] T. Nishizawa, SID Digest, (2000), pp. 410

[11] A. Dravet, et. al., SID Digest, (1996), 41.2

[12] G. Cernigliaro, et. al., SID Digest, (1995), pp. 779

[13] K. J. Baker, et. al., SID Digest, (2004), pp. 300

[14] M. E. Chen, et al., International Display Manufacturing Conference, (2005), pp.656

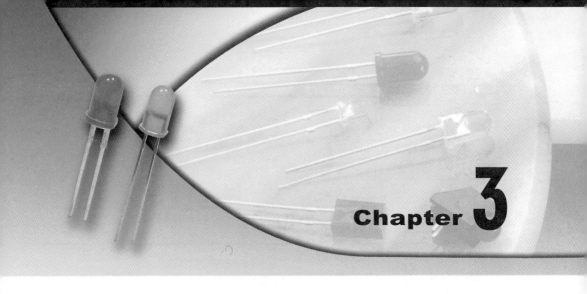

有機發光二極體
顯示原理

3.1 前言

　　有機發光二極體藉由電子傳輸層(ETL, Electron Transport Layer)、電洞傳輸層(HTL, Hole Transport Layer)和有機發光材料層(EML, Emitting Material Layer)的堆疊，在外加偏壓時電子與電洞分別由陰極與陽極注入，使得載子越過界面能障並在發光層中形成電子電洞對並再結合(Recombination)，當受激發電子釋放能量回到基態時，部分能量以光的形式放出而形成電激發光。有機發光二極體關鍵的發展在於新材料的設計開發，設計的重點在於如何提高材料的效率、壽命與色飽和度。也就是材料的化學穩定性、熱穩定性必須符合壽命的要求，並調整設計分子結構使分子放出色純度及高亮度的光。

3.2 發光二極體顯示原理

電激發光面板分成低電場型和高電場型兩種。發光二極體(LED, Light Emitting Diodes)是典型的低電場型電激發光元件，它的發光原理來自於注入的載子在 P-N 界面經輻射性再結合時能隙(Energy Gap)位階之改變，以發光顯示其所釋放出的能量。而薄膜電激發光元件(TFEL, Thin-Film Electroluminescence)則屬於高電場型電激發光元件，通常薄膜電激發光元件的發光材料使用硫化鋅(ZnS)等週期表 III－V 族的元素[1,2]。

圖 3.1(a)顯示發光二極體元件結構，發光二極體的 P 型半導體與 N 型半導體形成 P-N 界面時，P 型半導體的費米階與 N 型半導體的費米階相互對齊，並在界面處形成電場。當外部順向偏壓的正電壓接到 P 型半導體，負電壓接到 N 型半導體，此時負電壓端的所有能階皆會往上提升，因而破壞原先的平衡狀態，且電子在導電帶(Conduction Band)中流動時所遇到的能障也降低，因而電流急速上升形成所謂的導通的二極體。在適當的順向偏壓下，電子、電洞注入在 P-N 界面區域，電子由高能量狀況掉回低能量狀態與電洞結合，電子電洞對結合將能量以光子的形式釋放出來。由於室溫環境下電子電洞對產生機率的並不高，因此必須靠外部能量來協助電子與電洞的結合來產生自發性復合(Spontaneous Recombination)的輻射發光。在同質接面結構中，電子在半導體導電帶中流動平順，電洞在半導體價電帶中流動也很順利，使電子與電洞相遇而復合產生光的機率極低。為

提高電子、電洞復合機率，便運用雙異質結構，使中間發光層的能隙小於兩旁束縛層的能隙高度，提高發光效率。

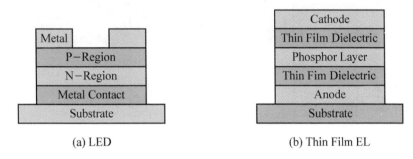

(a) LED　　　　　　　　　(b) Thin Film EL

圖 3.1　發光二極體與薄膜電激發光元件結構

3.3　有機發光二極體顯示原理

　　圖 3.2 顯示 OLED 能階示意圖，有機發光二極體顯示原理與發光二極體類似，當陽極、有機發光層與陰極三者的費米能階(EF, Fermi Energy Level)因電位平衡而在相同的能階上(如圖 3.2(a))，當施加偏壓時載子受到電場的作用會往相反電性的方向移動，電洞由陽極移往金屬陰極方向，電子則由金屬陰極移往陽極方向[3]。受到有機發光層與陰陽極間存在界面能障(Interfacial Energy Barrier)的影響，大部分載子會被阻擋而累積在其界面上，僅有少數的載子能夠穿隧能障入高分子薄膜層。當偏壓等於一特定電壓時，有機發光層的傳導帶與價電帶會形成水平狀態，此時有機發光層能階梯度為零。若繼續增加偏壓，能階梯度將轉為順向，造成其能障的厚度會隨著偏壓增加而下降，當能障厚度小至某一程度時載子便可穿隧能障界面有機發光二極體隨即導通(如圖 3.2(b))。

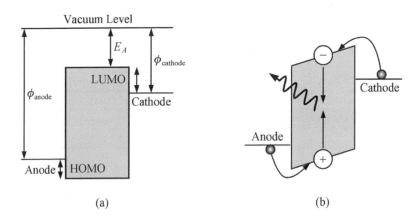

圖 3.2　有機發光二極體能階示意圖

在兩種不同有機材料薄膜之間的介面，會形成遽變異質接面(Abrupt Heterojunction)。此遽變異質接面會在接面附近造成高濃度空間電荷(Space Charge)的累積，易形成局部的高電場，因此對元件之操作電壓上升以及元件壽命有不利之影響。而有機發光二極體元件內部的電流量將取決於空間電荷注入數目、空間電荷限制(SCL, Space-Charge-Limited)電流、載子漂移率、驅動電壓與有機材料厚度。

● 3.3.1　三元色發光原理

發光物質可分為主發光物質及摻雜體(Dopants)兩種，摻雜體是一種螢光或磷光染料，以極低的濃度與主發光物質共蒸鍍，並可接受來自於主發光物質的能量激發而發出各波長的光。在主發光體(Host)中混入少量的高發光效率客發光體(Guest)來提高載子的再結合效率，這些客發光體具有比主發光體小的能隙、高的發光效率以及比主發光體短的再結合生命期等特性，因此將主發光體的激子(Exciton)藉由能量轉移的過程轉移至客發光體上進行快速且有效率的再結合。這除了提高發光的效率外，也可使發光的顏色橫跨整個可見光區(如表 3.1 所示)。

● 3.3.2　白光發光原理

白光元件基本上可分為以混合(Blending)或摻雜(Host-Dopant)方式達成，常見之小分子白光結構有單層型(Single Layer White Device)[4]、雙層型(Bi-layer White Device)[5]、三層型(Tri-layer White Device)[6]、三重態型(Triplet-Exciplex White Device)[7]與混合主發光體型(Mixed- Host White Device)[8]。

混合的機制是利用高能階 LUMO(Lowest Unoccupied Molecular Orbital)阻擋，將電子分配在藍光、綠光、紅光三種發光材料之 LUMO 能階上而得到白光。雖然將發藍光、綠光、紅光的材料混在同一層來發光，但藍光、綠光、紅光材料之 LUMO 能階不同，當外界給與不同電流時，電子分配在藍光、綠光、紅光材料之 LUMO 能階上之機率隨外界給與電流密度不同而不同，導致所得光色隨電流密度而改變[4]。

摻雜的機制是利用主客發光原理，藉由能量轉移將主發光材料所吸收的部份能量轉換給客發光材料，亦是利用主體較高發光能量來激發客體發出較低發光能量之顏色，造成部份發出主發光材料的光而部份發出客發光材料的光。利用兩個互補色產生白色的原理，選用兩個互為互補色的發光材料，例如藍色與紅色發光材料，其中短波長材料當成主發光體而長波長材料當作客發光體，藉由調整此兩種材料的比例而得到理想的白光材料與光譜[9,10]。

表 3.1 顯示白光 OLED 的發光頻譜。白光 OLED 作為發光源，透過 RGB 或 RGBW 彩色濾光片，產生紅、綠、藍光混合，RGB 或 RGBW 所

佔的比例則取決於 OLED 元件結構的搭配組合。RGB 畫素架構因為每個顏色都需經過彩色濾光片，發光效率較低，相對耗電。RGBW 畫素架構具有四個子畫素，在傳統紅色、綠色與藍色子畫素基礎上加上白色子畫素。白色子畫素提高了亮度，大幅降低了整體 OLED 的功率消耗。然而省電的代價卻是顯示色域變小，實務上會透過混色補償的演算法，調整白色子畫素面積的比例，來達成高亮度與低色差的色彩表現。一般而言，白光 OLED搭配彩色濾光片具有覆蓋 76%以上 BT.2020 色彩空間的色域表現。

表 3.1　OLED 發光頻譜之比較

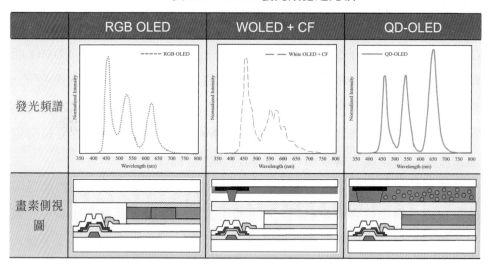

● 3.3.3　量子點發光原理

　　量子點(QD, Quantum Dot)與一般塊狀(Bulk)半導體不同，屬於奈米微晶體(Nanocrystal)半導體材料，量子點直徑約 2~10nm。量子點尺寸愈小，則能量間隙愈大。也就是說當量子點尺寸愈小時，會激發藍光，量子點尺寸愈大時，則激發出紅光。藉由調整量子材料粒徑、種類、比例，得到純正的紅、綠、藍三色，可以組合出極廣的色域。圖 3.3 顯示量子點顯示器的發光架構，量子點的發光機制分為光致發光型(Photo-emissive)與電致發光型(Electro-emissive)，QD-LCD、QD-OLED 與 QD-MicroLED 都是屬於光致發光型量子點，而 QLED 或 QDEL 則是屬於電致發光型量子點。圖 3.3(d)顯示 QD-OLED 的架構。QD-OLED 採用藍光 OLED 激發含有量子點的彩色濾光片，原本的藍色加上量子點產生的紅色與綠色。QD-OLED 擁有極窄的發光半高寬(FWHM, Full Width at Half Maximum)，因此具有覆蓋90%以上 BT.2020 色彩空間的高色域表現。

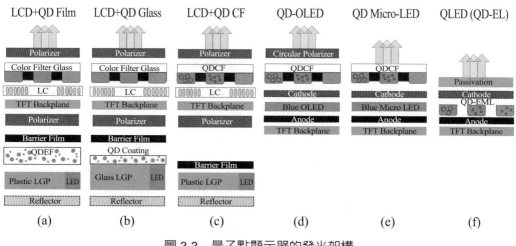

圖 3.3　量子點顯示器的發光架構

3.4　元件結構

　　圖 3.4 顯示多層結構能階示意圖，有機發光二極體是由電子或電洞注入層、電子或電洞傳輸層、發光層以及陽極與陰極所組成，採用多層結構

的目的是爲了造成如階梯形式的能階狀態，使分別從陽極和陰極所提供的電洞和電子，更容易傳輸至發光層結合而後放出光子。由於電洞在有機材料中移動較快，且電子很容易被材料或界面的缺陷所捕捉，因此電子電洞再結合的區域往往較靠近陰極，大部分的電洞在陰極中和消耗，不易形成激發態，發光效率不高。爲了改善這些缺點，在電極與發光層間導入電洞注入層和電子傳遞層，電洞注入層可減低電洞自陽極注入發光層的能障，電子傳遞層可以增加電子注入的效率，也可以把電洞阻隔在發光層和電子傳送層的界面上，增加電子電洞再結合的機會，使發光效率提高。

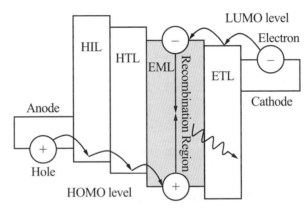

圖 3.4　有機發光二極體多層結構能階示意圖

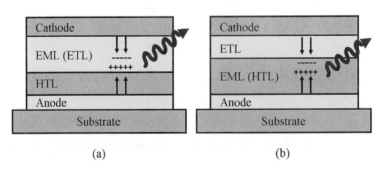

(a)　　　　　　　　　　　(b)

圖 3.5　雙層有機發光二極體元件結構

圖 3.5 與圖 3.6 爲常見的雙層(Bilayer)與多層(Multilayer)有機發光二極體元件結構，雙層結構由電子傳輸層與電洞傳輸層所組成，但其電子傳輸層與電洞傳輸層會兼具發光層的功能，也就是電子電洞會在此區結合而發光，大多的 LEP 屬於此類結構。爲了避免載子於雙層結構內不平衡，因此可以藉由 ETL、EML、HTL、HIL 等多層搭配設計，可以讓載子可以均衡在發光層發光，SMOLED 多爲此類結構。

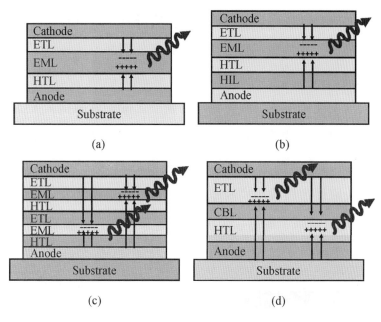

(a)　　　　　　　　　　(b)

(c)　　　　　　　　　　(d)

圖 3.6　多層有機發光二極體元件結構

● 3.4.1　陽極層

陽極(Anode)的功用爲將電洞注入有機材料的最高能階滿軌域(HOMO, Highest Occupied Molecular Orbital)中，因此此層需用較高功函數(Work

Function)的金屬或透明導電氧化物以配合有機材料價帶的能量。詳細陽極製程可參考第七章。

● 3.4.2 電洞注入層

注入層的作用是使得陽極的功函數與 LUMO 準位與陰極的功函數與 HOMO 準位有良好的匹配使得電子與電洞能順利的從電極流至傳輸層中。實務上透過 OLED 結構設計的方式，使得發光材料的最低未佔有軌域能階靠近陰極的工作函數，或最高佔有軌域能階靠近陽極的工作函數，降低電子或電洞的注入能障。在陽極與電洞傳輸層之間，通常還會加入一層電洞注入層，主要是由於陽極與電洞傳輸層之間的能障很大，這會造成元件的驅動電壓升高，間接使得元件的壽命縮短，所以加入一層 HOMO 能階介於陽極與電洞傳輸層之間的材料來增進電洞注入電洞傳輸層的效率。電洞注入層需選擇較小的游離能及電洞移動性高的材料，使電洞容易累積在電子傳輸層中，則需選用較大的電子親合力，容易造成電子累積[11,12,13,14,15,16]。

● 3.4.3 電洞傳輸層

傳輸層的作用是使得從陽極注入的電洞能透過電洞傳輸層流至發光層，並且阻絕來自陰極的電子使之不直接流至陽極[17]。由於很多有機發光二極體的電洞、電子移動率並不相同，因此會造成電洞、電子再結合的區域比較偏陰極或陽極，而當再結合區離電極越接近，電荷就越容易被金屬所驟熄(Quench)。因此有機發光二極體元件結構被設計使載子再結合的區域遠離電極的接觸面，以防止電極的接觸面成為帶電電荷主要的驟息點。在平衡電荷的注入與再結合部份，要設法使有機材料與注入帶電電荷的電極形成歐姆接觸(Ohmic Contact)，提高電子與電洞之注入效率，再利用有機材料二極化的傳導性(Bipolar Transport)，提高帶電電荷遷移速率(Drift Mobility)，修正電子與電洞再結合發生的區域。利用異質接面(Hetero-junction)的能障來限制載子的空間分佈，而增加載子的再結合，這是因為電洞傳遞層具有較高的電洞遷移速率與較低的游離電位(Ionization Potential)。由於 LUMO 與 HOMO 的能障很大而電子親合力(Electron Affinity)很低，所以電洞傳遞層可以在界面處有效地阻擋電子的入侵。目前電洞傳輸材料朝向提高熱穩定性及降低電洞傳輸層與陽極界面的能階差的方向設計，常見的材料有 TPD、Spiro-TPD、TAPC、m-TADATA、a-NPD、CuPc[18]等(如圖 3.7 所示)。

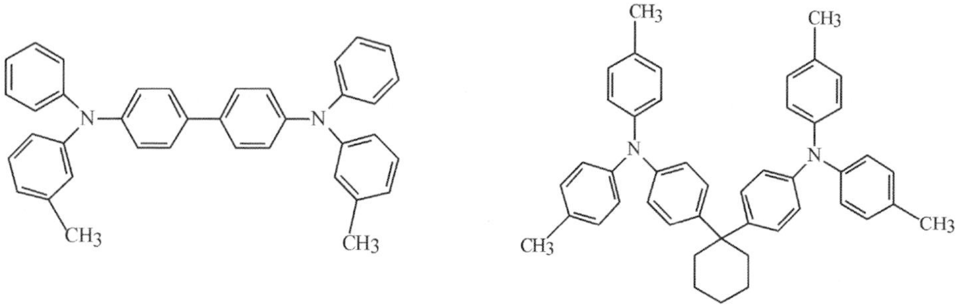

(a) TPD　　　　　　　　　　　(b) TAPC

圖 3.7　常見的電洞傳輸材料

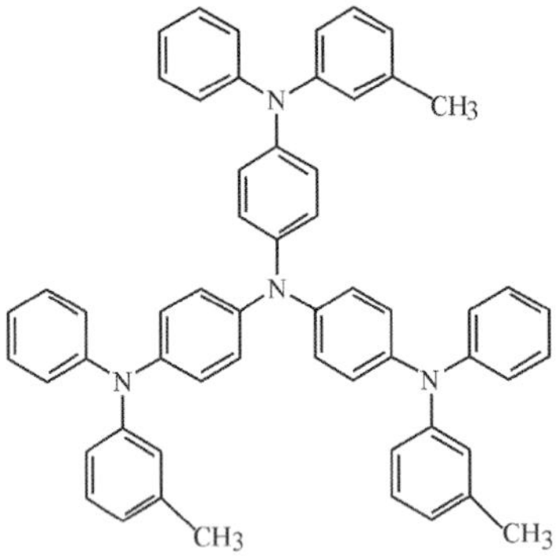

(c) m-TADATA

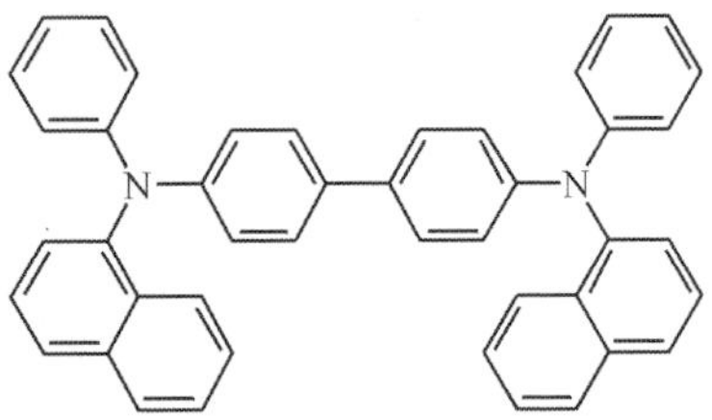

(d) a-NPD

圖 3.7　常見的電洞傳輸材料(續)

● 3.4.4　發光層

　　發光層的作用是使得注入之電子與電洞產生再結合的激勵作用而發光[19]。發光層材料通常為發光能力較低之主發光體材料再少量摻雜發光能力高之客發光體，藉由在發光層中摻雜一不等濃度的摻雜體(Dopant)，使得主發光體的能量得以轉移至摻雜物上而改變原本主發光體的光色以及發光的效率。摻雜之客體除了可以提高發光效率之外，也可以用來改變發光的顏色。

　　有機發光二極體元件發光的顏色主要決定於元件內具有螢光特性的有機材料，因此有機發光二極體可由在主發光體中混入少量的高發光效率客發光體來提高載子的再結合效率，這些客發光體具有比主發光體小的能隙、高的發光效率以及比主發光體短的再結合生命期等特性，因此將主發光體的激子藉由能量轉移(Energy Transfer)的過程轉移至客發光體上進行快速且有效率的再結合，而導致不同顏色的產生。常見紅色發光材料有DCM、DCM-2、DCJTB 等(如圖 3.8 顯示)、常見綠色發光材料有 Alq、Alq3、

DMQA 等(如圖 3.9 顯示)、常見藍色發光材料有 Anthracene、Alq2、BCzVBi、Perylene、OXD-1、OXD-4、DPVB 等(如圖 3.10 顯示)。這除了提高發光的效率外，也可使發光的顏色橫跨整個可見光區，目前產學界的專家投入相當多的心血在這塊領域[20]。

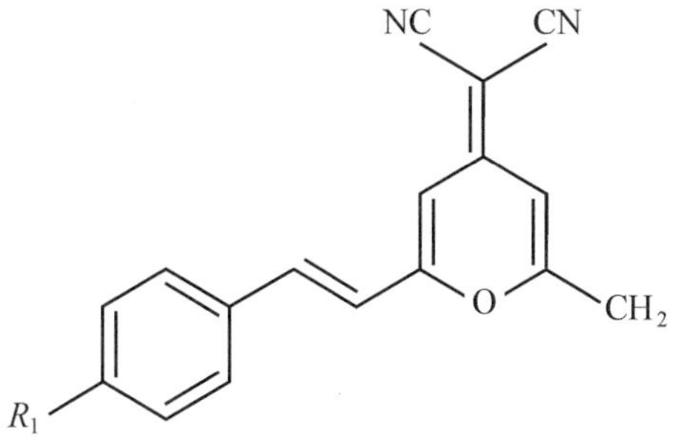

(a) DCM

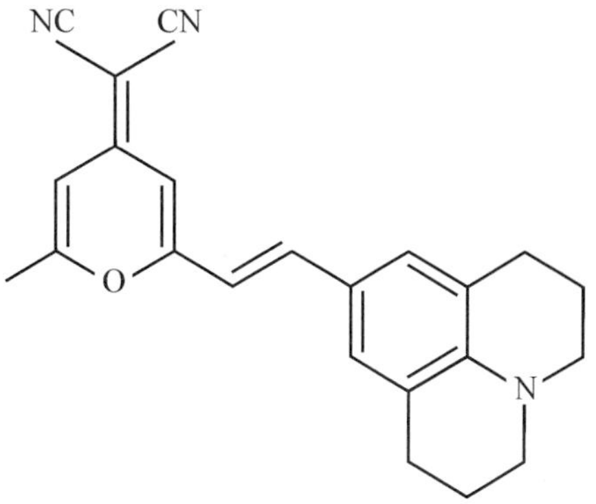

(b) DCM−2

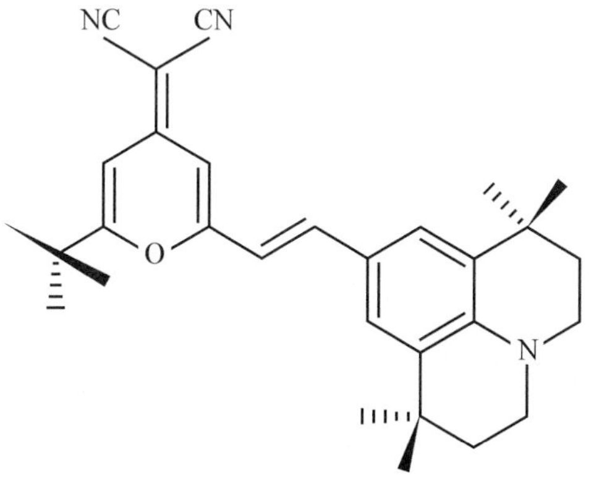

(c) DCJTB

圖 3.8　常見紅色發光材料

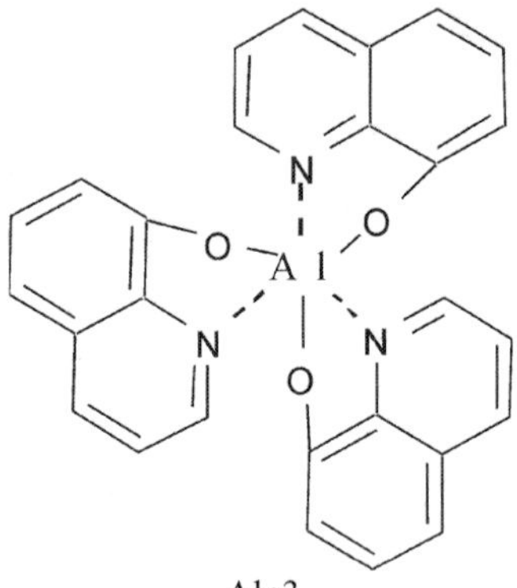

Alq3

圖 3.9　常見綠色發光材料

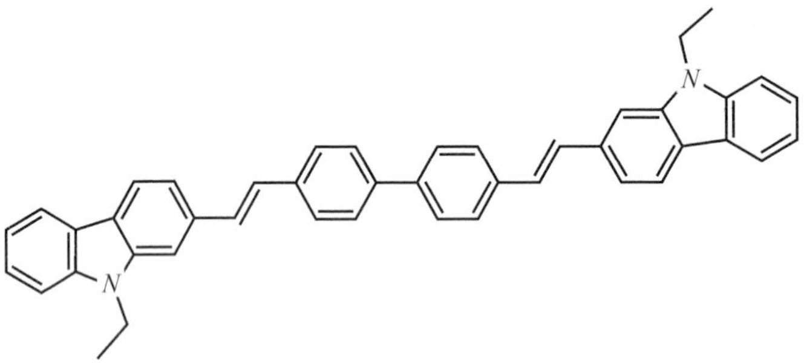

(a) BCzVBi

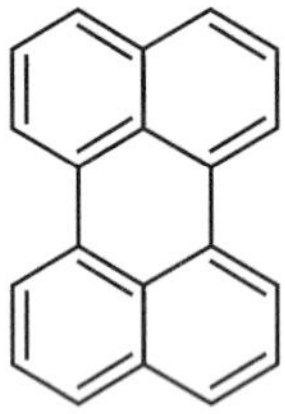

(b) Perylene

圖 3.10　常見藍色發光材料

● 3.4.5　雙發光層

在雙發光層結構中，HTL 與 ETL 中間插入載子阻擋層(CBL, Carrier Blocking Layer)或稱之激子幽禁層(ECL, Exciton Confinement Layer)可以讓電子電洞分別於 HTL 與 ETL 中結合發光，電子與電洞將在兩層的界面附近產生複合形成激子並發光。藉由載子阻擋層厚度的設計，將可增加激子的擴散路徑使其在到達陰極前便以光的形式釋放能量，減少激子在陰極產生驟息。此類結構可設計出雙波長而混合成特定光，常見白光有機發光二極體便是應用此結構。1995 日本山形大學 Kido 利用在 TPD 電洞傳輸層與 Alq3 電子傳輸層之間增加一層 p-EtTAZ 載子阻擋層，適當的控制電洞阻止層 p-EtTAZ 的厚度可以將部分電洞留在電洞傳輸層中，激發 TPD 後發出藍光，然後部分電洞穿過電洞阻止層進入電子傳輸層，Alq3 電子傳輸層中有少許的紅光摻雜體，除了可發出綠光之外也可以發出自於尼羅紅的紅光[21]。

● 3.4.6　電子傳輸層

電子傳輸層的作用在於從陰極注入的電子能透過傳輸層流至發光層並且阻絕來自陽極的電洞使之不直接流至陰極，因此傳輸層必須使用載子遷移率高且在傳輸層與發光層之間能形成可以阻絕電子與電洞流動之位能障之材料，如此才能使電子與電洞在發光層中再結合並發光[22]。藉由 HTL 和 ETL 的設計來增進電洞、電子的流動性，以修正再結合的區域。除此之外，由於 HTL 與 ETL 兩層之間所具有的界面能障，在適當的電場下，電洞、電子會停留在這個界面附近，使得再結合的機率增加。而且這個界面能障還可以減低因電洞、電子相互穿過而中和在陽、陰極接觸面的能量消耗，故能夠大幅提高有機發光二極體的效率。有機發光二極體的主發光體通常兼具有傳輸電子的特性，例如 Alq3 因具有好的熱穩定性和成膜性因此是最常使用的 ETL 和 EML 材料。常見的電子傳輸層材料有 BND、PBD、OXD、TAZ、Alq3[18]等(如圖 3.11 顯示)。

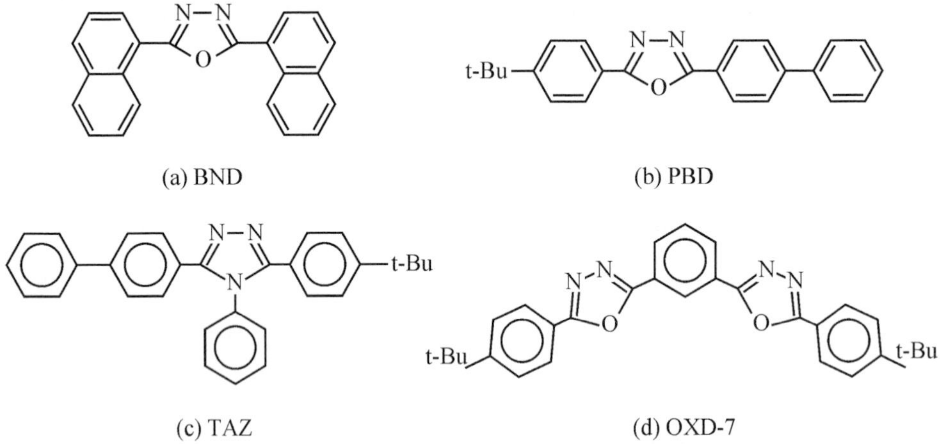

(a) BND

(b) PBD

(c) TAZ

(d) OXD-7

圖 3.11　常見的電子傳輸層材料

● 3.4.7　陰極層

陰極(Cathode)的功用爲將電子射入有機導電高分子的最低能階空軌域(LUMO)，爲了能有效將電子注入高分子的 LUMO，一般都選擇低工作函數的金屬，工作函數愈低則金屬與發光層間的能隙愈小，電子也就愈容易進入發光層內，提高電子和電洞的結合機率，可增加發光效率並降低起始電壓。詳細陰極製程可參考第八章。

● 3.4.8　堆疊串聯結構

堆疊串聯式 OLED(Tandem OLED)是利用中間層將數個發光元件連接在一起，使 OLED 的效率,亮度與壽命增加。當雙堆疊串聯(2-Stack Tandem)結構將兩個以上的發光單元(Emitting Unit)直接層疊，會使得內阻抗變大，電子與電洞不容易進入 OLED 中，爲提高注入效果，會在於兩個發光單元之間加入電荷產生層(CGL, Charge Generation Layer)，電荷產生層產生額外的電荷幫助使電子電洞重新分配，並注入到下一個發光單元再結合發光。因此，在相同的 OLED 電流密度下，堆疊串聯式 OLED 會具有較高之發光亮度與發光效率。或在相同亮度下，僅需驅動較低的電流，OLED 的壽命藉此延長。

3.5　發光效率

　　發光的機制可以由主體材料先呈激勵狀態再將能量轉移至客體分子，使客體分子獲得激勵而發光；另一種方式是電子與電洞直接在客體分子上再結合而發光。而再結合的機制可分為螢光(Fluorescence)以及磷光(Phosphorescence)兩種模式。磷光性之發光效率由於比螢光性之發光效率高約二至四倍，因此使用磷光性發光層可以降低功率消耗並提高面板壽命。圖 3.12 顯示有機發光二極體激發態示意圖，有機發光二極體激發態的電子自旋(Electron Spin)與基態電子成對稱之為單重態(Singlet)，其反應式如(3.1)式所示。而電子自旋平行但不成對則稱之三重態(Triplet)，其反應式如(3.2)式所示。

$$S_1 \longrightarrow S_0 + h\nu \dotfill (3.1)$$

$$T_1 \longrightarrow S_0 + h\nu \dotfill (3.2)$$

當分子被激發至激發態 S_2(或 S_1)後，藉由分子間振動熱傳遞的方式，釋放部分能量掉到 S_1 的最低能態，部分電子以釋放熱能的方式由 S_1 的最低能態掉回基態(S_0)，部分則釋放螢光。部份的電子不是由 S_1 掉回 S_0，而是經由系統跨越由 S_1 掉到三重激發態(T_1)，再由 T_1 掉至基態(S_0)，並釋放出熱或磷光。當激發電子為單重態時釋放出螢光，而激發電子為三重態時釋放出磷光。磷光效應屬於緩慢而且效率差的電子躍遷過程，但卻佔了整個電子電洞結合反應約 75%。

外部量子效率(η_{ext}, External Quantum Efficiency)的定義如(3.3)

$$\eta_{ext} = \gamma \cdot r_{st} \cdot q \cdot \eta_{coupling}$$ .... (3.3)

其中 γ 為載子平衡係數(Coefficient of Charge Balance)、r_{st} 為 Triplet/Singlet 的比例、q 為發光效率(Luminescence Efficiency)、$\eta_{coupling}$ 為外部光耦合係數(Coefficient of Output Coupling)[23]。由於有機發光二極體屬於兩端子元件結構,因此陰陽極的位能障會影響到兩端的載子注入效率,同時隨著外加電場的不同,載子不平衡的現象會更加嚴重。通常藉由有機材料、陰陽極材質的選擇與特殊處理來調整其兩端載子的注入效率[24,25]。

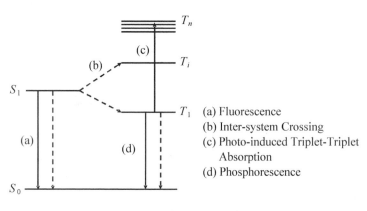

圖 3.12　有機發光二極體激發態示意圖

● 3.5.1　螢光發光

圖 3.13 顯示有機發光二極體發光流程圖,一般使用單重態的有機發光二極體材料會輻射出螢光,而大部分的能量都耗損於非輻射的狀態,因此

r_{st} 係數大約只有 25% 左右。三重態的有機發光二極體材料會輻射出磷光，理論上其輻射效率幾乎可達到百分之百。然而三重態的發射方式使得有機發光二極體長期處於激發狀態，因此易產生無輻射的衰減現象。另外，根據外部量子效率定義可得知即使有高的發光效率，當陰陽極厚度、陰陽極表面狀態、有機發光二極體堆疊結構或材質選擇失當，其結果只是補償注入與傳輸載子時的損失，造成發光效率偏低，對有機發光二極體面板顯像並無實質助益。

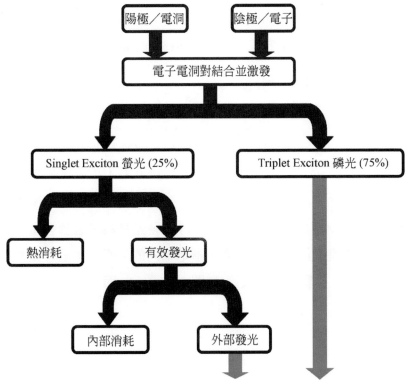

圖 3.13　有機發光二極體發光流程圖

● 3.5.2 磷光發光

1998 年 M. A. Baldo 利用銥金屬錯合物(Iridium Complex)當作發光體,有效的將激發態三重態的能量應用在高外部量子效率的元件上,因爲磷光材料可以再多利用另外的 75%三重態激子能量發光[26,27],其外部量子效率達 13.7%。當螢光體吸收能量從基態 S_0 躍遷到激發態時。對螢光而言,其電子能量的轉移並不改變電子的自旋性,仍然維持電子的單重態。而磷光經由系統間跨越,電子自旋性卻改變了。在三重態中,兩個電子自旋性就不再成對,而是呈現平行的。圖 3.14 顯示有機發光材料之發光效率,對於被限制在大約 5%的外部量子效率元件的單重態螢光材料與 22%的三重態磷光材料,主要根據式子(3.4)與(3.5)的計算

$$n_{total} = n1 \cdot n2 \cdot n3 \cdot n4 \quad\text{.. (3.4)}$$

$$n_{total} = n1 \cdot (n2^{'} + n2) \cdot n3 \cdot n4 \quad\text{.. (3.5)}$$

由圖 3-14(a)可推倒出螢光發光 $n_{total} = 1 \times 0.25 \times 1 \times 1 / (2N^2) = 0.055$,而圖 3-14(b)的磷光發光 $n_{total} = 1 \times 1 \times 1 \times 1 / (2N^2) = 0.22$,其中 N 爲玻璃的折射係數(Index of Refraction)。因此磷光材料對有機發光二極體電激發光效率在學理上是螢光材料的四倍,但是一般有機發光材料是屬於發螢光的單重態發光體,這跟發磷光的三重態發光體是不同的。傳統單重態螢光材料只有約 25% 的效率且驅動電壓較高(如圖 3.3 所示)。而磷光性材料的電光轉

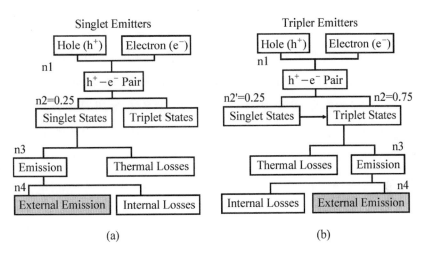

圖 3.14　螢光與磷光材料之發光效率示意圖

換效率幾乎能達到 80~100%，高效率的三重態磷光材料只需要 1 微安培畫素電流就能夠驅動。以 UDC(Universal Display Corporation)的磷光材料為例，在 600cd/m^2 亮度下持續 1000 小時，PHOLED 亮度衰減低於 2%。若搭配非晶矽大面積與低成本的優勢，大幅增加其應用空間，以 4 吋非晶矽驅動為例，採用磷光取代螢光材料，可節省約 42%的功率消耗，商品化相當具吸引力。

3.6　亮度加強

　　亮度(Luminance 或 Brightness)是指人眼對物體的明暗所產生的感覺，當色相與彩度固定時，用來表示人眼感受的顏色亮暗程度。液晶面板屬於非自發光型顯示器，因此其面板亮度會依據環境照明(Ambient Illumination)而有所變異，也就說顯示內容的識別度(Legibility)與能見度(Visibility)會隨動態光線條件而設計[28]。AMOLED 屬於自發光型顯示器，其為面板亮度來自發光材料與驅動條件的設計而定。亮度或輝度的定義為每單位面積、單位立體角、在特定一方向上由自發光表面發射出的光通量，單位為 cd/m² 或以 nits 表示。常見的監視器亮度規格大約是 250cd/m²，筆記型電腦亮度規格大約是 150cd/m²，高畫質電視規格大約是 400cd/m²~500cd/m²。筆記型電腦或監視器的觀看距離大多不會超過一公尺，因此亮度僅需 250cd/m²~500cd/m²，然而在觀看有機發光二極體電視的距離通常為二至三公尺。一般來說，尖峰亮度不足易削減影音臨場效果的魄力，因此有機發光二極體電視的亮度至少要在 500cd/m² 以上才能滿足人眼的需求。

● 3.6.1 對比度

對比(Contrast)的定義可區分為明室對比與暗室對比。室對比的定義為面板在有外界環境光下之對比，暗室對比的定義為面板在無外界環境光下之對比，也就是白色畫面下的亮度除以黑色畫面下的亮度。而明室對比則是考慮了環境的影響因子。有機發光二極體顯示器的暗室對比的定義如公式(3.6)所示，而明室對比的定義如公式(3.7)與(3.8)所示

$$CR = \frac{L_{max}}{L_{min}} \quad\text{...} (3.6)$$

$$CR = \frac{L_{max} + L_{ambient}}{L_{min} + L_{ambient}} \quad\text{..} (3.7)$$

$$L_{ambient} = R_L \frac{E_{ambient}}{\pi} \quad\text{...} (3.8)$$

其中 R_L 為擴散亮度反射率(Diffuse Luminous Reflectance)、$E_{ambient}$ 為環境光亮度[29]。因此白色越亮、黑色越暗，則對比值越高。在 ITU-R BT 500 與 710 的規範中提及對比需大於 50:1 的建議[30,31]。一般來說，過高

的對比容易讓人感覺到眼睛疲勞，而 100:1 的對比已經足夠家庭劇院使用。圖 3.15 顯示 CRT 與有機發光二極體顯示器之對比比較，目前商業化的液晶顯示器與電漿顯示器在暗室(Dark Room)的對比度都可高於 100:1，然而在亮室(Lighted Room)環境時畫面對比明顯不足。表 3.2 列舉 CRT、液晶顯示器與有機發光二極體顯示器之不同對比下視角特性，亮度 750cd/m^2 在暗室的對比度為 3000:1，而將環境換成 100lx 照度空間時，其對比僅剩 50:1。有機發光二極體面板在 10000:1 的對比下仍擁有 170 度以上的視角。

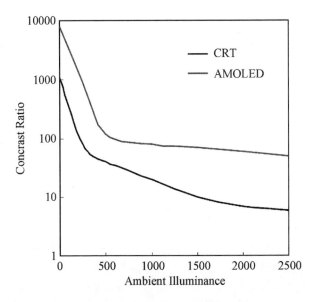

圖 3.15　CRT 與有機發光二極體顯示器之對比

表 3.2　CRT、液晶顯示器與有機發光二極體顯示器之不同對比下視角特性

動態影像對比		CRT	VA Mode AMLCD	IPS Mode AMLCD	AMOLED
黑白對比 (單色)	Half Contrast Angle	176°	82°	119°	>170°
	Contrast Uniformity	75°	44°	66°	>170°
灰階對比 (G127/G63)	Half Contrast Angle	176°	64°	176°	>170°
	Contrast Uniformity	98°	37°	97°	>170°

● 3.6.2　光加強結構

　　為了提升外部量子效率，改變有機發光二極體堆疊結構與外在結構可以提升外部光耦合係數。由於玻璃基板、空氣與有機材料的折射率不匹配，造成有機發光二極體元件內部全反射(TIR, Total Internal Reflection)與高折射率層之光波導效應，使得二極體顯示器所產生的光大部分被吸收或由光波導效應傳至元件邊緣。表 3.3 列舉常見有機發光二極體元件之光加強結構，增加發光效率的方法中以微凸透鏡(Micro-Lens)結構最常被用。

表 3.3　有機發光二極體元件之光加強結構

類別	畫素架構	外部耦合效率提昇比	使用單位/廠商	參考資料
Micro-Lens	下部發光型	1.52	Princeton University、Hong Kong University of Science and Technology、ITES	[32,33,34]

表 3.3　有機發光二極體元件之光加強結構(續)

類別	畫素架構	外部耦合效率提昇比	使用單位/廠商	參考資料
Glass-Mesa	下部發光型	—	Princeton University	[35]
Nanoporous Anodic Aluminum Oxide	下部發光型	1.5	Hong Kong University of Science and Technology	[36]
Two-Dimensional Photonic Crystal	下部發光型	1.5	Kookmin University	[37]
Two-DimensionalSi O$_2$ Nanohole Array.	下部發光型	—	Samsung	[38]
Mesa-Cone	上部發光型	1.57	NCTU	[39]
ZnSe Capping Layer	上部發光型	1.7	IBM	[40]

● 3.6.3　微透鏡陣列

　　圖 3.16 顯示微透鏡陣列光加強結構，在光離開畫素之前形透過玻璃表面額外的微小透鏡設計，藉由光在不同介質、不同折射率分佈與透鏡形狀設計改變光行進方向而由前面誘導出，破壞玻璃基板跟空氣間的全反射進而增強發光效率[32]，使原本發光面積侷限畫素單元，藉由微透鏡陣列能將 OLED 光偏折至四面八方並提升光通量，達到大幅度地增加發光元件的外部量子效率。常見的設計有微透鏡陣列(MLA, Micro-Lens Arrays)與臺地圓錐型(Mesa-Cone)架構，微透鏡陣列是以大量的球面透鏡排列而成，而 Mesa-Cone 架構則是以單一球面透鏡的設計，來降低 OLED 發光的內部全

反射現象[39]。下部發光型有機發光元件必須在有機發光二極體基板背面上覆蓋微透鏡陣列,因此這類微透鏡陣列或臺地圓錐型的設計應用於上部發光型較下部發光型容易。微透鏡的種類可大致區分為有平面鏡微透鏡(Planar Microlens)、非球面微透鏡(Aspheric Microlenses)、平凸微透鏡(Plano Convex Microlens)、平凹微透鏡(Plano Concave Microlenses)、圓柱形狀微透鏡(Cylindrical Microlenses)、六角型陣列微透鏡(Hexagonal Microlens Arrays)等,其中以平面鏡微透鏡陣列最普遍應用於有機發光二極體元件。

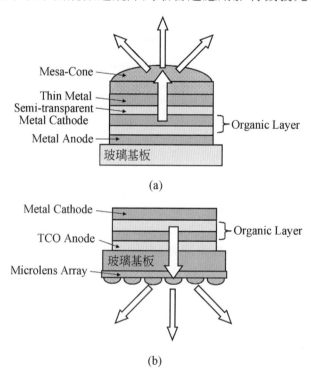

圖 3.16　微透鏡陣列光加強結構

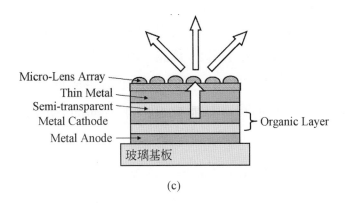

(c)

圖 3.16　微透鏡陣列光加強結構(續)

● 3.6.4　透鏡製造方法

　　平面微透鏡製造方法有回流法 (Reflow)[41]、灰階光罩法(Gray
-level)、壓印法(NIL, Nano-Imprint Lithography)、微粒滴法(Droplet)、微機
電法、準分子雷射微加工法等。圖 3.17 顯示回流法透鏡製造流程，回流法
是利用微影技術將光阻製成圓柱型陣列，藉由烘烤至光阻熔點使其熔化，
因為表面張力與內聚力的關係使圓柱形光阻陣列變成半球形的微透鏡陣
列。回流法具有製造方式簡單與價格較低的優點，然而微透鏡的形狀控制
困難同時無法製作非球面微透鏡。而兩兩相鄰半球形微透鏡間需要較大間
格才不至於黏在一起，因此填滿率(Fill-Factor)相對降低。填滿率的定義如
公式(3.9)與(3.10)所示

$$R_{area} = \frac{A_{MLA}}{A_{device}} = \left(\frac{L}{L+d} \right)^2 \quad\text{...} (3.9)$$

$$\frac{B_{MLA}}{B_0} = \frac{E_{MLA}}{E_0} \quad\text{..} (3.10)$$

其中 L 表示為微透鏡基座長度、而 d 為相鄰兩微透鏡的距離、B 為亮度、E 為發光效率。當 d 為零時，微透鏡幾乎佈滿，因此填滿率為 1。

圖 3.18 顯示壓模法透鏡製造流程，壓印法或壓模法(Compression Molding)是利用微影與蝕刻技術在矽基板上形成多凹槽母模(Template)，藉用鑄模技術將熱硬化高分子樹脂注入凹槽母模中經熱壓射出成形，一般多以聚甲基丙烯酸甲酯(PMMA, Polymethyl Methacrylate)為主要材料。將矽基板上的高分子樹脂加熱到玻璃轉態溫度(Tg, Glass Transfer Temperature)以上，利用機械力將模版壓入高溫軟化的高分子樹脂層內，維持高溫高壓一段時間使熱塑性高分子樹脂充填到模版的結構內。再與母模剝離形成厚度約 $100 \sim 300 \mu m$ 的微凸透鏡陣列。另外亦可將微透鏡陣列在矽基板上的圖樣翻印複製至厚度小於 $100 \mu m$ 的塑膠薄膜上，此製作方法可快速製造且價格低廉，同時容易再加工而不會破壞有機發光二極體面板本身結構，在使用上只需將微透鏡陣列薄膜貼附至顯示器的表面即可達到提升影像品質的效果。ITES Co. ,Ltd., Japan BEOLED 使用 Nanoimprint 形成微透鏡陣列可提昇 0.6 倍的發光亮度[34]。

圖 3.19 顯示奈米壓印法透鏡製造流程，微機電製作方式是藉由微影、熱整形(Thermal Reflow)、濺鍍與電鑄(electroforming)，經拋光與脫模後即形成一具有微透鏡陣列結構的母模。之後再以紫外線硬化(UV-curing)高分子進行微透鏡陣列結構翻製脫模，製作出具有微透鏡陣列結構的高分子增亮膜(BEF，brightness enhancement film)，接著將增亮膜貼附在發光元件之發光面上。

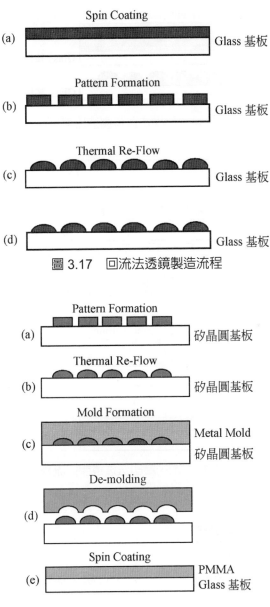

圖 3.17　回流法透鏡製造流程

圖 3.18　壓模法透鏡製造流程

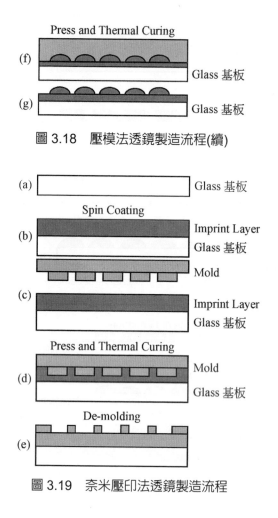

圖 3.18 壓模法透鏡製造流程(續)

圖 3.19 奈米壓印法透鏡製造流程

3.7 色彩飽和度

可見光 380nm 至 780nm 波長的範圍可讓人眼產生視感覺，在此波長範圍中人眼可感知不同的色彩。光造成人眼視網膜內的紅、綠和藍色視錐不同程度的刺激。每個人對特定顏色的色彩與流明通量(Luminous Flux)會有些微的變異。國際照明委員會(CIE, International Commission on Illumination)於 1931 年藉由人眼實驗制訂了色度標準規範，由於彩色電視機主要兩個播放系統為 NTSC 與 PAL，其色域的定義主要是參考彩色電視機所制定的標準。

　　三個色彩對應函數近似於人眼紅、綠、藍色視錐的感應曲線。光線色彩的感知可用光線刺激三色視錐的程度做分析，視錐被光線刺激的程度使得可見光的特性化得以實現。而紅、綠、藍色視錐的刺激程度可以 X、Y、Z 等刺激值(Tristimulus Values)來各代表三視錐的相對刺激量。CIE1931 色度座標(Chromaticity Coordinates)中的 x 與 y 可由整體刺激量$(X+Y+Z)$作為正交化(Normalized)運算獲得，如公式(3.11)、(3.12)與(3.11)所示[42][43]。

$$x = \frac{X}{X+Y+Z} \quad\text{..}\quad (3.11)$$

$$y = \frac{Y}{X+Y+Z} \quad\text{..}\quad (3.12)$$

$$x + y + z = 1 \quad\text{..}\quad (3.13)$$

其中 z 值可由 x、y 反推。色座標圖顯示紅色系與綠色系顏色分別會有較大的 x 值與 y 值，而藍色系顏色其 x 與 y 值皆偏低，趨近於色座標原點。AMLCD 的彩色濾光片與電光轉換函數(Electro-Optical Transfer Function)的設計除了考慮光源使用效率，其色域幾乎接近 NTSC 標準。AMOLED 並無彩色濾光片透光率的問題，因此其原色飽和度高、色域較 AMLCD 廣。

　　表 3.4 列舉各類有機發光二極體材料的色飽和度(Color Saturation 或 Color Gamut)，有機發光二極體顯示器的色彩飽和度定義是以 NTSC 所規定的三原色色域面積為分母，顯示器三原色色域面積為分子去求百分比。

目前液晶電視的色飽和度依照背光源的設計以可達到 72%以上，而有機發光二極體色飽和度大於 85%NTSC 以上。色域的大小除了用面積來描述，也可以用不同亮度能出的色彩的體積方式呈現。色彩體積或色彩容量(Color Volume)是由 2D 平面色域和 Z 軸亮度所構成的三維空間，當色域越大、亮度越高，其顯色體積就越大。色彩體積大可以在極亮或極暗的畫面上，色彩都能保持鮮艷逼真及高飽和度，色彩一致性(Color Consistency)。圖 3.20 顯示 LCD 與 OLED 色彩體積特性，傳統 LCD 面板可覆蓋約 74% DCI-P3 色域，但 LCD 的光源來自 LED 或 CCFL，當低亮度驅動時，發光頻譜會偏移導致顯示色域大打折扣(如圖 3.20(a)所示)。OLED 面板可顯示的色彩覆蓋 100% DCI-P3 色域，OLED 畫素自發光的特性，使得低亮度驅動時色彩不會受影響，讓色彩體積得以呈現最大化(如圖 3.20(b)所示)。

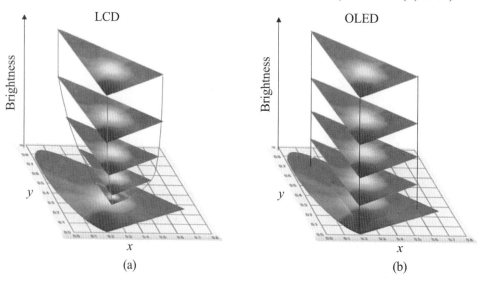

(a)　　　　　　　　　(b)

圖 3.20　LCD 與 OLED 之色彩體積

表 3.4　有機發光二極體的色飽和度

顏色	NTSC CIE 座標	類別	公司或單位	CIE 座標	參考資料
紅色	(0.67,0.33)	LEP	Sumation	(0.67,0.32)	—
			Merck	(0.68,0.32)	[44]
			CDT	(0.69,0.31)	[45]
		Fluorescent SMOLED	Idemitsu Kosan	(0.67,0.33)	[46]
		Phosphorescent SMOLED	UDC	(0.65,0.35)	—
			Pioneer	(0.65,0.34)	[47]
			Toyota	(0.69,0.28)	[48]
綠色	(0.21,0.71)	LEP	Sumation	(0.36,0.60)	—
			Merck	(0.29,0.59)	[44]
			CDT	(0.39,0.59)	[45]
		Fluorescent SMOLED	Idemitsu Kosan	(0.25,0.62)	[46]
		Phosphorescent SMOLED	UDC	(0.33,0.63)	—

表 3.4　有機發光二極體的色飽和度(續)

顏色	NTSC CIE 座標	類別	公司或單位	CIE 座標	參考資料
藍色	(0.14,0.08)	LEP	Merck	(0.17,0.20)	[44]
			Sumation	(0.14,0.21)	-
		Fluorescent SMOLED	Canon	(0.15,0.15)	[49]
			Idemitsu Kosan	(0.13,0.22)	[46]
		Phosphorescent SMOLED	UDC	(0.17,0.39)	[50]
			BASF	(0.15,0.15)	[51]
白色	(0.33,0.33)	LEP	Sumation	(0.37,0.32)	—
			GE Global Research	(0.36,0.36)	[52]
		Fluorescent SMOLED	Eastman Kodak	(0.34,0.32)	[53]
			Idemitsu Kosan	(0.30,0.34)	[54]
		Phosphorescent SMOLED	UDC	(0.38,0.38)	—

3.8　反應時間

反應時間(Response Time)分為上升時間(T_r, Rise Time)與下降時間(T_f, Fall Time)。液晶顯示器的反應時間屬於毫秒等級,在顯示快速移動的影像時會有遲滯與模糊(Blur)的影像產生，而有機發光二極體的電子和電洞再結合的反應時間均在數十微秒，因此有機發光二極體元件的反應速度就變得相當的快。以 8-bit 爲例，面板由 0 灰階至 255 灰階變化時 10%到 90%的時間爲上升時間。亮度變化由 255 灰階至 0 灰階變化時 90%到 10%的時間爲下降時間，此灰階變化之時間爲反應時間 $T=T_r+T_f$。由於動態影像不可能永遠只是全暗或全亮，反而是以介於全暗及全亮的中間灰階影像爲主。圖 3.21 顯示扭轉向列(TN, Twisted Nematic)模式、光學補償彎曲排列(OCB, Optical Compensated Bend)模式液晶顯示器與有機發光二極體顯示器之視角比較，液晶的灰階對灰階(GTG, Gray-To-Gray)轉變牽涉到液晶初始狀態、液晶扭轉特性與畫素結構，因此有機發光二極體擁有較快的反應時間。

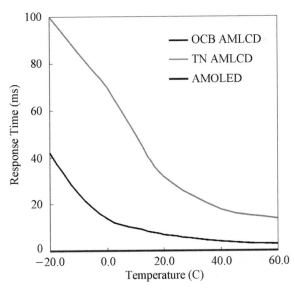

圖 3.21　液晶顯示器與有機發光二極體顯示器之視角特性

● 3.8.1 灰階對灰階時間

　　筆記型電腦或監視器主要內容為靜態的畫面，反應時間約 25ms 至 50ms，然而電視用面板動態影像居多，反應時間需要達到 16ms 以下。若以 60Hz 驅動頻率來計算，顯示動態影像所需的反應時間若為 1/60 秒，也就是常見的 16.7ms 規格的由來。然而一般 TN 型液晶反應時間約在 30 至 70ms 之間，因此無法滿足高階顯示器之需求。一般來說較低黏度的液晶或愈小的液晶盒厚度其反應時間也相對較快，液晶的雙折射率性(Δn)愈大則反應時間愈短，不過雙折射性變大黏度也隨著增加，反應時間也因此變慢。另一方面，液晶反應時間與驅動電壓的平方成反比，因此施加高驅動電壓時有利於縮短反應時間。目前光學補償彎曲排列模式液晶顯示器於室溫的反應速度已可低於 10msec，而有機發光二極體顯示器在－20 度至 50 度的溫度環境的反應速度皆在十微秒。

　　表 3.5 比較液晶顯示器與有機發光二極體顯示器之反應時間，AMLCD 透過提高驅動電壓的加速驅動(ODC, Overdrive Circuit)技術來加快反應速度，然而 ODC 驅動電路改變提供到源極驅動器的類比電壓，因此在原先的系統電路上需要增加額外的電路。此額外的電路需要對液晶的灰階反應特性進行量測，以決定液晶面板在各灰階轉換過程所需的反應時間，建立轉換查詢表(Look-Up Table)來供各個灰階轉態時查詢，對整個系統模組電路設計複雜度及生產成本相對提升。一般而言，有機材料的反應時間約在微秒(μs)等級，相較 AMLCD 1T1C 畫素(一個薄膜電晶體加一個電容)架構，AMOLED 畫素則是 mTnC(多個薄膜電晶體加多個電容)架構，每一個 OLED 畫素內包含多個薄膜電晶體、多個電容、多條導線(例如掃描訊號線、資料訊號線、電源 VDD 與電源 VSS 線)。依據採用的主動背板的設計架構不同，寄生電容效應導致的 RC 延遲會拖累 OLED 反應速度，因此

市售 OLED 電視、監視器或筆記型電腦多以 0.01ms(10μs)黑到白
(Black-To-White) 反應時間或 0.03ms(30μs)~0.1ms(100μs) 灰階到灰階
(Gray-To-Gray)反應時間作為市場規格。

表 3.5　液晶顯示器與有機發光二極體顯示器之反應時間比較

		VA Mode AMLCD	IPS Mode AMLCD	AMOLED
10%~90%	Rising (without ODC)	13.6ms	4.9ms	$10\mu s$
	Falling (without ODC)	14.5ms	4.0ms	$10\mu s$
	Rising (with ODC)	11.6ms	3.1ms	－
	Falling (with ODC)	7.2ms	1.3ms	－
0%~100%	Rising (without ODC)	260.4ms	27.7ms	$10\mu s$
	Falling (without ODC)	235.3ms	36.6ms	$10\mu s$
	Rising (with ODC)	75.1ms	5.7ms	
	Falling (with ODC)	15.3ms	19.8ms	

● 3.8.2　動態影像反應時間

當人眼觀看動態影像時，快速移動的影像在這類維持型顯示器
(Hold-Type Display)的呈現時，通常會影像的邊緣出現殘影的模糊現象，
造成影像的品質惡化。AMOLED 驅動可藉由控制發光的週期時間或插黑
驅動(BDI, Black Data Insertion)，縮短動態影像反應時間(MPRT, Motion
Picture Response Time)，藉此減少顯示動態影像時所發生的動模糊。MPRT
是一種模擬人眼觀看動態影像時，顯示移動圖像邊緣模糊程度的定量方
式，量測移動圖像的反應時間，取其 10%和 90%相對亮度的時間得到延伸

邊緣模糊時間(EBET, Extended Blurred Edge Time)。擷取多個畫面後，將 EBET 取平均值就是 MPRT。65 吋 4K 120Hz 的 LCD 電視 MPRT 約 8.8ms，而同等級的 OLED 電視 MPRT 約 6.8ms，隨著啟動 50%比例的插黑驅動後，MPRT 可以降到 3.8ms。

● 3.8.3 影像殘留

影像殘留(Image Sticking 或 Image Retention)的現象發生是在長時間顯示固定同一畫面，當畫面切換至下一個畫面時，會隱約殘留上一畫面的圖像[55,56]。影像殘留可分為區域型影像殘留(Area sticking)與邊界型影像殘留(Boundary sticking)。區域型影像殘留是因為驅動信號含有直流電壓(DC Component)，殘留的直流(Residual DC Electric Field)現象造成液晶電容非定值，因此當畫素開與關切換的時候產生不平衡的 Feed-Through 電壓，當畫面切換時仍然會殘留部分影像。至於邊界型影像殘留的成因一般是指非對稱的交流訊號或頻率低於 30Hz 的驅動訊號時，液晶盒處於長時間固定顯示的同一畫面，離子沿液晶傾角往液晶盒上下電極方向移動，離子易累積於 LCD 之上下配向層與液晶表面，這些累積的正、負離子分佈的區域造成液晶的導電特性並構成了不同電雙層(EDL, Electric Double Layers)，改變了液晶等效電容同時改變了穿透率[57]。當外加訊號關閉時，已聚集的離子無法馬上離開配向層表面，因此界面上的離子電雙層並未立即消失，而是隨時間增加正負離子逐漸中和而遞減至零，因此液晶等效電容隨著電雙層與外部電場而變異。這類離子效應(Ionic Charge Effect)所造成的影像殘留已經有相當多的理論模型來解釋，諸如電雙層模型(EDL Mode, Electric Double Layers Mode)、電阻-電容電路模型(RC Circuit Mode)與數值分析模型(Numerical Analysis Mode)等。

　　液晶盒中離子的來源可能來自液晶材料、配向膜(Alignment Layer)材料、封口膠(Seal)、間隔體(Spacer)與畫素電極(Pixel Electrode)[58]。而大部分的離子來自於液晶材料本身，一般來說當液晶盒外加電場高於 10^5 至 10^7V/m 時，離子很容易就被解離出來[59]。而 OLED 的發光原理為電子電洞對的再結合，因此不會有類似液晶顯示器的影像殘留現象，也因此有機發光二極體的畫質與動態影像較液晶顯示器佳。

參考資料

[1]　X. Wu, et al., SID Digest, (2005), pp. 108

[2]　J. R. Sheats, et.al Science Vol.273, (1996). pp. 884

[3]　S. F. Alvarado, et al.,Phys. Rev. Lett. 81, (1998), pp. 1082

[4]　J. Kido, et al., Appl. Phys. Lett., Vol.64,(1994) pp. 815

[5]　C.-H. Kim, et al., Appl. Phys. Lett., Vol.80,(2002) pp. 2201

[6]　C. W. Ko et al., Appl. Phys. Lett., Vol.79,(2001), pp. 4234

[7]　J. Kido, et al., Jpn. J. Appl. Phys., Vol.35,(1996), pp. 394

[8]　S. W. Lin, et al., Thin Solid Films, Vol.453,(2004), pp. 312

[9]　T. K. Hatwar, et al., SID Digest, (2006), pp. 1964

[10] J. Spindler, et al., SID Digest, (2005), pp. 36

[11] Y. Shirota,et al., Appl. Phys. Lett. Vol.65, (1994), pp. 807

[12] S. E. Shaheen,et al., Appl. Phys.Lett. Vol 74, No.21, (1999), pp. 3212

[13] C.H. Hsua, et al,. SID Digest, (2006), pp. 49

[14] W. Brutting, et al., J. App. Phys. 89(3), (2001), pp. 1704

[15] S. Barth, et al.,Synthetic Metals 111-112 (2000), pp. 327

[16] H. Riel, H. et al., SPIE Proceedings 3281 (1998), pp. 240

[17] C. W. Tang, et al., J. Appl. Phys. No.65, (1989), pp. 3610

[18] W. J. Begley, et al., SID Digest, (2006), pp.942

[19] B. Ruhstaller,et al.,J. Appl. Phys. 89(8) (2001), pp. 4575

[20] 陳金鑫,黃孝文，有機電機發光材料與元件，(2005)，五南

[21] J.Kido, et al., Science, Vol.267,(1995), pp. 1332

[22] C. Adachi, et al., J. J. Appl. Phys. No.27, (1988), pp. 713

[23] M. A. Baldo, et. al., Phys. Rev. B, 60, 14 (1999), pp. 422.

[24] Lee, S. T., et al., Appl. Phys.Lett., 75-10(1999), 1404

[25] H. Vestweber, et al., Synth. Met., 91(1997), pp. 181

[26] M. A. Baldo,et al., Appl. Phys. Lett. Vol.75, (1999), pp. 4

[27] M. A. Baldo et al., Nature Vol.395,(1998), pp. 151

[28] M. Kubo et. al., J. SID, No.8 , (2000), pp. 299

[29] M. Ylilammi, J. Soc. Inform. Display, Vol. 3/2, (1995). pp. 59

[30] Rec. ITU-R BT. 500-10, (2000)

[31] Rec. ITU-R BT. 710-4, (1998)

[32] S. Moller, et al., Journal of Applied Physics, Vol.91, No.5, (2002), pp. 3324

[33] H. J. Peng, et al., SID Digest, (2004), pp. 158

[34] N. Miura, et al., SID Digest (2006), pp. 946

[35] G, Gu et. al., Opt. Lett., Vol.22, (1997), pp. 396

[36] H. J. Peng, et al., Journal of Applied Physics, Vol.96, No.3, (2004), pp. 1649

[37] Y. R. Do, et al., Journal of Applied Physics, Vol.96, No.12, (2004), pp. 7629

[38] Y. C. Kim, et al., OPTICS EXPRESS, Vol. 13, No. 5, (2005), pp. 1598

[39] A. C. Wei, et al., International Display Manufacturing Conference, (2005), pp. 281

[40] H. Riel, et al., Journal of Applied Physics, Vol.94, No.8, (2003), pp. 5290

[41] M. C. Hutley, et al., Journal of Modern Optics, Vol.37, (1990), pp. 253

[42] G. Wyszecki and W. S. Stiles, Color Science: Concepts and Methods, Quantitative Data and Formulae, 2nd ed. (1982), New York: Wiley

[43] P. Green and L. MacDonald, Colour Engineering: Achieving Device Independent Colour, (2002), England: Wiley

[44] M. Gather, et al., SID Digest, (2006), pp. 909

[45] S. K. Heeks, et al., SID Digest, (2001), pp. 518

[46] T. Arakane, et al., SID Digest, (2006), pp. 37

[47] T. Tsuji, et al., SID Digest, (2004), pp. 900

[48] M. Ikai et al., R&D Review of Toyota CRDL, Vol.41, No.2, (2006), pp. 63

[49] A. Saitoh, et al., SID Digest, (2004), pp. 150

[50] M.S. Weaver, et al., SID Digest, (2006), pp. 127

[51] P. Erk, et al., SID Digest, (2006), pp. 131

[52] A. R. Duggal, et al., SID Digest, (2005), pp. 28

[53] J. P. Spindler et al., SID Digest, (2005), pp. 36

[54] C. Hosokawa, et al., SID Digest, (2004), pp. 780

[55] H. D. Vleeschouwer et. al., SID Digest, (2001), pp. 128

[56] S. Takabashi, et al., SID Digest, (1992), pp. 639

[57] C. Colpaert, et. al., SID Digest, (1997), pp. 195

[58] S. Naemura et al., SID Digest, (1997), pp. 199

[59] L. Onsager, J. Chem. Phys. No.2, (1934), pp. 599

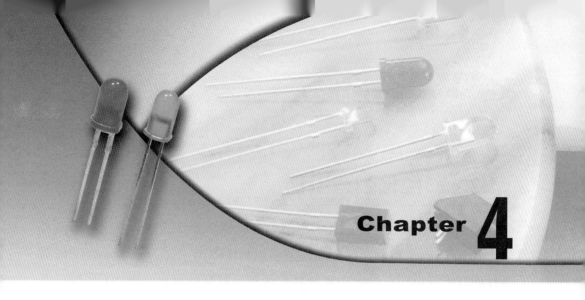

Chapter 4

有機發光二極體
全彩技術

4.1 前言

　　有機發光二極體顯示器為自發光(Spontaneous Emission)型顯示器不
需要額外的偏光板、液晶、配向膜、背光源等材料與週邊零組件，具有相
當大的成本優勢。然而為了使有機發光二極體顯示器的色彩接近 NTSC 色
彩的再現標準，使整體畫面呈現高亮度與高色彩飽和度，因此全彩技術是
發展有機發光二極體的重要關鍵。

4.2 彩色化製造流程

　　圖 4.1 為有機發光二極體面板之製造流程，AMOLED 彩色化技術主要分成 RGB 分離型與外在媒體變換型兩大類。RGB 分離型原理是將三種個別有機發光層排列在畫素中，並藉由個別訊號驅動發光。表 4.1 比較有機發光二極體製程技術的優缺點，為了避免三元色相互污染而影響發光純度與效率，SMOLED 與 LEP 相繼開發其特定彩色化流程，諸如 SMOLED 的熱蒸鍍法、有機氣相沈積，LEP 的旋轉塗佈法、噴墨印刷法、雷射感熱成像等。而外在媒體變換型則是藉由單色光的機發光層畫素，搭配色轉換層或彩色濾光片達到全彩的效果。AMOLED 面板的量產製造各家製造流程

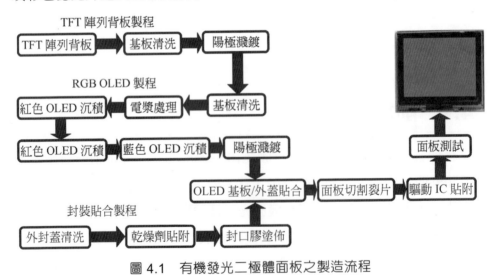

圖 4.1　有機發光二極體面板之製造流程

表 4.1　有機發光二極體製程技術比較表

項目		材料	材料使用率	置準確度	解析度	大面積化	採用廠商或單位
RGB分離型	噴墨法	LEP	佳	$\pm10\mu m$	>200ppi	佳	Seiko Epson、Toshiba、Philips
	旋轉塗佈法	LEP	尚可	$\pm5\mu m$	>200ppi	佳	Canon、DNP、RITEK
	轉印法	LEP	尚可	NA	NA	尚可	Toppan
	熱蒸鍍法	SMOLED	不佳	$\pm15\mu m$	>200ppi	不佳	NEC、Sony、Pioneer、Samsung
	有機氣相沈積	SMOLED	佳	$\pm15\mu m$	>200ppi	尚可	Sanyo、Sony、NEC、RiTdisplay
	雷射感熱成像	SMOLED/LEP	佳	$\pm3.5\mu m$	>200ppi	尚可	Samsung
外在媒體變換型	色轉換法	SMOLED	尚可	$\pm10\mu m$	>200ppi	佳	Idemitsu Kosan、Fuji
	白色OLED＋彩色濾光片法	SMOLED/LEP	佳	$\pm3.5\mu m$	>200ppi	佳	TDK、Sanyo、IBM、eMagin

會有差異，但爲確保 AMOLED 製造的品質，通常採取有機成膜與封裝 In-Line 系統，避免微量水氣的污染及長期維持低濕度環境的封裝技術，成爲有機發光二極體面板量產製程上的重要課題。

4.3. 熱蒸鍍法

SMOLED 與 LEP 主要的差異在於材料不同，SMOLED 的合成與純化皆較 LEP 容易，但在熱穩定性方面則是 LEP 較佳。小分子有機發光二極體製程較成熟，但材料極易爲氧氣及被水分所破壞，故製造過程中需使用到眞空系統[1]。有機發光二極體元件的薄膜是採用熱蒸鍍的方式，薄膜的的成長是靠分子間的凡得瓦力作用而堆疊成，薄膜的結構屬於非晶型 (Amorphous)。熱蒸鍍法需將 RGB 有機發光二極體材料蒸發，藉由凝結後一層層堆積在玻璃基板上面，有機層的總厚度只有 100~150 奈米。由於蒸鍍的時候，當下方昇華上來的氣體碰到上方較冷的基板形成非晶型薄膜。一般而言，較低的熱蒸鍍速率可以形成較佳的均向性(Homogeneity)與低形態缺陷(Morphological Defects)，因此有機材料可以得到較高的飄移移動率 (Drift Mobility)[2]。

● 4.3.1 真空熱蒸鍍架構

圖 4.2 顯示眞空熱蒸鍍架構，小分子有機發光二極體多以眞空熱蒸鍍 (VTE, Vacuum Thermal Evaporation)方式定義三元色畫素，蒸鍍源通常採用點狀多色蒸鍍源(Multi-Color Point Evaporation Source)、直線型移動式蒸鍍源 (Linear Evaporation Source) 或 平 面 型 蒸 鍍 源 (Planar Evaporation

Source)，並依序將 RGB 有機發光二極體加熱至材料之昇華溫度，使得材料蒸鍍於薄膜電晶體陣列背板上。

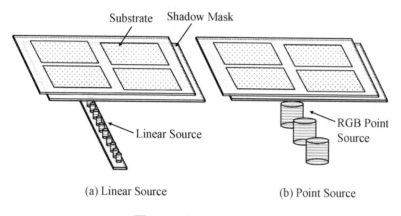

Substrate　　Shadow Mask

Linear Source

RGB Point Source

(a) Linear Source　　　　　　(b) Point Source

圖 4.2　真空熱蒸鍍架構

　　圖 4.3 顯示真空蒸鍍法之製造流程，有機發光二極體分子通過細密的金屬遮罩(Metal Shadow Mask)的技術，並藉由金屬遮罩的移動達到 RGB 有機發光二極體的畫素沈積。通常腔體的真空度必須保持在 10^{-6}Torr，適當的薄膜電晶體陣列背板加熱可以幫助有機發光二極體成長，基板加熱溫度通常不超過 150℃。一般而言，真空熱蒸鍍有機發光二極體薄膜厚度可控制於 ±3% 的均勻度，金屬遮罩對準精度(Mask Alignment)可控制於 ±5μm[3]。商業用真空熱蒸鍍系統多為獨立分離之真空腔體，可區分別為載入腔體(Load/Unload Chamber)、前處理腔體(Pretreatment Chamber)、有機腔體(Organic Chamber)、金屬腔體(Metal Chamber)等。

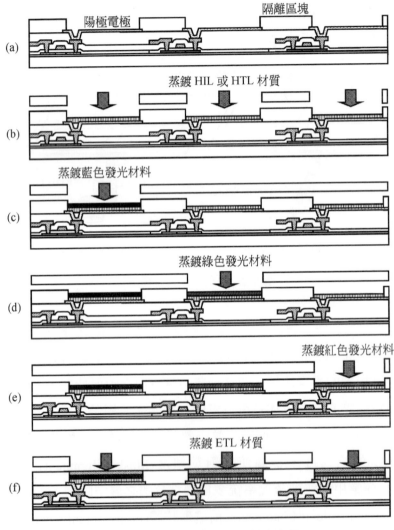

圖 4.3 真空蒸鍍法之製造流程

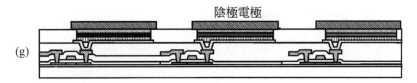

圖 4.3　真空蒸鍍法之製造流程(續)

● 4.3.2　點狀源與線狀源

　　圖 4.4 為點狀源示意圖，大部分的點狀源(Point Sources)是由石英舟(Quartz Boat)、加熱器(Heater)與檔板(Baffle)所組成，藉由 RGB 個別點狀蒸鍍源透過金屬遮罩成膜於基版上。然而點狀源應用於大面積蒸鍍時，需考慮到量產的均勻性、點狀源至基板距離離(Source-to-Substrate Distant)與離軸距(Off-Axis Location)、有機材料使用率(Effective Material Utilization)、成膜速率(Deposition Rates)等。圖 4.5 為提高蒸鍍均勻性之方式，實務

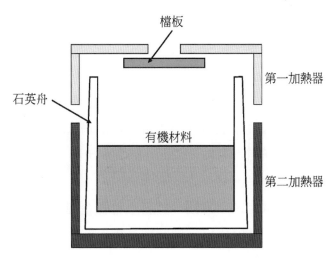

圖 4.4　點狀源示意圖

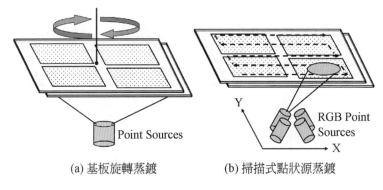

(a) 基板旋轉蒸鍍   (b) 掃描式點狀源蒸鍍

圖 4.5　提高蒸鍍均勻性之方式

上多藉由數 RPM(Revolution Per Minute)的慢速旋轉基板或採用掃描式點狀源蒸鍍(Scanning Evaporation)概念來克服點狀源的缺陷[4]。線狀源(Linear Sources)藉由掃描式移動解決大面積蒸鍍均勻性的問題，因此線狀源較點狀源有較佳的成膜速率、均勻性與有機材料使用率[5]。

● 4.3.3　金屬遮罩定位

為了防止蒸鍍時金屬遮罩震動或位移(Mask Mis-Registered)，造成有機發光二極體 RGB 畫素成膜重疊混色與部分畫素未成膜而影響發光效能。圖 4.6 為實際上因金屬遮罩對準異常而造成畫素成膜不均的現象。為了避免此現象大多數的設備商多以機構對準系統與金屬遮罩定位系統著手。

圖 4.7 為金屬遮罩定位示意圖，實務上會在金屬遮罩傳送機構上以磁鐵(Magnet)將金屬遮罩緊緊固定，同時與基板上的對位標記搭配，整體位置準確度可達±15μm[6]。

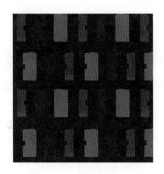 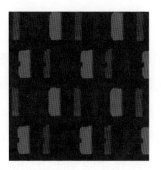

(a) Normal Pixel　　　　　　(b) Mask Misregistered Pixel

圖 4.6　金屬遮罩對準異常

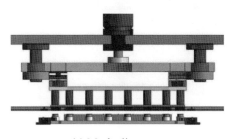 

(a) Mask alignment　　　　　　(b) Fixing of rear magnet

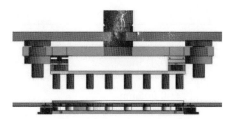

(c) Lift-off of alignment unit

圖 4.7　金屬遮罩定位示意圖

● 4.3.4 金屬遮罩設計

　　表 4.2 列舉了遮罩之特性規格，SMOLED 用蒸鍍遮罩可區分爲玻璃遮罩與金屬遮罩，其中以金屬遮罩使用較爲普遍。金屬遮罩(FMM, Fine Metal Mask)的材質爲銅並在其表面鍍上 $34\sim36\mu m$ 厚度的鎳(Nickel)。金屬遮罩依據其面板解析度多以微放電加工(Micro-EDM, Micro-Electro-Discharge Machining)[7]、電化學蝕刻(ECE, Electro-Chemical Etching)[8]等方式製造。

表 4.2　遮罩之特性規格

項目	玻璃遮罩規格	金屬遮罩規格
製作方式	Photosensitive Glass Micromachining Based on Photolithography	Electroforming
遮罩尺寸	370mm×470 mm	370mm×470mm
遮罩材質	Glass/Ceramic	Nickel
遮罩厚度	0.05mm ~1.0mm	0.015mm ~0.1mm
遮罩開口部型態	Straight/Taper	Straight/Taper
最小開口部大小	0.02mm	0.02mm
相鄰兩開口部間距離	0.02mm	0.015mm
相鄰兩開口部精確度	<+/-0.015mm	<+/-0.015mm
遮罩圖形精確度	<+/-0.005mm	<+/-0.005mm
熱穩定性	Thermal Expansion <+/-10μm at40℃	Thermal Expansion <+/-10μm at40℃
表面粗糙度	<0.1μm	<0.01μm

　　圖 4.8 顯示金屬遮罩的設計，因應不同的有機發光二極體產品應用，金屬遮罩的開口會隨著畫素排列設計而區分爲直條(Stripe)型、三角(Delta)型與馬賽克(Mosaic)型。圖 4.9 爲實際直條型與三角型金屬遮罩之俯視圖，大尺寸電視用有機發光二極體之金屬遮罩多採用三角型排列，採用的廠商有 Sanyo、Hitachi[9]。而以一般文字顯示爲主的監視器、低解析度或 PMOLED 的金屬遮罩會採用直條型排列，採用的廠商有 Sanyo、Samsung [10]。同時爲了因應不同 RGB 的衰減差異性(DA, Differential Aging)，通常金屬遮罩會依 RGB 個別有機發光二極體發光效率與面板解析度來調整遮罩的開口面積。然而精細金屬遮罩在次世代尺寸的製造上有技術上的瓶頸，因此諸如雷射轉寫，噴墨印刷、白光有機發光二極體搭配彩色濾光片等技術相繼被提出來克服此問題。

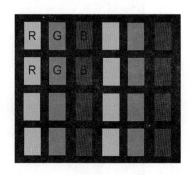

(a) OLED RGB 畫素排列

圖 4.8　金屬遮罩設計

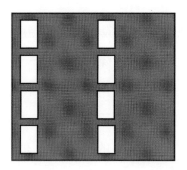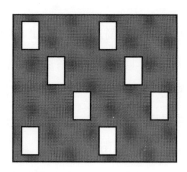

(b) 金屬遮罩畫素排列

圖 4.8　金屬遮罩設計(續)

● 4.3.5　金屬遮罩精度

　　圖 4.9 顯示薄膜電晶體背板與金屬遮罩排列，當薄膜電晶體背板與金屬遮罩重合時，遮罩移動的精準度、蒸鍍時溫度升高所造成遮罩形變，往

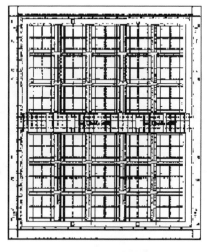

(a) 薄膜電晶體背板　　　　　　　　　(b) 金屬遮罩

圖 4.9　薄膜電晶體背板與金屬遮罩排列

往形成對準上約±5 微米的誤差(Alignment Error)，加上影子效應(Shadow Effect)所造成約 5~10 微米的影子區域誤差(如同圖 4.10 所示)[10]，隨著蒸鍍基板世代的變大，凸顯了金屬遮罩的自重撓曲(Self-Weight Deflection)問題，金屬遮罩本身重量所造成中央部位的下垂將會更爲嚴重。實務上，會將大世代的基板切割爲小世代基板再行蒸鍍，例如 G8.5 基板四分之一切割(G8.5Q)或 G6 基板二分之一切割(G6H)。另一種方式是透過小型帶狀金屬遮罩搭配移動掃描的 SMS(Small Mask Scanning)方式，使金屬遮罩與蒸鍍源小型化，無需使用與成膜基板同等大小的金屬遮罩。

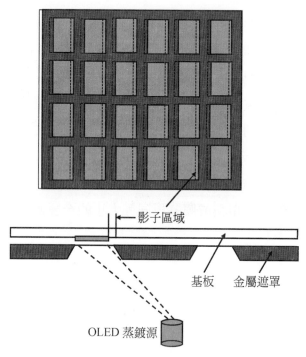

圖 4.10　金屬遮罩的影子效應

　　表 4.3 列舉常見金屬遮罩與框架特性，由於熱蒸鍍產生的溫度容易使得金屬遮罩熱膨脹係數的差異而產生形變。一般可選擇低熱膨脹係數、高屈服強度(Yield Strength)、高抗張強度(Tensile Strength)與高硬度(Hardness)的金屬遮罩或金屬框架(Metal Frame)的支撐來降低因形變所導致的有機發光二極體對準誤差。常見的金屬遮罩材質有不銹鋼、鎳(Ni)、鎳鈷(Ni-Co)合金、鐵鎳(Fe-Ni)合金或鐵鎳鈷(Fe-Ni-Co)合金等。實務上，蒸鍍的生產

過程中金屬遮罩會因爲熱膨脹或重力而變形，造成蒸鍍混色，因此低熱膨脹係數的鐵鎳合金(例如 Inver)或鐵鎳鈷合金(例如 Super Inver)遮罩是不錯的選擇。圖 4.11 顯示金屬框架與金屬遮罩架構，當應用在大型化基板生產時，除了設計較佳的金屬框架外，可藉由垂直定位設備的導入來降低微塵量和避開金屬罩和基板彎曲問題。

表 4.3　常見金屬遮罩與框架特性

種類		熱膨脹係數 (20~100℃)	0.2% 屈服強度	抗張強度	硬度
Low Thermal Expansion Steels	Invar	$1.75×10^{-6}/℃$	$314N/mm^2$	$451\ N/mm^2$	$≧131HBW$
	Super Invar	$0.7×10^{-6}/℃$	$333N/mm^2$	$470N/mm^2$	$≧137HBW$
Stainless Steels	SUS304	$16.3×10^{-6}/℃$	$≧205N/mm^2$	$≧520N/mm^2$	$≧187HBW$
	SUS430	$26.4×10^{-6}/℃$	$≧205N/mm^2$	$≧450N/mm^2$	$≧183HBW$
	SUS440C	$25×10^{-6}/℃$	$≧245N/mm^2$	$≧590N/mm^2$	$≧248HBW$
Aluminium Alloy	A5052	$23.8×10^{-6}/℃$	$≧110N/mm^2$	$≧195N/mm^2$	－
Aluminum Casting Alloy	AC4C	$21.5×10^{-6}/℃$	$≧190N/mm^2$	$≧230N/mm^2$	$≧81HBW$

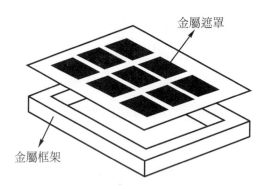

金屬遮罩

金屬框架

圖 4.11　金屬框架與金屬遮罩示意圖

● 4.3.6　遮罩清潔

　　有機發光二極體材料的沉積會降低金屬遮罩的平整度，讓經常性地清洗成為必要工作，導致產出縮減、成本增加。遮罩清潔可區分為濕式清潔與乾式清潔，表 4.4 列舉遮罩清潔技術的優缺點，遮罩濕式遮罩清潔在有機發光二極體製作過程中被廣泛的採用乃由於其具有低成本、高可靠性、高產能等優點。濕式遮罩清潔是利用化學反應來進行有機薄膜的去除，而化學反應本身不具方向性，因此濕式遮罩清潔過程為等向性。濕式遮罩清潔的速率通常可藉由改變溶液濃度及溫度予以控制。一般當溶液濃度增加時，遮罩清潔速率將會提高。而提高溶液溫度可加速化學反應速率進而加速金屬遮罩清潔速率。

　　乾式遮罩清潔利用輝光放電將 Ar 氣體解離成帶正電的離子，再利用偏壓將離子加速，濺擊在遮罩的表面而將有機原子擊出，也就是所謂的物理性清潔。另外利用 NH_3、N_2O、O_2 作爲遮罩清潔有機材料的氣體。NH_3 所解離的 N 和 H 自由基和離子來還原有機鏈，N_2O 或 O_2 於電漿中所產生的 N 及 O 化學活性極強的自由基及離子來氧化有機鏈達到斷鍵清潔的效果。因此種反應完全利用化學反應來達成，也就是所謂的化學反應性清潔。

表 4.4　遮罩清潔技術比較

項目	濕式清潔	乾式清潔
遮罩使用壽命	約 1~2Cleaning Cycles	>5Cleaning Cycles
設備佔用空間	大 (Clean Bath×2+IPA Rinsing×2 + IPA Vapor Cleaning×1)	小 (One Process Chamber)
清潔製程控制	時間控制	藉由 EPD 控制或時間控制
遮罩 Running Cost	高	低
設備成本	低	高
In-Line 式製程相容性	No	Yes

4.4　有機氣相沈積

有機氣相沈積(OVPD, Organic Vapor Phase Deposition)爲 UDC 所開發出的小分子有機發光二極體沈積法[11]。圖 4.12 顯示有機氣相沈積示意圖，它是屬於低壓環境的熱壁式反應裝置(Hot-Walled Reactor)，這類系統將所有有機材料放置於同一個反應室成膜，因此能夠彈性製作出多層結構的有機發光二極體結構。有機氣相沈積利用惰性氣體作為搭載氣體(Carrier Gas)將有機發光二極體蒸氣傳送至薄膜電晶體陣列背板上。另外其反應室類似傳統 CVD 架構，薄膜電晶體陣列背板擺放於腔體下方，有機蒸氣經過蒸氣噴頭(Shower Head)由上而下至基板，因此容易支援大尺寸有機發光二極體面板製程，而且成膜速率快。當有機氣相沈積壓力操作於 0.1~10Torr 之間時，其有機發光二極體分子平均自由徑約 $100\mu m$~$1\mu m$ 之間，因此藉由金屬遮罩與基版的間距調整以達到有機發光二極體分子的非等向性沈積方向[12]，並藉由流量控制器(MFC, Mass Flow Controller)控制有機發光二極體成膜參數。

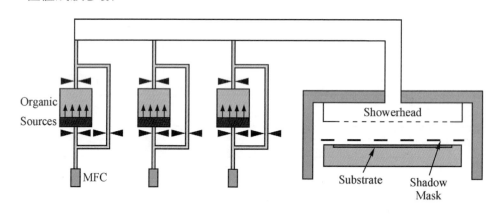

圖 4.12　有機氣相沈積示意圖

　　表 4.5 比較熱蒸鍍與有機氣相沈積之特性，使用熱蒸鍍時大部分多數有機材料附著在遮罩及真空槽壁上，將近有 90%的有機材料並沒有利用

到，可藉由有機氣相沈積的方式來增加有機材料使用率。有機氣相沈材料利用效率可提高至 50%，降低整體擁有成本(COO, Cost of Ownership)。採用的廠商有 Sanyo、Sony、NEC、RITEK 等。

表 4.5　熱蒸鍍與有機氣相沈積之比較

項目	有機氣相沈積	真空熱蒸鍍
製程壓力	~1mbar	<10-6mbar
均勻性	~1%	~3%
有機材料厚度控制	0.5~1nm	0.5~1nm
有機材料使用率	>50%	<5%

4.5　旋轉塗佈法

　　高分子有機發光二極體製程早期最常採用旋轉塗佈(Spin Coating)的方式，其製程最簡單、設備成熟且切入門檻低。圖 4.13 顯示旋轉塗佈法製造流程，旋轉塗佈法的圖形轉移(Pattern Transfer)上需要經過塗佈、烘烤、曝光、顯影、蝕刻、去光阻並重複三次製程才能達到紅、藍、綠的全彩效果[13,14]。採用的廠商有 Canon、DNP、RITEK 等[15]。

　　為了使 LEP 容易圖形化，實務上會藉由光阻定義出發光區再以蝕刻的方式去除非發光區的有機材料。LEP 的厚度可藉由公式(4.1)推估。

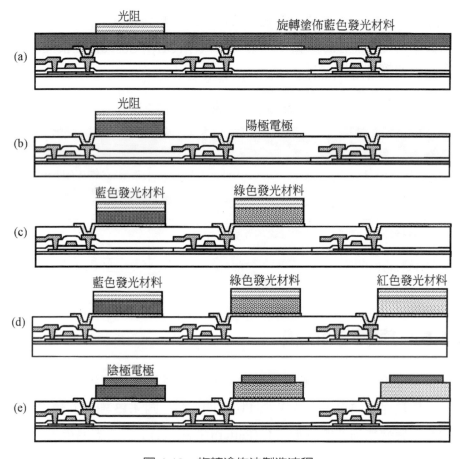

圖 4.13　旋轉塗佈法製造流程

$$T = K \cdot \omega^{A} \cdot N^{B} \cdot V^{C} \quad\text{..} \quad (4.1)$$

其中 T 為 LEP 的厚度，ω 為旋轉轉速，N 為 LEP 重量濃度，V 為有機發光二極體材料黏度，K、A、B 與 C 為常數。旋轉塗佈藉由旋轉轉速及高分子溶液的黏度與濃度來決定所需薄膜之厚度。並以多段轉速來控制厚度與均勻度，前半段轉速主要是使高分子溶液在基板上能夠均勻分佈，後半段轉速控制薄膜厚度。

另外也可以在 LEP 溶液中加了光酸(Photoacid)，使得原本爲液態的單體(Monomer)，經過照光後可激發交鏈(Cross-Linking)變成固態。然而這類額外的微影蝕刻製程充滿著水氣與污染物，因此 RGB 有機發光二極體的介面亦遭受污染而影響發光效率。因此將旋轉塗佈法應用於單色(Mono Color)及彩色區塊(Area Color)有機發光二極體商品實用性較高。

4.6　噴墨印刷法

噴墨印刷分爲按需滴墨 (DOD, Drop On-Demand) 與連續噴墨 (Continuous Inkjet)兩類，1867 年與 1874 年 William Thomson 提出兩項噴墨印刷法(IJP, Ink Jet Printing)專利[16]，此爲連續噴墨的初始概念，而第一個商業化模型則是於 1951 年由 Siemens 提出。按需滴墨的概念則是於 1946 年由 RCA 的 Clarence W . Hansell 提出[17]，1999 年 Seiko Epson 第一個將噴墨印刷法應用於 LEP 製程[18]、2005 年 DNS (Dainippon Screen) 使用噴嘴式印刷法(Nozzle Printing)簡化了 LEP 印刷方式[19]。

圖 4.15 顯示噴墨法製造流程，噴墨印刷法除了能解決旋轉塗佈易污染 RGB 畫素的問題外，亦兼具低設備成本、大幅節省 LEP 材料。噴墨印刷不需要用到多腔體(Multi-Chamber)的眞空設備，無形中設備與材料成本降

低，適合應用於彩色濾光片、有機薄膜電晶體、有機發光二極體等製程[20,21,22]。採用噴墨印刷法的廠商有 Philips、Toshiba、Seiko-Epson 等。

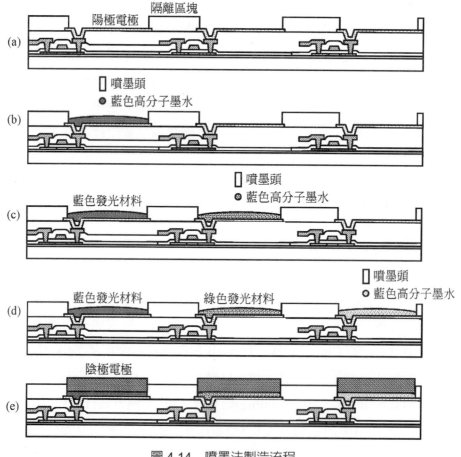

圖 4.14　噴墨法製造流程

● 4.6.1　噴墨頭設計

　　早期的噴墨多以連續噴墨為主，其噴嘴依規律連續不中斷滴墨，若移動到不需要滴墨區域則以靜電方式將墨彈開。連續墨滴需充電且墨滴使用效率低。按需滴墨型噴墨頭的解析度較連續噴墨型佳，可選擇性滴墨料因此墨滴使用效率高。

　　DOD 噴墨印刷技術可區分為熱氣泡式(Thermal Bubble)及壓電式(Piezoelectric)兩類[23]。熱氣泡式是利用電流通過微小電阻產生熱量造成周圍 LEP 液體瞬間氣化，藉由高壓氣泡的擴充壓迫墨水從噴嘴射出，滴出之後氣泡消失後再吸汲新的 LEP 液體。優點在於製造成本低和控制系統較簡易，但是由於其高溫氣化之運作原理易使得 LEP 材料特性老化且穩定性不易控制。

　　壓電噴墨頭在常溫下操作大大的提高了噴墨頭的壽命，並可精準控制其液滴產生之形狀並且精準的噴射並讓減低耗墨量。壓電式將壓電晶片(Piezoelectric Crystal)放置噴墨嘴上方，對晶片加少許電流而產生振動，藉由振動將墨水滴下。目前商業化的 LEP 噴墨頭多使用壓電式的按需滴墨型技術[24]。壓電式的壓電陶磁(Piezo-ceramic)因施加電壓產生形變，擠壓LEP 液體產生高壓而將 LEP 噴出，因此製程速度較快。噴墨頭設計根據不同壓電產生變形之機制可分為收縮管型(Squeeze Tube Mode)、推擠型(Push Mode)、彎曲型(Bend Mode)、剪力型(Shear Mode)噴墨頭[20,25]。圖4.15 顯示按需滴墨噴墨頭電壓與時間之相關性，當壓電陶磁片承受外部控制訊號所施加的電壓後產生收縮變形，但受到振膜(Diaphragm)的牽制而形成側向彎曲擠壓壓力艙之 LEP 液體。

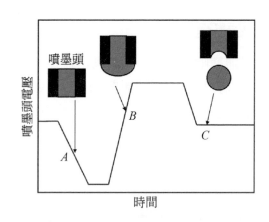

圖 4.15　按需滴墨噴墨頭電壓與時間之相關性

在噴嘴處之液體因承受內外壓力差而加速運動形成液面突出。當壓電陶磁片電壓釋放後，噴嘴處 LEP 液滴因慣性而克服表面張力之牽絆而脫離滴落。表列舉噴墨頭的硬體需求，典型之 300dpi 噴墨印表頭之噴嘴直徑約 50μm，一次噴出液滴量約爲 100pl。噴墨控制噴墨液滴之體積及成形於基材上之形狀，取決於流體之密度、粘滯性、表面張力、流體與基材之親和力與接觸角(Contact Angle)。

● 4.6.2　噴墨準確度

圖 4.16 顯示列型(Row Printing)與井型(Well Printing)噴墨印刷的方式，井型噴墨印刷的精確性需求較列型噴墨印刷高，一般的微壓電式噴墨的印刷速度可達 200mm/sec。噴墨印刷的位置準確度(TTP, Total Positioning Precision)可以表示爲(4.2)與(4.3)式。

$$TPP = \sqrt{M^2 + L_d^{\ 2}} \quad \dots\dots\dots\dots\dots\dots\dots\dots\dots\dots\dots\dots\dots\dots\dots\dots \text{(4.2)}$$

$$L_d = 2 \cdot \pi \cdot d \cdot \frac{\theta}{360} \quad \dots\dots\dots\dots\dots\dots\dots\dots\dots\dots\dots\dots\dots\dots\dots \text{(4.3)}$$

其中 M 代表承載平台或噴墨頭移動之精確度、L_d 代表有機墨水滴落之路徑精確度(Drop Placement Accuracy)、d 為噴墨頭至基板的距離、θ 為墨滴滴落方向與法線方向之夾角(Bending Angle)。圖 4.17 顯示噴墨位置準確度示意圖,假設噴墨頭至基板的間距為 $300\mu m$、墨滴偏移夾角為 0.573 度(約 10mrad),則墨水滴落精確度為 $2 \cdot \pi \cdot d \cdot \dfrac{\theta}{360} = \pm 10$ 微米,若噴墨頭移動精確度為±3 微米,則位置準確度 $TPP = \sqrt{(\pm 10)^2 + (\pm 3)^2} = \pm 10.44\mu m$。以 15.4 吋 WUXGA 的 AMOLED 面板為例,其解析度為 1920×1200(147ppi),其子畫素長度與寬度分別為 $172.5\mu m$ 與 $57.5\mu m$,若使用 20picoliter 的墨滴,其墨滴直徑約 $34\mu m$(如表 4.6 所示),因此有機墨水滴落的製程窗口約只有 $12\mu m$。一般而言位置準確度需小於滴落的製程窗口,因此實務上會選擇墨滴體積較小的製程條件。圖 4.18 顯示墨滴方向性與面板解析度之相關性,隨墨水滴落的方向性(Directionality)的增加,位置準確度也隨之增加,並依照不同顏色發光使用獨立之噴嘴(Nozzle)增加產能,非常適合應用於大於 150ppi 高解析度之 AMLEP 面板[26]。表 4.7 列舉了墨滴之特性需求,當大面積應用時,對於噴墨的體積均勻度、方性性與滴落速度都會直接影響到 LEP 噴墨印刷的位置準確度。

表 4.6 墨滴體積與直徑之相關性

墨滴體積		墨滴直徑
2pl	$2 \times 10^{-6} mm^3$	$16 \mu m$
5pl	$5 \times 10^{-6} mm^3$	$21 \mu m$
7pl	$7 \times 10^{-6} mm^3$	$23.7 \mu m$
10pl	$1 \times 10^{-5} mm^3$	$27 \mu m$
20pl	$2 \times 10^{-5} mm^3$	$34 \mu m$
40pl	$4 \times 10^{-5} mm^3$	$42 \mu m$
60pl	$6 \times 10^{-5} mm^3$	$49 \mu m$
80pl	$8 \times 10^{-5} mm^3$	$53 \mu m$

表 4.7 墨滴之特性需求

項目	需求
Drop Volume Uniformity	$\pm 2\%$
Drop Direction	$< \pm 10 mrad$(約± 0.5729 度)
Drop Placement Accuracy	$< \pm 15 \mu m$
Velocity of Drop Tail	5~10ms

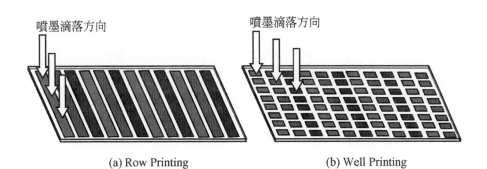

(a) Row Printing　　　　　　　　(b) Well Printing

圖 4.16　列型與井型噴墨印刷方式

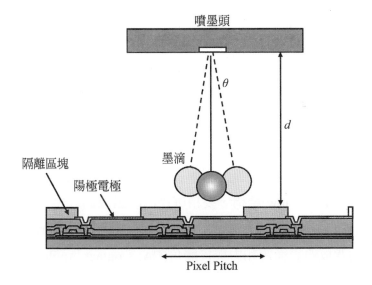

圖 4.17　噴墨位置準確度示意圖

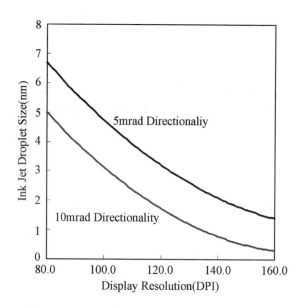

圖 4.18　墨滴方向性與面板解析度之相關性

● 4.6.3　表面處理

　　圖 4.19 顯示墨滴流動示意圖，由於噴墨列印是複雜的多相流體
(Multi-Phase Fluid Flow)結構，要精確控制噴墨液滴之體積及成形於主動
背板上之形狀，取決於 LEP 之密度、粘滯性、表面張力(Surface Tension)、
流體與主動背板的表面親和力與接觸角(CA, Contact Angle)。接觸角 θ 的
定義如(4.4)所示

$$\gamma_{SV} = \gamma_{SL} + \gamma_{LV} \cos\theta \quad\text{..} (4.4)$$

γ 表示兩物質的表面能量(surface energies)，而 S、V 與 L 分別代表固態(Solid)、氣態(Vapor)與液態(Liquid)[27]。圖 4.20 顯示墨滴接觸角，實務上會在搭配 O_2 與 CF_4 的主動背板表面電漿處理造成表面接觸角的差異，親水性(Hydrophilic)與親油性(Hydrophobic)界面使得 ITO 陽極與隔離區塊(Bank)的表面溼潤角度(Wetting Angle)不同，利用表面能量差異使得墨滴自動移回正確的位置，其定位之精確度大幅的提升約正負 $1\mu m$。若能克服噴墨頭精確性與堵塞的問題，噴墨印刷的方式頗具優勢[28]。

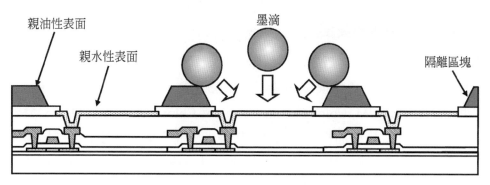

圖 4.19　墨滴流動示意圖

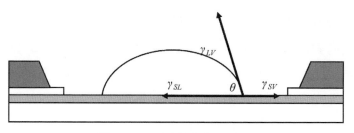

圖 4.20　墨滴接觸角示意圖

4.7 外在媒體變換法

外在媒體變換法是藉由單一色有機發光二極體發光再以外在顏色轉換媒體的方式形成 RGB，由於此類為單一發光源(Emitter)，無需額外圖形化製程，並且 RGB 有機發光二極體老化的速率較一致(Homogeneous Aging)，因此衰減差異性的現象較輕微。另外，由於此類 RGB 需依靠外在顏色轉換媒體的轉換效率，因此又可區分為藍光有機發光二極體搭配色轉換媒體與白光有機發光二極體搭配彩色濾光片兩大類。

4.7.1 色轉換法

圖 4.21 顯示色轉換法架構，依照其架構可分為間隙型色轉換法(如圖 4.22(a))與無間隙型色轉換法(如圖 4.22(b)與(c))。1997 年 Idemitsu Kosan 利用色轉換法(CCM, Color Change Media 或 Color Conversion Matrix)發表彩色有機發光二極體面板[29,30,31]。其發光層採用藍光有機發光二極體層並搭配上一層作為色變換用的螢光膜或能量轉移材質，短波長藍光可激發低能帶隙材料產生綠光以及紅光，因此在發光材料的選擇與開發上較容易，加上三元色的轉換效率相差不大，因此老化速度相去不遠。色轉換法之發光效率雖優於彩色濾光片法，但是由於螢光膜容易受到環境光之激勵，因此仍有對比下降之缺點。同時色轉換法的色轉換效率約 33~50%，NTSC 色再現性大於 70%。CCM 須先產生一個發光效率高且色純度佳的藍光有機發光二極體，否則經過能量轉換後整體的發光效率約 30~80%[32]。另外需要選擇有效且高光學密度(Optical Density)的藍紅與藍綠色轉換材質，因此採用的廠商僅 Idemitsu Kosan、eMagin 與 Fuji[33]。

　　圖 4.22 顯示對比與 CCM 間隙相關性，早期的色轉換法的 CCM 設計於對向基板上，由於藍光有機發光二極體與 CCM 製程獨立，因此投入門檻相對低。然而面板間隙易造成色串音(Color Cross-Talk)而降低對比，因此後期的色轉換法均採用藍光有機發光二極體與 CCM 同一基板的無間隙型色轉換技術。

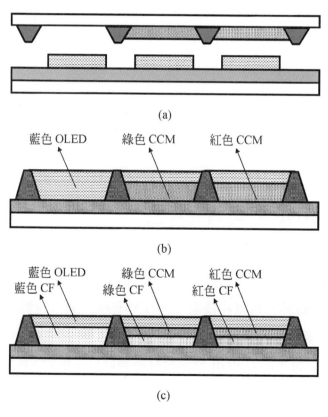

(a)

(b)

(c)

圖 4.21　色轉換法架構

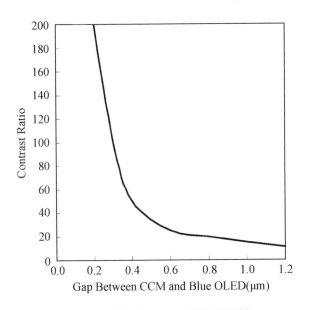

圖 4.22　對比與 CCM 間隙相關性

● 4.7.2　RGB 彩色濾光片法

　　有機發光二極體用之彩色濾光片製作流程與傳統液晶用之彩色濾光片雷同，RGB 彩色濾光片法的優點在於對準誤差容忍度大，可以套用現有液晶顯示器的彩色濾光片技術，大尺寸有機發光二極體製造較容易。1995 年 Kido 發表白光有機發光二極體使得搭配彩色濾光片技術更趨成熟[34]。當三原色發光法的 RGB 發光層材料壽命有差別時，有機發光二極體整體的壽命以及發光的色溫將會受到壽命較短的發光材料所限制。而白色有機發光二極體搭配彩色濾光片法(WCFA, White Emitter and Color Filter

Array)是利用發光層混色或互補色產生白光，再配合彩色濾光片產生紅、綠、藍三原色[35,36,37]。

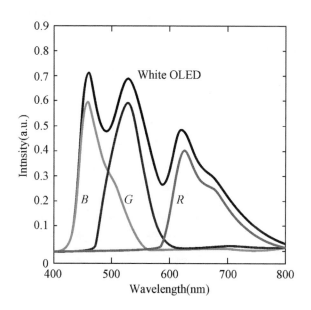

圖 4.23　白光有機發光二極與彩色濾光片頻譜

　　圖 4.23 顯示白光有機發光二極體與彩色濾光片頻譜，發光效率高且色純度佳的白色有機發光二極體不易製造，同時也需要考慮白光有機發光二極體與彩色濾光片的 RGB 顏色頻譜匹配、底層彩色濾光片與有機發光二極體之製程相容性、光線經過一層彩色濾光片所導致亮度衰減與光學損失 (Optical Loss)等問題[38]。採用的廠商有 Samsung、TDK、Sanyo、eMagin 等。

● 4.7.3 RGBW 彩色濾光片法

圖 4.24 顯示彩色濾光片法示意圖，採用白色有機發光二極之 RGB 三主色系統(Three Primary Color System)在能量消耗上是非常大的缺點，有一半的能量是消耗在產生 RGB 的白光上。因此發展出了 RGBW 四主色系統(Four Primary Color System)，此 RGBW 彩色濾光片系統比起原本的 RGB 彩色濾光片結構大幅增加了光的使用效率達到 50%以上。除此之外，當使用白光有機發光二極能夠大幅的降低最重要的材料成本問題，特別是大尺

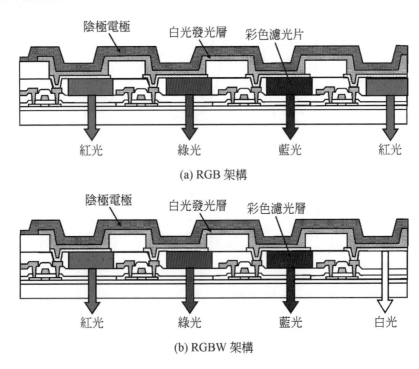

圖 4.24　彩色濾光片法示意圖

寸的顯示器，因爲用蒸鍍的方式將白光有機發光二極沈積的方法不需要使用精細金屬光罩作爲 RGB 的圖案化，另一可預期的是設備變的更加的簡單且使蒸鍍的過程變得更有效率。

● 4.7.4　COA 架構

架構於薄膜電晶體上的彩色濾光片(COA, Color Filter on Array)結構除了必須在有機發光二極底層形成高色純度與高平坦度的透光區域。彩色濾光片材質是由樹脂添加染料或顆粒型顏料混合而成，由於染料因其耐熱性，耐藥品及耐光性等的可靠度均較顏料差，現今主流的濾光板色料均爲顏料分散型。顏料分散法彩色光阻以壓克力(Acrylate)系樹脂的設計爲最多，其次爲聚亞醯胺(Polyimide)、聚乙烯醇(poly-vinyl alcohol)、環氧樹脂及 PVA。以旋塗方式塗佈在主動式背板表面之有機高分子介電材料通常具有良好的局部平坦性(Local Planarization)。這些有機高分子介電材料以旋塗方式塗佈在晶片表面後，可以隨著溶劑在主動式背板表面上流動，因此這些有機高分子介電材料可以很容易地填入不平的凹槽內，而達到局部平坦化的目的。COA 的平坦化結構易造成 CF 與 OLED 的薄膜干涉效應(Thin-Film Interference Effect)而形成色偏(Color-Shift)，實務上藉由有機層堆疊厚度與發光層參雜濃度的調整來解決色偏的問題[39]。彩色濾光片 RGB 色光阻軟烤與 ITO 回火製程溫度不超過 230 度，因此陽極成膜必須低於此彩色濾光片臨界溫度[40,41,42]。

● 4.7.5　黑色矩陣設計

傳統鉻金屬的黑色矩陣具有高遮光特性，然而鉻金屬的反射率偏高且產生的重金屬鉻對環境具有汙染，因此已被樹脂型黑色矩陣所取代。樹脂型黑色矩陣系統又可分為染料或顏料樹脂，黑色染料吸光性較差，且對高分子樹脂或溶劑溶解性較差，對耐熱、耐光及耐化性也比黑色顏料差，而以顏料為主的配方則往往容易為了達到高碳黑含量而犧牲了安定性。樹脂型黑色矩陣的組成以聚亞醯胺系為主體的樹脂，或者以感光性壓克力系為主體的樹脂。因此在設計 AMOLED 的黑色矩陣時需同時考慮到高光學濃度值、附著性、耐熱性及機械強度等特性。

4.8　轉印法

轉印法具有成本低、高解析度、產能高的特點。依照不同的轉印媒介可區分為滾輪印刷[43]、雷射感熱成像、微接觸式印刷(Microcontact printing)及奈米轉印(Nanoimprinting)技術[44,45,46]。

● 4.8.1　雷射感熱成像

圖 4.25 顯示雷射感熱成像示意圖，雷射感熱成像(LITI, Laser induced Thermal Imaging)技術由 3M 和 Samsung SDI 所開發[47,48]，其藉由連續式 CW Nd:YAG 雷射並以 $300\times40\mu m$ 直徑照射於 PET 薄膜基板上的光熱轉換層(LTHC, Light-to-Heat Conversion Layer)、中間層和轉移層的施體薄膜(Donor Film)。熱傳施體先被覆壓到一個基板上，施體和受體表面必須緊

密的相接觸，施體再以雷射束曝光於一個圖像型樣，導致轉移層(發光物質)從這施體介面脫離及轉移層黏附到受體介面，最後將使用過的施體被剝離並拋棄。曝光區域被以電場發光效能與一個蒸鍍小分子元件相同樣高解析度條紋方式轉移，而紅綠藍三色層施體薄膜則被依次使用以產生完整全彩顯示面板。

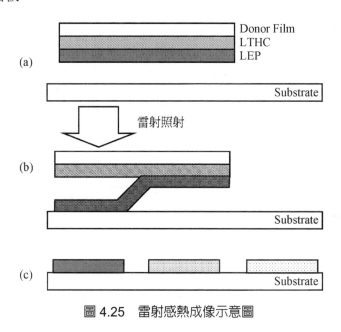

圖 4.25　雷射感熱成像示意圖

● 4.8.2　奈米壓印技術

　　奈米壓印技術(NIL, Nano-Imprint Lithography)並不使用曝光源，藉由鑄模(Mold)將有機發光二極材料轉印至在基板表面形成所需圖案所以它的解析度不受光對阻劑的繞射、散射和干涉作用以及基板的背向散射作用所影響到[49]。奈米壓印技術最早由 Stephen Y.Chou 提出此概念[50,51,52]，其將壓印模製(Compression Molding)技術應用在半導體蝕刻的圖案轉印，這種技術與刻印章十分類似，先以傳統微影蝕刻方式將所要轉印的圖案製版於模版材料上，然後以聚甲基丙烯酸甲酯(PMMA, (Polymethyl methacrylate)作爲印泥成型於基板上。再施以精確控制的壓力及溫度，將模版壓印在鍍於元件基板上的 PMMA，如此模版上的圖案就轉印到 PMMA 上，最後將沾有 OLED 的負片 PMMA 轉印至背版上。其他類似的軟微影技術(Soft Lithography)或微觸轉印(Micro-Contact Print)也都具有重複使用、無須額外光罩製程、省時、低製造成本、高產量及良率等優點。

參考資料

[1]　Patent US5641611, US6111356

[2]　B. J. Chen, et al., SID Digest, (1999), pp. 568

[3]　U. Hoffmann, et al., SID Digest (2002), pp. 891

[4]　M. Murakami, et al., SID Digest (2005), pp. 1890

[5]　Patent US6237529

[6]　A. K Saafir, et al., SID Digest (2005), pp. 968

[7]　T. Masaki et al., Proc. IEEE Int. Workshop on Micro Electro Mechanical System, (1990), pp. 21

[8]　M. Datta, IBM J. Res. Develop. Vol.42, (1998), pp. 655

[9]　G. Rajeswaran et al., SID Digest, (2000), pp. 974

[10] C. H. Lee, et al., SID Digest, (2002), pp. 631

[11] M. Schwambera, et al., SID Digest (2002), pp. 894

[12] M. Shtein, et al., Journal of Applied Physics Vol.93 No.7, pp. 4005

[13] Y. Fukuda, et al., SID Digest, (1999), pp. 430

[14] Patent US5821138

[15] T. Tachikawa, et al., SID Digest (2005), pp. 1280

[16] Patent GB2147, GB156897

[17] Patent US2512743

[18] S. Kanbe, et al., EURODISPLY, (1999), pp. 85

[19] M. Masuichi, et al., SID Digest (2005), pp. 1192

[20] T. R. Hebner, et al., Applied Physics Letters, Vol.72, No.5, (1998), pp. 519

[21] H. Sirringhaus, et al., Science, 290, (2000), pp. 2123

[22] Patent US6066357, US6194837

[23] H. P Le, et al. Journal of Imaging Science and Technology, 42, (1998), pp 49

[24] J. Martin, et al., International Meeting on Information Display, (2005), pp. 390

[25] F. C. Lee et al.,IBM J. Res. Develop., Vol. 28, No. 3, (1984), pp. 307

[26] D. Albertalli, SID Digest, (2005), pp. 1200

[27] K. A. Mauritz, et al., J. Appl. Polym. Sci. Vol.40 (1990), pp. 1401

[28] Z. Shimoda, et al. SID Digest (1999), pp. 376

[29] M. Matsuura et al., Proc. International Display Workshops, (1997), pp. 581

[30] C. Hosokawa, et al., SID Digest , (1998), pp. 7

[31] Patent US5126214, US5294870, US5909081

[32] C. Hosokawa, et al., SID Digest, (1997), pp. 1037

[33] Patent US6608439

[34] J. Kido, M. Kimura, and K. Nagai, Science, Vol.267,(1995), pp. 1332

[35] J. Kido et al., Science, Vol.267, (1995), pp. 1332

[36] M. Arai et al., Synth. Met. Vo.91, (1997), pp. 21

[37] Patent US6121726, US6390340, US6706425B1

[38] M. Suzuki, et al., Proc. International Display Workshops, (2004), pp. 1277

[39] J. P. Spindler, et al., SID Digest, (2005), pp. 36

[40] C. Wu, et al., SID Digest, (2004), pp. 1128

[41] M. Bender, et al., Thin Solid Films, 354,1-2, (1999), pp. 100

[42] Z. Meng, et al., Journal of the SID Vol.12, No.1,(2004), pp. 113

[43] E. Kitazume, SID Digest, (2006), pp. 1467

[44] M. D. Austin et al.,Applied Physics Letters81, (2002). pp. 4431

[45] Y. Xia, et al., Angew. Chem. Int. Vol.37,(1998)pp. 550

[46] J. Zaumseil, et al., J. Appl. Phys, Vol.93, (2003), pp. 6117

[47] K. J. Yoo, et al., SID Digest (2005), pp. 1344

[48] S. T. Lee, SID Digest (2002), pp. 784

[49] C. Kim, et al., Science Vol.288 Issue 5467, pp. 831

[50] S. Y. Chou, et al., Appl. Phys. Lett. Vol.67, (1995), pp. 3114

[51] S. Y. Chou, et. al., Appl. Phys. Lett. 67,(1995), pp. 3114

[52] S. Y. Chou, et. al., Science 272,(1996), pp. 85

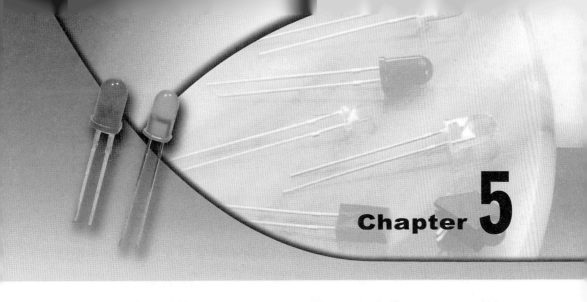

Chapter 5

被動式矩陣背板技術

5.1 前言

　　有機發光二極體的驅動方式區分爲被動式有機發光二極體(PMOLED, Passive Matrix OLED)與主動式有機發光二極體(AMOLED, Active Matrix OLED)，PMOLED 由於面板設計時程較短，製程較爲簡單，小尺寸或低階有機發光二極體產品多採用被動驅動構造。然而當被動式驅動應用於大尺寸與高解析度的殺手級應用產品(Killer Application)時，常因高消耗電量及低壽命問題受限其發展，一般多採用主動驅動方式來克服這類問題。

5.2 被動式矩陣架構

　　圖 5.1 顯示被動式有機發光二極體架構示意圖，被動式有機發光二極體的操作原理類似超扭轉向列型(STN, Super Twisted Nematic)液晶顯示

器，均是利用兩端子的電壓差使得中間媒介反應，其最大的差異在於有機
發光二極體的媒介由液晶改爲有機發光材料。圖 5.2 顯示被動式矩陣側視
圖，被動式有機發光二極體以 ITO 導線作爲行方向電極 (Column
Electrodes)，而金屬陰極作爲列方向電極(Row Electrodes)，工作時是於行
方向處送入正電訊號的顯示資料，而於列方向處送入負電訊號的掃描信
號，一列一列點亮顯示區，每一個畫素顯示的時間相當短，因掃描速度快
於視覺暫留時間。被動式液晶顯示器是利用輸入訊號的均方根電壓來控制
液晶畫素，而被動式有機發光二極體則是藉由上下電極所提供的電流大小
來決定有機發光二極體畫素的亮暗程度。循序掃描的列方向驅動訊號開啓
該列所有畫素，藉由與資料輸入的行方向訊號的交錯選擇該畫素是否通過
電流而啓動有機發光二極體。被動式有機發光二極體顯示器需要一組正電
壓來做爲它的電源或偏壓，這組正電壓和液晶顯示器所使用的電壓非常類
似，一般被動式有機發光二極體驅動需要 8V 到 15V 之間的電壓。藉由面
板內固定導線阻抗產生定電流的驅動訊號，因此一般設計被動式有機發光
二極體面板時需要愼重評估行方向之電流需所需的導線阻抗[1]。

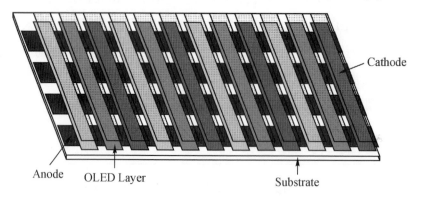

圖 5.1　被動式有機發光二極體架構示意圖

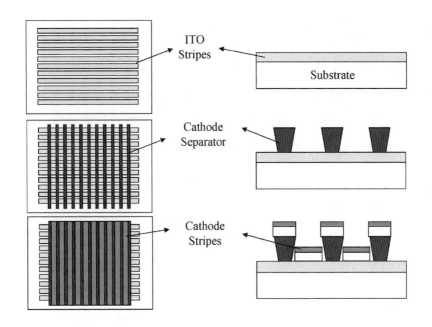

圖 5.2　被動式矩陣側視圖

● 5.2.1　被動式面板限制

　　有機發光二極體驅動方式分為被動式驅動及主動式動驅兩種，表 5.1 比較被動式與主動式有機發光二極體之優缺點。主動式有機發光二極體架構可使用薄膜電晶體驅動，由於驅動高亮度有機發光二極體所需高電流特性，主動式低操作電壓與高密度的驅動架構使得有機發光二極體壽命較長。被動式矩陣操作在短脈衝模式下，畫素需等下次畫框時間才會被掃描更新。若要使整個顯示元件達到所需的平均亮度時，則每個畫素必須在高於平均亮度的模式下操作，顯示器的解析度及尺寸因此受限。被動式有機發光二極體的最佳顯示解析度約 QVGA 模式。被動式有機發光二極體必須在高電流下操作方能符合人眼觀賞的亮度，而當 PMOLED 面板解析度再增加時，為了降低 RC 延遲與亮度不足的現象，必須將驅動電壓再提高，雖然單位時間的瞬間脈衝電流使得有機發光二極體的亮度夠高，但也由於如此使得有機發光二極體加速老化與產生額外的熱，因此畫素的壽命也大幅下降。

　　表 5.2 比較被動式與主動式有機發光二極體面板性能，被動式有機發光二極體因依線的順序驅動的緣故，當一個畫素點劣化時會以劣化點為中心的縱橫兩方向發生畫素亮度異常的現象。典型有機發光二極體元件所需的驅動電流，約為 $1\sim10\text{mA/cm}^2$，若使用在被動式有機發光二極體時所需的驅動電流將提升至數百 mA/cm^2，有機發光二極體元件在固定電流下持續操作時所產生的焦耳熱，容易導致玻璃轉換溫度低的發光材料結晶化，進而破壞材料原本非晶形特性，造成元件壽命減短。

表 5.1　被動式與主動式有機發光二極體之優缺點比較

項目		被動式有機發光二極體	主動式有機發光二極體
面板設計	優點	・開口率大 ・面板設計 TAT 短	・可內建驅動電路(低溫複晶矽背板) ・面板窄框化(低溫複晶矽) ・適用於大面積與高解析度面板
	缺點	・外貼 Segment 驅動 IC 與 Common 驅動 IC ・RC 負載大 ・面板尺寸與解析度受限制	・開口率略小(下部發光結構) ・板設計 TAT 長

表 5.1 被動式與主動式有機發光二極體之優缺點比較(續)

項目		被動式有機發光二極體	主動式有機發光二極體
面板製造	優點	·製程步驟簡單、使用光罩數少 ·製造成本低	·背板製程相容液晶顯示器
	缺點		·製造技術門檻高 ·使用光罩數多 ·生產與材料成本高
系統驅動	優點	·外貼驅動 IC 提供之電流控制亮度 ·以脈衝寬度調變控制灰階	·驅動電壓低(約 5~6V) ·驅動電流密度低(約 1mA/cm^2) ·內建驅動電路與畫素控制亮度與灰階 ·可藉由記憶體或特殊設計架構降低耗電量與老化速度
	缺點	·驅動電壓略高(約 8~15V) ·驅動電流密度略高(約 240mA/cm^2) ·外貼驅動 IC Mismatch 易造成的亮度不均勻 ·功率消耗隨解析度與面板尺寸增加而增加 ·為了達到高亮度，需提高脈衝電流而增加耗電量 ·老化速度快、壽命短	·畫面品質受限於薄膜電晶體本身均勻度與穩定性 ·數位或類比畫素驅動較複雜

表 5.2　被動式與主動式有機發光二極體之面板性能

項目	被動式有機發光二極體	主動式有機發光二極體
尺寸	3 吋	3 吋
解析度	QVGA	QVGA
開口率	1	1/2 倍
發光時間	1	240 倍
發光輝度	1	1/120 倍
驅動電壓	1	1/5 倍
發光效率	1	5 倍
壽命	1	12 倍
消耗電力	1	1/12 倍

● 5.2.2　有機發光二極體之整流比

為了達到較佳的顯示效率，有機發光二極體元件開與關電流特性是面板設計的關鍵。根據有機發光二極體的電壓電流特性可以得到整流比(Rectification Ratio)，其定義如式子(5.1)

$$R = \frac{I_{forward}}{I_{reverse}} \geq N \cdot M \cdot n \quad\text{.. (5.1)}$$

其中 $I_{forward}$ 與 $I_{reverse}$ 分別代表有機發光二極體順向導通與逆偏時的電流、N 為行方向導線(Column Line)的數目、M 為列方向導線(Row Line)的數目、n 為灰階數。以 64×32 陣列 16 灰階的設計，其整流比需要大於 $3.3×10^4$ 方能確保夠低的逆偏電流 (Reverse Leakage Current) 與抑制串音現象 (Crosstalk)。

5.3　被動式 SMOLED 製造流程

陰極分離體 (Cathode Separator) 是由基底 (Base) 與墩柱 (Pillar) 所組成，依據陰極分離體的形成方式，SMOLED 製程可大致區分為負型光阻製程、剝脫製程與整合型分離體製程。

5.3.1　負型光阻製程

圖 5.3 顯示負型光阻 SMOLED 製程，第一道微影製程 (PEP1, 1st Photo Engraving Process) 為陽極導線 (Anode Rows Line)，陽極電極以接觸式曝光 (Contact Lithography) 或近接式曝光 (Proximity Lithography) 搭配濕式蝕刻 (Wet Etching) 形成條狀訊號線。PEP2 為氧化矽 (SiO_x) 基座，藉由氧化矽形成基底，使用負型光阻材質形成菇狀 (Mushroom) 結構的陰極分離體，藉由軟烤 (Soft Baking)，曝光劑量 (Exposure Dose)、硬烤 (Post Baking) 與顯影來控制菇狀結構。陰極分離體是由基底與墩柱所組成，基底材質為絕緣層 (Insulator) 的功用在防止陰陽極短路，而墩柱的功用在形成有機發光區與陰極電極。PEP3 至 PEP5 為 RGB 有機發光二極以金屬遮罩 (Metal Shadow Mask) 蒸鍍，PEP6 為陰極導線 (Cathode Columns Line)[2,3]。

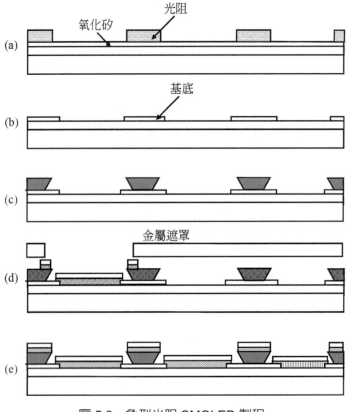

(a) 光阻 氧化矽

(b) 基底

(c)

(d) 金屬遮罩

(e)

圖 5.3　負型光阻 SMOLED 製程

● 5.3.2　剝脫製程

　　圖 5.4 顯示剝脫(Lift-off)SMOLED 製程，PEP1 為陽極導線，陽極電極以接觸式曝光(Contact Lithography)或近接式曝光(Proximity Lithography)搭配濕式蝕刻(Wet Etching)形成條狀訊號線。PEP2 的光阻除了定義出為 Polyimide 基底外，藉由上部光阻材質的保護，搭配濕式蝕刻非等向性的

特點將 SiO$_x$ 蝕刻為梯形陰極分離體。PEP3~5 為 RGB OLED 以金屬遮罩 (Metal Shadow Mask)濺鍍，PEP6 為陰極導線，最後將光阻與多餘的有機材料剝離[2][3]。

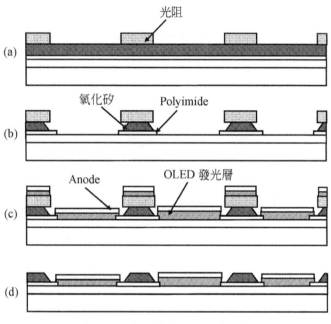

圖 5.4　剝脫 SMOLED 製程

● 5.3.3　整合型分離體製程

圖 5.5 顯示整合型 SMOLED 製程，整合型分離體製程使用正型光阻，藉由三次曝光與一次顯影製程形成負導角(Negative Taper Angle) 墩柱與正導角(Positive Taper Angle)的基底。第一次照射光酸產生劑(PAG, Photo-Acid Generator)被照射所產生的酸性離子在經曝光後烘烤(PEB, Post Exposure Bake)使光酸連鎖反應，因具有足夠的能量而促成聚合物發生去

保護基(De-protection)反應而形成負導角墩柱。第二次使用較高能量的曝光搭配晶格狀光罩(Lattice Pattern Mask)，第二次照射使得光敏感劑(PAC, Photoactive Compound)與聚合物間的作用力變弱，並使得曝光光阻的溶解能力變好而形成正導角的基底。而第三次曝光未使用光罩，因此將整體光阻的厚度減薄而裸露出底層的絕緣層。最後透過顯影液去除斷鍵的光阻形成頂端 T 型(T-Top)[4]。

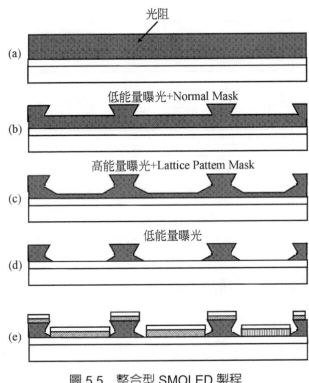

圖 5.5 整合型 SMOLED 製程

5.4　被動式 LEP 製造流程

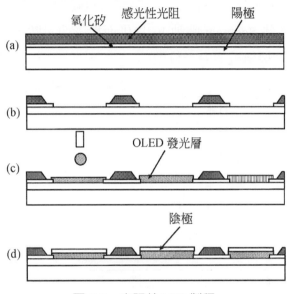

圖 5.6　光阻井 LEP 製程

　　由於 LEP 彩色化製程的主要採用噴墨印刷，為了不讓液態的有機材質四處流竄，因此需要建構隔離井(Isolation Well)來保持畫素的完整性。圖 5.6 顯示光阻井 LEP 製程，PEP1 為條狀陽極導線，陽極電極以接觸式曝光(Contact Lithography)或近接式曝光(Proximity Lithography)搭配濕式蝕刻(Wet Etching)形成條狀訊號線。PEP2 主要目的在定義光阻井(Photoresist Well)，藉由光組材質形成凹槽結構，搭配氟電漿處理光阻井可以增加光阻井表面的接觸角(Contact Angle)[5]。PEP3 至 PEP5 為 RGB 有機發光二極體以噴墨印刷的方式將 LEP 滴入畫素凹槽中，PEP6 為條狀陰極導線[6]。

5.5 被動式驅動系統

　　圖 5.7 顯示被動式有機發光二極體面板驅動架構,被動式有機發光二極體面板藉由外部 Segment 驅動 IC 提供面板影像訊號,而 Common 驅動 IC 則提供畫素選擇訊號與參考位準。

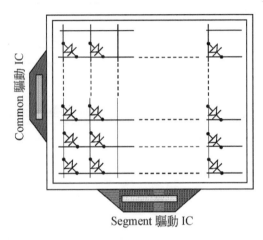

圖 5.7　被動式有機發光二極體面板驅動架構

　　圖 5.8 顯示被動式有機發光二極體簡易矩陣示意圖,Segment 驅動 IC 的 Segment 導線掃描順序為 S1、S2、S3....SM,其中 M 為垂直方向解析度(如圖 5.9 所示),而 Common 導線掃描順序為 C1、C2、C3....CN,其中 N 為水平方向解析度(如圖 5.10 所示)。在一個畫框時間(Frame Time)內,C1 首先被驅動,同時 S1、S2、S3、....SM 也同步驅動,Common 導線與 Segment 導線交集點即發光畫素,陰陽電極產生的壓差產生電流而驅動有機發光二極體元件。依此邏輯順序驅動至 CN 訊號結束再切換至下一新的畫框時間。

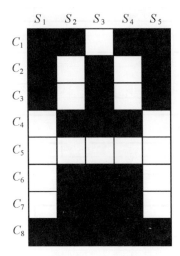

圖 5.8　被動式有機發光二極體簡易矩陣示意圖

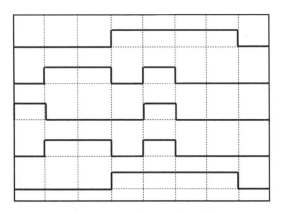

圖 5.9　Segment 驅動訊號

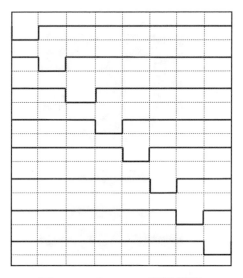

圖 5.10　Common 驅動訊號

● 5.5.1　灰階顯示

　　光經過反射或透射後刺激人眼而產生了亮度和顏色，因此人們就可以辨別出此物體的明亮程度、顏色類別、顏色的明度、色調、飽和度等。然而藉由影像擷取與影像訊號再重現，有機發光二極體顯示器得以展現出五顏六色的影像，其中灰階(Gray Scale)代表由數位影像重現的程度。例如6bit 灰階顯示器總共有 $2^6×2^6×2^6$=262,144 種顏色組合，而 8bit 灰階顯示器的顏色種類總共有 $2^8×2^8×2^8$=16,777,216 種組合。灰階數越多顏色層次看起來會越細緻。CRT 屬於類比顯示器(Analog Display)，因此影像訊號轉換成顯示強度時呈現非線性的特性，這轉換增益(Conversion Gain)稱之為Gamma。平面顯示影像對於精準的 Gamma 特性並不敏感，但不連續的灰階卻深深影響顯示品質。液晶與電漿顯示器的灰階特性是以數位的方式表示，當顯示器系統的灰階數不足時，不連續的灰階與量子化雜訊

(Quantization Noise)變得顯而易見。一般監視器用之有機發光二極體面板多為 6-bits 的灰階，而高階與醫療用之螢幕則採用 8-bits 或更高 bits。然而隨著灰階數的增加，驅動系統的複雜度也隨之大幅提升。圖 5.11 顯示灰階與亮度之相關性，因此輸入訊號與 Gamma 的關係式如(5.2)所示。

$$I = V^{\gamma} \quad\text{.. (5.2)}$$

I 代表光強度、V 為輸入訊號、γ 為 Gamma 值。Gamma 曲線會直接影響到畫面的漸層效果，例如 Gamma 曲線在高亮度的地方切得太細，高灰階區段的亮度都差不多亮，那麼在顯示亮畫面時就會覺得太亮而看不見漸層，因此影像就會覺得不自然。

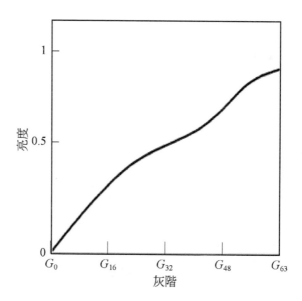

圖 5.11　灰階與亮度之相關性

　　有機發光二極體面板設計時必須考量到顯示器的應用領域，當應用於電視視訊時，光電特性(Electro-Optical Characteristic)需考量到 CRT 的 Gamma 值匹配。然而當應用於醫療顯示時，設計時就需要考慮到符合數位醫學影像傳輸(DICOM, Digital Imaging and Communications in Medicine)的規範[7,8]。一般 Gamma 值介於 1~3 之間，為了符合 CRT 規格，液晶與有機發光二極體面板通常設定為 2.2。可藉由外部驅動電路的 R、G、B 電阻調整白平衡(White Balance)[9]，或以轉換查詢表(LUT, Look-Up Table)做 Gamma 校正[10]。

　　根據亮度-電壓-電流(BVI, Brightness-Voltage-Current)曲線可以得到亮度、Segment 驅動電壓與電流。然而不同 RGB 有機發光二極體元件擁有

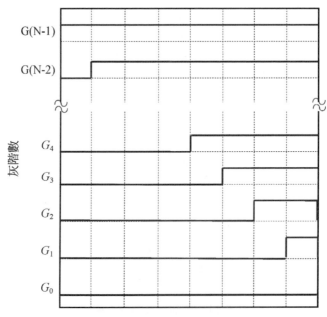

圖 5.12　脈衝寬度調變驅動波形

不同亮度-電壓-電流曲線，因此 Segment 驅動 IC 需提供三組不同的驅動訊號以符合面板亮度與 Gamma 的需求。另外 Segment 驅動訊號藉由脈衝寬度調變的方式 (PWM, Pulse-Width Modulation)[11] 或電流比例 (Current Ratio Mode)[12] 達到高灰階的影像。圖 5.12 顯示脈衝寬度調變驅動波形，大部分的被動式有機發光二極體均採用此類的驅動方式，由於將電流波形平分成 N 段來對應 N 位元的色彩，脈衝寬度調變驅動控制灰階方便且簡單，因此非常適用於小尺寸與低階的有機發光二極體應用。

● 5.5.2　預充電電路

圖 5.13 顯示有機發光二極體單元畫素模擬電路，被動式有機發光二極體畫素模型可用並聯的電容與二極體來表示，由於有機發光二極體的單位畫素寄生電容 (Parasitic Capacitor) 與陰陽極所交集之面積有關，因此當 Segment 導線導通時，整體 Segment 導線的寄生電容為 Common 導線的數目乘上單位畫素寄生電容，其定義如式子 (5.3) 所示。

$$C_{total} = C_{pixel} \cdot N_{common} \quad\text{...} (5.3)$$

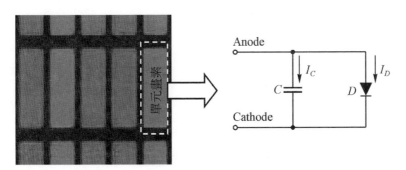

圖 5.13　有機發光二極體單元畫素模擬電路

實務經驗上此整體 Segment Line 的寄生電容約數奈法拉(Nanofarads Per Column)。Segment 驅動 IC 以定電流驅動畫素時，會導致電流大部分消耗於寄生電容，而畫素電壓尚未達到二極體臨界電壓而呈現暗態(Dark Pixel)，因此畫素會因充電的效率而產生發光延遲現象並導致亮度與灰階呈現非線性對應[13,14]。圖 5.14 與圖 5.15 顯示預充電時序圖，實務上 segment 驅動 IC 會設計預充電電路(Pre-Charge Circuit)來彌補此現象[15,16,17,18]。圖 5.16 顯示預充電電流與灰階的相關性，Segment Line 尚未選擇前藉由驅動 IC 內部的放大器架構將電壓預先快速充電至設計位準，藉由適當的預充電電流與灰階搭配，可以消除有機發光二極體面板延遲現象。

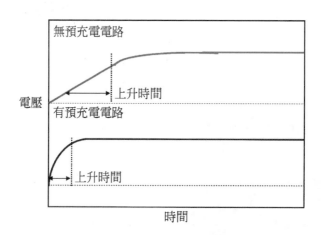

圖 5.14　預充電示意圖

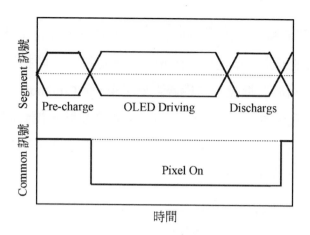

圖 5.15　Segment 與 Common 驅動 IC 之預充電時序圖

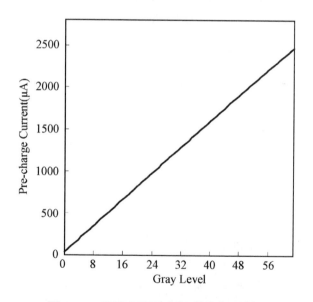

圖 5.16　預充電電流與灰階的相關性

　　圖 5.17 顯示 Segment 與 Common 驅動 IC 之預充電電路，Common 驅動 IC 提供接地或定位準電位，Common 導線被選取時提供一負電位以維持足夠的壓差高於有機發光二極體臨界電壓，而 Common 導線未被選取時則提供接地訊號。實務上為了防止殘留或耦合訊號干擾到鄰近畫素，通常 Common 驅動 IC 會設計額外 $V_{\text{row-off}}$ 電位以確保其他未被選取的 Common 導線維持於低電位[19,20]。

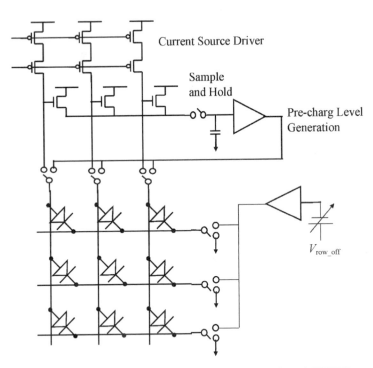

圖 5.17　Segment 與 Common 驅動 IC 之預充電電路

● 5.5.3　串音

串音(Crosstalk)是指螢幕某區域的畫面影響到鄰近區域亮度的現象。一般串音測試畫面是在背景色 128 灰階的狀態下，藉由中央黑色方塊與圖形邊緣的灰階比較，理論上圖形邊緣仍要維持 128 灰階，若受到影響而改變灰階稱之為串音。一般串音規格為上下左右區域的亮度差別不可以超過 4%，然而人眼在 2% 時就可分辨出影像的差異性，因此設計時仍要考量到產品應用領域與消費者的個別感受。

有機發光二極體面板的串音成因可能來自於有高解析度面板電極間距縮小，電極間的阻抗不足，行電極與列電極交錯點數激增，導致寄生電阻與寄生電容效應增加。另一方面，有機發光二極體畫素間在逆向偏壓下產生漏電流，使單一二極體整元件流比過低也易造成串音。一般認為薄膜沉積前基板上殘留的環境微粒子與元件漏電流有關，由於微粒子的存在與影子效應(Shadow Effect)，使得 ITO 與金屬陰極電極間產生低阻抗之通道，這將會導致元件在操作時，未被選擇到之其他畫素也隨之被點亮。

● 5.5.4　閃爍

閃爍(Flicker)即是灰階畫面顯示在每次更新畫面時，影像會有些微的變動，讓人眼感受到畫面在閃爍。液晶面板的閃爍成因來自於正負驅動訊號週期不對稱而產生直流成分電壓(DC Offset Voltage)使得 LCD 正負週期的穿透率不同。當驅動訊號頻率過低，使得驅動時間過長導致液晶具有足之時間產生離子分離與飄移，這些離子聚集在液晶層和配向膜形成等效直流成分電壓，使得電壓在灰階轉換時大變化的穿透率，最亮與最暗的差距隨著頻率降低而增加，因此面板閃爍現象隨之明顯。

大尺寸液晶面板設計常因液晶電容值隨偏壓的變化、製程飄移導致儲存電容與寄生電容變異性、掃描線與資料現電阻電容時間延遲而導致 V_{com} 不一致等，使得畫素 Feed-Through 電壓的不均勻而加劇閃爍現象，因此通要改善畫面閃爍第一步便是降低 $\triangle V_p$。閃爍現象最容易發生於整畫框反轉 (Frame Inversion)的極性變換模式，因為此模式下整個畫面都是同一極性，當這次畫面是正極性時，下次整個畫面就都變成了是負極性。若 Common 電壓有些微的誤差時，同一灰階的正負極性電壓便會有明顯差別，而有機發光二極體屬於自發光型面板，不需要做極性反轉驅動，同時可藉由畫素設計來降低 Feed-Through 電壓的影響，因此閃爍現象較液晶顯示器輕微。

● 5.5.5 功率消耗

有機發光二極體的功率消耗可分成發光功率消耗(P_{light})、電容性功率消耗(P_{cap})與電阻性功率消耗(P_{res})，而實際的有機發光二極體面板功率消耗為三者加總，如(5.9)式所示。

$$I_{supply} = 3mI_{pixel} \quad\text{...} (5.4)$$

$$R_{supply} = \frac{3m\rho p}{dw} \quad\text{...} (5.5)$$

$$P_{light} = I_{oel}V_{oel} \quad\text{..} (5.6)$$

$$P_{cap} = CV_{swing}V_{supply}f \quad\text{...} (5.7)$$

$$P_{res} = I_{supply}{}^2 R_{supply} = \frac{9m^2 I_{pixel}p\rho}{dw} \quad\text{..................} (5.8)$$

$$P_{total} = P_{light} + P_{cap} + P_{res} \quad\text{..................................} (5.9)$$

其中 m 爲水平方向畫素數目、p 爲畫素間距、d 爲導線厚度、w 爲導線寬度、ρ 爲導電率。爲了達到令人賞心悅目的亮度，被動式驅動往往需要操作於高脈衝電流的條件下，造成發光功率消耗的驟增。而有機發光二極體的壽命與所流經的電流量成反比，因此當亮度越高時，有機發光二極體材料衰退的越快。尤其當面積與解析度增加時，其耦合電容(Coupling Capacitance)與導線阻值增加，使得電阻性與電容性功率消耗暴增。隨面板尺寸越來越大時，其所產生的耗電量遽增、壽命降低及顯示元件劣化等現象限制了其發展。

5.6 驅動 IC 封裝

圖 5.18 顯示有機發光二極體面板驅動 IC 封裝，常見的驅動 IC 封裝可分爲自動捲帶封裝、軟膜覆晶封裝與玻璃覆晶封裝，其中以自動捲帶封裝與軟膜覆晶封裝最廣被使用。

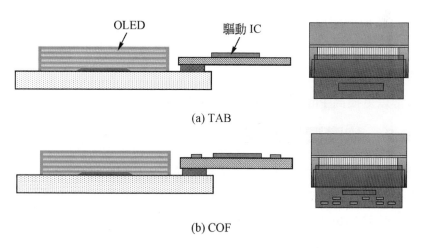

圖 5.18 有機發光二極體面板驅動 IC 封裝

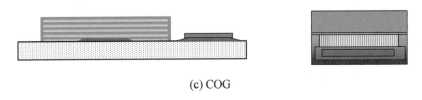

(c) COG

圖 5.18　有機發光二極體面板驅動 IC 封裝(續)

● 5.6-1　自動捲帶封裝

　　圖 5.18(a) 顯 示 自 動 捲 帶 封 裝，自 動 捲 帶 封 裝 技 術 (TAB, Tape Automated Bonding)是液晶顯示器與有機發光二極體驅動 IC 主要的封裝方式，此項技術開發於 1968 年由美國奇異電子(GE, General Electric)，早期由 Citizen 公司將自動捲帶封裝應用在電子鐘錶之 CMOS IC 封裝。之後以捲帶承載(Tape Carrier)封裝 IC 之量產模式在 1973 年導入自動捲帶封裝技術，因此自動捲帶封裝技術又泛稱爲捲帶式承載封裝(TCP, Tape Carrier Package)。TAB 採取捲帶式(Reel to Reel)方式，其主要由銅箔、黏著劑及 Polymide 軟板所組成之三層捲帶型式，用來取代 IC 導線架(Lead Frame)硬且厚的缺點，能將驅動 IC 封裝輕薄化。自動捲帶封裝的引腳間距(Pitch)影響到驅動 IC 的配置，當解析度高時，在不增加外貼驅動 IC 數量的前題下，通常以更換高 Pin 數的驅動 IC 來解決這類問題。

● 5.6.2　軟膜覆晶封裝

　　圖 5.18(b)顯示軟膜覆晶封裝，軟膜覆晶封裝(COF, Chip on Flex or Film)將原先在 PCB 上的被動元件連同 IC 一併置於 Polymide 軟板上，利用 Polymide 軟板的可折特性，使得 OLED 產品的設計更富彈性。軟膜覆晶封裝的 PCB 用量減少，線距微細化使得基板額緣較自動捲帶封裝小。另外

除了驅動 IC 區不可折外，其餘部位皆爲可折，相對降低成本，且冷熱衝擊、衡溫衡溼等信賴度較玻璃覆晶封裝高。軟膜覆晶封裝爲兩層結構，且產品上無元件孔，其整體厚度較薄，可撓性更好，抗剝離強度也更好。

● 5.6.3　玻璃覆晶封裝

玻璃覆晶封裝(COG, Chip On Glass)將切割下來的晶粒，直接以覆晶方式接合在玻璃面板之上，並以異方向性導電膠(ACF, Anisotropic Conductive Film)接合 IC 晶片與背板[21,22](如圖 5.18(c)所示)。玻璃覆晶封裝技術擁有可細間距化技術及簡化製程成本的雙重優勢。然而所需的基板額緣較大是其最大的缺點，有機發光二極體面板的上板及下板之間有一段屬於非顯示區的封裝區域，一般稱之爲額緣。雖然玻璃覆晶封裝擁有成本較低之優勢，但與自動捲帶封裝技術相比，由於所需額緣區域較大，以同樣的玻璃尺寸而言，採用玻璃覆晶封裝的面板將會壓縮到顯示區域的面積，造成可顯示區域變小的問題。

參考資料

[1]　Patent US5719589A1, US6531827B1, US6473064B1, US6351255B1

[2]　Y. Chang, et al., SID Digest, (2001), pp. 1040

[3]　Patent US6348359, US6221563, US5701055A1, US5952037A1

[4]　K. H. Choi, et al., SID Digest, (2006), pp. 429

[5]　H. Kobayashi, et al., Synthetic Metals,12 (2000).pp. 111

[6]　C. MacPherson et al., SID Digest, (2003), pp. 1191

[7]　H. Sasaki, et al., SID 03 Digest, 2003, pp. 936

[8]　T. Furukawa, et al., SID Digest (2000), pp. 1238

[9]   T. Maeda, et al., SID Digest (2004), pp. 1572

[10] J. F. Blinn, SID Digest, (2000), pp. 285

[11] A. Sempel et al., SID Digest, (2000), pp. 139

[12] S. Xiong, et al., SID Digest, (2002), pp. 1174

[13] G. Landsburg,, Information Display, Vol.18, no.8, (2002), pp. 18

[14] Y. S. Na, et. al., SID Digest, (2002), pp. 1178

[15] A. Sempel et al., SID Digest,(2000), pp. 139

[16] D. Chaussy, et al., SID Digest (2006) , pp. 406

[17] J. S. Yang, et, al., SID Digest (2006) , pp. 347

[18] Y. S. Na, et al., SID Digest, (2002), pp. 1178

[19] Y. Fukuda, et al., Journal of the SID, Vol.11, No. 3 (2003), pp.481

[20] R. Hattori, et al., Proc. International Display Workshops, (2004), pp. 1411

[21] H. Takasago, et al., SID Digest, (1994), pp. 19

[22] H. Takasago, et al., SID Digest, (1997), pp. 873

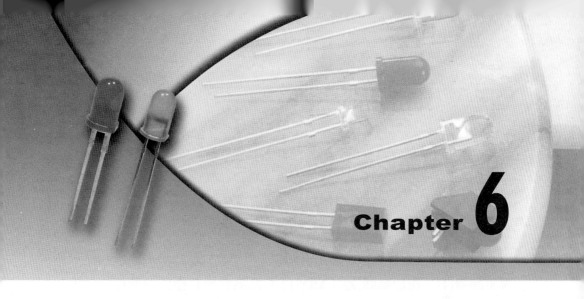

Chapter 6

主動式矩陣背板技術

6.1　前言

　　被動矩陣有機發光二極體顯示器在畫質表現、解析度、灰階數受限制於先天驅動的架構,因此應用面侷限於小尺寸面板。低溫複晶矽薄膜電晶體較傳統非晶矽薄膜電晶體優異的電氣特性,使其具備整合薄膜電晶體陣列與週邊驅動電路的優勢,而非晶矽薄膜電晶體成熟與有機薄膜電晶體低成本的優點也是主動式矩陣背板不容輕忽的技術。主動式薄膜電晶體藉由薄膜電晶體與電容的搭配設計,藉由設計不同畫素架構可以呈現出高亮度、大面積與高均勻性的薄膜電晶體背板,因此各大有機發光二極體面板製造廠商都朝向以主動式有機發光二極體顯示器來開發。

6.2 單晶矽電晶體

1947 年 J. Bardeen 發明電晶體(Transistor)[1]，1958 年 J. Kilby 發明積體電路(Integrated Circuit)[2]，1959 年 R. Noyce 發明單晶積體電路(Monolithic Integrated Circuit)[3]，1962 年 RCA 的 Paul K. Weimer 發明薄膜電晶體[4]。在矽晶圓上的 MOSFET 電晶體擁有極佳的元件特性與均勻度，符合有機發光二極體低操作電壓與高均勻性的嚴苛要求高。次微米 CMOS 設計對於解析度與系統積集度有不小的助益，同時提供了整合驅動電路與客戶產品導向設計的好處。以 0.28 吋 QVGA 解析度的微型顯示器為例，採用 3.3V 驅動，動態影像模式耗電量為 45mW，而靜態影像模式耗電量為 35mW[5]。由於矽晶圓不透光的特性使其侷限應用於上部發光架構，加上受限於矽晶圓面積，一般多應用於微型顯示器、小尺寸手機或攜帶式產品。

微型有機發光二極體顯示器(Tiled OLED Micro-displays)可製作於矽晶圓上，以多塊有機發光二極體面板並列成矩陣型，再藉由光學系統放大影像形成微型顯示器。可透過光學成像的特殊設計，將 OLED 影像投射至非平面面板(Non-Planar Apparent Image Plane)。由於微型光學系統的光效率不佳，會消耗相當多的能量，因此此類的微型有機發光二極體顯示器仍受到相當大的限制。

6.3 低溫複晶矽薄膜電晶體

矽(Silicon)是地球上僅次於氧蘊藏量第二多的元素，其結構為鑽石立方結構(Diamond Cubic Lattice)，依照結晶結構可分為單晶矽、非晶矽與複晶矽薄膜。表 6.1 列舉了各類顯示元件特性，其中低溫複晶矽(LTPS, Low Temperature Polysilicon)具備高解析度與整合系統電路的優點，作為主動式有機發光二極體的背板(Active Matrix Backplanes)具有絕對優勢。圖 6.1 顯示複晶矽薄膜電晶體等效電路，由於複晶矽天生的晶粒缺陷，使得低溫複晶矽薄膜電晶體電流與臨界電壓較不易獲得一致性的均勻度，嚴重阻礙面板畫面亮度之均勻性，特別對於高灰階數與大尺寸面板尤其重要。為了更有效率設計出高畫質的有機發光二極體面板，已經有相當多的複晶矽薄膜電晶體模型被提出，其中以 RPI 複晶矽薄膜電晶體模型參數最廣被使用，有興趣的讀者可參考附錄資料。

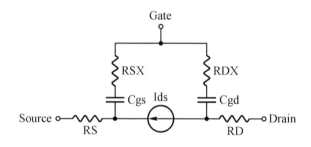

圖 6.1　複晶矽薄膜電晶體等效電路

　　圖 6.2 顯示低溫複晶矽與非晶矽薄膜電晶體特性，以 320×400mm 玻璃基板尺寸為例，非晶矽薄膜電晶體的導通電流均勻性約±6.7%，而低溫複晶矽薄膜電晶體導通電流均勻性則為±26%[6]。為了提高低溫複晶矽載子移動率與均勻度，必須要大的複晶矽晶粒並減少晶界(如圖 6.3 所示)，因此各項技術皆是以雷射將複晶矽操作於接近完全熔融區域。表 6.2 列舉高移動率結晶技術分類，目前各家廠商針對載子移動率與均勻度所開發出

量產型結晶技術有線束型準分子雷射結晶、循序性側向雷射結晶、固態雷射結晶與複合雷射結晶。

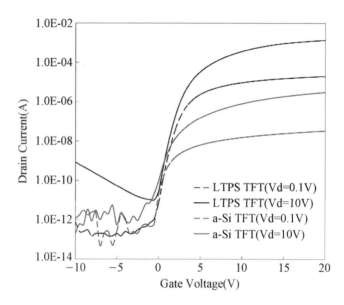

圖 6.2　複晶矽與非晶矽薄膜電晶體特性

表 6.1　顯示元件特性一覽表

項目	MOSFET	非晶矽薄膜電晶體	低溫複晶矽薄膜電晶體	氧化銦鎵鋅薄膜電晶體	低溫複晶氧化物薄膜電晶體	有機薄膜電晶體
製程溫度 (°C)	>800°C	<350°C	<550°C	<250°C	<550°C	<200°C
載子移動率 (cm2/v.s)	>250	0.5~1	>100	10~30	LTPS:>100 IGZO:10~30	0.1~2

表 6.1　顯示元件特性一覽表(續)

項目	MOSFET	非晶矽薄膜電晶體	低溫複晶矽薄膜電晶體	氧化銦鎵鋅薄膜電晶體	低溫複晶氧化物薄膜電晶體	有機薄膜電晶體
元件穩定性	高	低	中	低	高	低
元件均勻性	高	高	中	高	高	低
製程光罩數	>50(28nm)	4~5	P 型： 5~9 N 型： 8~11	上閘極： 7~8 下閘極： 4~5	上閘極 LTPS： 8~11 上閘極 IGZO： 7~8	4~5
製程成本	高	低	高	中	高	低

表 6.2　高移動率結晶技術分類

類別	結晶技術	晶粒大小	載子移動率	採用公司或單位	參考資料
雷射結晶型	脈波 XeCl 雷射	$0.3{\sim}1\mu m$	$236cm^2/V.S$	Toshiba、Sanyo	—
	脈波 KrF 雷射	$0.3\mu m$	$329cm^2/V.S$	Philips、Sanyo、Seiko Epson	[7]
	脈波 ArF 雷射	—	$440cm^2/V.S$	Sanyo	[8]
	連續波 Nd:YAG 雷射	$1.5{\times}20\mu m$	$300cm^2/V.S$	Sanyo	[9]
	脈波 Nd:YAG 雷射	$1{\times}2\mu m$	$202cm^2/V.S$	Mitsubishi、NTT、ULVAC	[10]
	連續波 Nd:YVO$_4$ 雷射(CLC)	$3{\times}20\mu m$	$566cm^2/V.S$	Fujitsu	[11]

表 6.2 高移動率結晶技術分類(續)

類別	結晶技術	晶粒大小	載子移動率	採用公司或單位	參考資料
雷射結晶型	連續波 Ar+雷射	60μm	130cm^2/V.S	Mitsubishi、Asahi Glass	[12]
	脈波 XeCl+Reticle Mask (SLS)	局部單晶	461cm^2/V.S	Columbia University、BOE HYDIS、Samsung、LG-Philips	[13]
	脈波 ELA+連續波 Nd:YVO$_4$ (SELAX)	0.4×100μm	460cm^2/V.S	Hitachi	[18]
金屬誘發結晶型	Ni MILC	—	121cm^2/V.S	Hong Kong University of Science and Technology	[14]
複合結晶型	MILC 脈波+XeF 雷射 (L-MILC)	—	180cm^2/V.S	Philips	[15]
	MILC+脈波 ELA 雷射 (CGS)	連續晶界	260cm^2/V.S	Sharp	[16]
	Ni MIC+RTP	100μm	—	Samsung	[17]

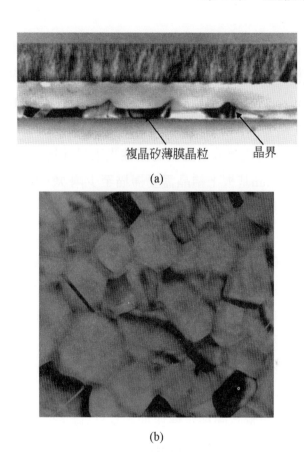

複晶矽薄膜晶粒　　　　晶界

(a)

(b)

圖 6.3　複晶矽晶粒與晶界

● 6.3.1　線束型準分子雷射結晶

束型準分子雷射(Line Beam Excimer Laser)具有小於1%能量飄移(Energy Deviation)，且瞬間高功率的能量使得非晶矽薄膜熔化並且快速地降溫凝固，在九○年代末期線束型準分子雷射導入低溫複晶矽量產製程中。透過適當的調整脈衝雷射能量密度、玻璃基板溫度、脈衝時間與掃描方向雷射覆蓋率(Laser Overlap)可以增加複晶矽薄膜的凝固時間。當能量密度或基板溫度愈高時，非晶矽薄膜的熔化深度愈深，並且平均凝固速率愈低。圖6.4顯示準分子雷射結晶設備示意圖，準分子雷射經過均勻器(Beam Homogenizer)與光學系統調變成線性光束雷射(Line Beam)型態，以掃瞄方式照射基板表面進行準分子雷射結晶(ELC, Excimer Laser Crystallization)。第四代準分子雷射的線性光束尺寸為0.4mm×465mm，在第四代920mm×730mm基板上結晶需要掃描至少兩次。低溫成膜的非晶矽含氫量高，當雷射照射結晶時溫度驟升，容易導致氫原子衝出造成薄膜破洞，因此非晶矽膜沉積後需要加入約500℃去氫烘烤 (Dehydrogenation)的步驟，使非晶矽膜的氫含量小於百分之三以下。非晶矽薄膜在N2或真空環境下吸收雷射能量而融化，在自然冷卻固化後薄膜結晶成為複晶矽，由於308nm波長的XeCl準分子雷射具有較佳的穩定性和非晶矽的高吸收係數，因此LTPS面板商多採用XeCl準分子雷射。

　　表6.3列舉了第四代雷射結晶參數，量產型ELA的雷射重複頻率(Repetition Rate)約為300Hz，其長軸的光束能量分佈均勻性需保持在±2%以下，且雷射輸出能量時間穩定性與抑制在5%以下的波峰變動。實務上為了減少製程時間與增加產能，短軸線性細型光束雷射(Thin Beam)漸成主流，細長型的XeF雷射具有約4K至6KHz的高重複頻率，第四代細型光束雷射結晶設備的光束尺寸為5μm×730mm，應用於第四代基板可一次掃瞄完整玻璃，無須分次分區掃描，整體生產時間可降低三倍多。

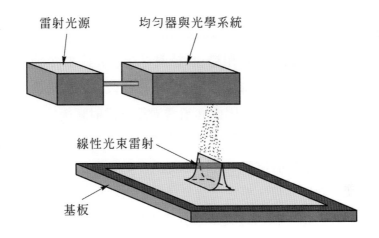

圖 6.4 準分子雷射結晶設備示意圖

表 6.3 第四代雷射結晶參數一覽表

雷射種類	JSW		TCZ		
	ELA	SLS	ELA	TDX	SLS
雷射波長(nm)	308nm(XeCl)	308nm(XeCl)	308nm(XeCl)	351nm(XeF)	308nm(XeCl)
雷射功率(W)	300	300	900	900	900
雷射重複頻率 (Hz)	300	300	6000	6000	6000
雷射條件	95% Overlap	15mm×2mm Mask	95% Overlap	1.5µm scan pitch	3.5µm step (No Mask)
製程時間(Sec)	240	155	120	100	45
產能 (sheets/hr)	12	18	22	25	42

　　圖 6.5 顯示線束型準分子雷射結晶表面粗糙度，雷射結晶後因晶粒邊界突起造成複晶矽表面非常粗糙，晶粒邊界突起導致 TFT 通道區域電場增強而導致元件漏電流及可靠度劣化。為了獲得較高的載子遷移率必須降低結晶缺陷與減少晶粒邊界，因此必須透過調整雷射脈衝能量密度、脈衝時間、脈衝重複頻率、雷射覆蓋率、玻璃基板溫度及材料的特性等各項因素來達成。另外，常見的電漿處理(Plasma Treatment)雖然能夠有效減少雷射退火後複晶矽缺陷密度，不過仍有其極限，因此提高複晶矽薄膜的結晶性才是根本解決之道。採用線束型準分子雷射結晶的代表廠商有 Toshiba、Sanyo、Seiko Epson、 Mitsubishi、Fujitsu、Samsung、LG-Philips 等。

圖 6.5　線束型準分子雷射結晶表面粗糙度

● 6.3.2　循序性側向雷射結晶

　　線束型準分子雷射結晶製程窗口(Process Window)相當狹窄，加上雷射本身的不穩定性，薄膜電晶體元件通道中的晶粒結構不同，很自然地元件特性也會跟著不同，因此低溫複晶矽薄膜電晶體的電特性十分不均勻。圖 6.6 顯示循序性側向雷射系統示意圖，1994 年哥倫比亞大學 James Im 教授於提出循序性側向結晶(SLS, Sequential Lateral Solidification)的概念

[13]，藉由雷射光罩(Reticle Mask)的設計，在 4 mm×15 mm 的結晶區域配合外在的輔助光罩產生溫度梯度，可控制晶粒成長方向、晶粒尺寸而形成局部單晶(如圖 6.7 所示)。表 6.4 比較循序性側向雷射結晶與線束型準分子雷射結晶產能，一般而言，傳統線束型準分子雷射結晶應用於 15 吋面板中需要使用到 50000 次雷射脈衝，而循序性側向雷射結晶僅需 3000 次脈衝，2003 年循序性側向雷射結晶導入低溫複晶矽量產製程中[13]。

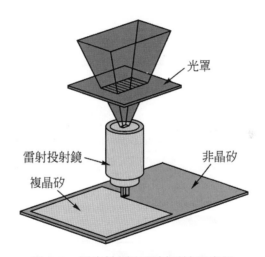

圖 6.6　循序性側向雷射系統示意圖

表 6.4　循序性側向雷射結晶與線束型準分子雷射結晶一覽表

種類	雷射線束尺寸	G2 基板尺寸: 370×470mm	G3.5 基板尺寸: 600×720mm	G4 基板尺寸: 730×920mm	G5 基板尺寸: 1150×1250mm
循序性側向雷射結晶	15×2.0mm	29.2sheet/hr	18.8sheet/hr	13.9sheet/hr	—
	25×1.5mm	—	—	17.7sheet/hr	9.9sheet/hr
線束型準分子雷射結晶	370×0.4mm	22.0sheet/hr	10.1sheet/hr	9.7sheet/hr	—
	465×0.4mm	—	—	11.8sheet/hr	5.6sheet/hr

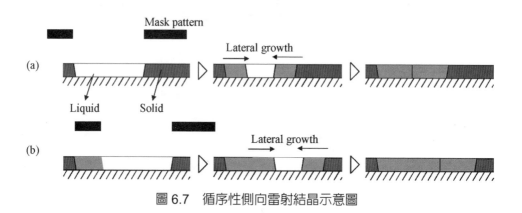

圖 6.7　循序性側向雷射結晶示意圖

● 6.3.3　固態雷射結晶

　　由於準分子雷射的壽命差且設備成本較高，因此藉由二極體激發式固態雷射(DPSS, Diode Pumped Solid State Laser)可以倍頻的技術產生價格較便宜的短波長雷射，諸如 Nd:YAG 固態雷射、Nd:YVO$_4$ 固態雷射等。利用

此二極體激發固態雷射可達到小於百分之一的高功率穩定性，同時提供比
準分子雷射與氣體雷射較佳穩定性、效率與可靠性。

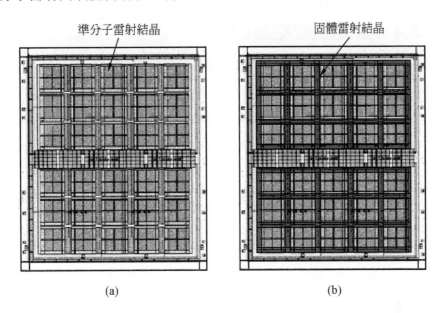

準分子雷射結晶　　　　　　　　　　固體雷射結晶

(a)　　　　　　　　　　　　　　(b)

圖 6.8　SELAX 雷射結晶示意圖

　　傳統複晶矽薄膜電晶體製作技術，是將面板上整片非晶矽薄膜進行雷
射退火後，再將大部分的矽薄膜蝕刻掉，只留下電晶體的複晶矽主動區
域，所以複晶矽主動區域所佔的面積比率是極小的。圖 6.8 顯示 SELAX
雷射結晶示意圖，第一階段使用線束型準分子雷射全面性結晶(如圖
6.8(a))，第二階段 SELAX 利用固態雷射在週邊驅動電路區域以選擇性結
晶的方式形成高品質的複晶矽薄膜(如圖 6.8(b))。由於僅針對電路所需的
區塊進行結晶性較佳的製程，可以有效提高能源利用率、降低製作成本

[18]。此外低溫化製作技術可以降低整體製程所需的熱預算，也是屬於綠色製程(Green Process)。

● 6.3.4 金屬誘發結晶型

準分子雷射結晶時間較短，但需要較高的機台成本與較複雜的製程，晶粒尺寸大多小於 1 微米。除了準分子雷射結晶外，目前以金屬誘導結晶(MIC, Metal Induced Crystallization)較為成熟，其中又以使用鎳誘發複晶矽的技術最廣為使用，其晶粒尺寸約可達到 1 微米，複晶矽成長速度大於 2.5 微米/小時。

金屬誘發結晶型以結晶結構區分又可分為金屬誘發結晶與金屬誘發側向結晶(MILC,Metal Induced Lateral Crystallization)[14]。金屬誘發結晶是利用矽化物往下誘發所得的結晶，只要在非晶矽薄膜上鍍覆上足夠的金屬就可以在短時間內使非晶矽薄膜完全結晶，但晶粒成長的時候受到周圍同時成長的晶粒影響，所能得到的結晶粒徑較小。反觀以金屬誘發側向結晶來誘發結晶，可在非晶矽薄膜的一端鍍覆金屬，靠著所形成的矽化物往另一端擴散來誘發結晶，以此法所得到的晶粒為長條形晶粒，顆粒較大，但是需等矽化物擴散才能得到整層的結晶薄膜，製程時間較長。以鎳金屬誘發為例，$NiSi_2$ 晶格常數為 0.5406nm，而矽晶格常數為 0.5430nm，兩者因晶格常數不同所產生的晶格不匹配僅有 0.4％，因此 $NiSi_2$ 相當適合作為誘發結晶的晶核。以 $NiSi_2$ 作為矽結晶的晶種，降低非晶矽結晶所需的能障，使得結晶溫度降低。在熱處理時，金屬覆蓋下的非晶矽反應生成多晶矽，再以這些多晶矽為晶種進行側向結晶，在 Si 薄膜上選擇性鍍覆 Ni 可以誘發金屬覆蓋區以外的地方結晶。因此金屬的含量很低，且能獲得較大的結晶晶粒。

多項影響側向結晶速率與品質的因素，包含了非晶矽薄膜的厚度、結晶時退火的溫度、非晶矽薄膜的微結構狀態、金屬沉積區域的圖樣形狀及大小、金屬沉積的厚度以及金屬沉積區域距離元件通道的遠近與位置、外加輔助電場均會影響到複晶矽薄膜電晶體的特性。另外，考量到金屬汙染的因素，除了減低金屬厚度之外，以特定比例 HNO_3/HCl 溶液做後處理以來減低金屬殘留於矽薄膜中之含量也是不可或缺的步驟。

● 6.3.5 複合結晶型

複合結晶型是結合金屬誘導側向結晶及準分子雷射退火結晶或金屬誘導側向結晶及快速熱退火製程來形成結晶性佳之大晶粒複晶矽薄膜。鎳金屬誘導側向結晶用來形成大晶粒但結晶性差之複晶矽薄膜，而後續的準分子雷射退火則用來降低晶粒裡的缺陷。利用此一方式所製作出之低溫複晶矽薄膜電晶體具有 $300cm^2$/V.s 以上的場效載子移動率，且具高度的均勻性，代表性廠商為 Sharp[16]。另外一類為使用鎳金屬誘導側向結晶與快速熱退火製程方式，以 RF 濺鍍密度約 $10^{13}cm^{-2}$ 至 $10^{14}cm^{-2}$ 的鎳金屬微粒散佈於 SiO_2 上，其結晶後的平均晶粒尺寸可達 100 微米，代表性廠商為 Samsung[17]。

● 6.3.6 光罩縮減製程

圖 6.9 顯示低溫複晶矽薄膜電晶體之製造流程，其使用的光罩數比非晶矽製程多三至五道，導致生產的循環時間(CT, Cycle Time)長。藉由微影蝕刻製程的減少，除了材料成本的降低外，對於製造循環時間、製造產能與人力配置都有直接的助益，因此各個面板廠紛紛致力於光罩縮減及精簡製程步驟的開發。表 6.5 列舉常見的低溫複晶矽光罩縮減技術，目前縮減

光罩區分爲高階產品應用與低階產品應用。高階產品應用採用 CMOS 製程，其設計重點在於系統的整合度與功能性。一般的上部閘極 CMOS 製程多爲八至九道光罩，透過離子植入與接觸窗口的特殊設計可降到六道至七道光罩。而低階產品應用採用上部閘極 PMOS 製程，其設計重點在於生產步驟的降低，因此將 N 型薄膜電晶體的 N+區域、LDD 區域捨去，大幅減少光罩使用與製程步驟。以 LG 共面導線內埋型(BBC, Buried Bus Coplanar)的五道光罩 PMOS 製程爲例，藉由特殊薄膜電晶體結構與純 P 型電路的設計來彌補低整合性的缺點，整體成本較傳統八道光罩製程節省約百分之三十，而五道光罩的低溫複晶矽技術已與非晶矽所使用的光罩數相同，卻同時擁有低溫複晶矽的高解析度與少驅動 IC 的優勢。

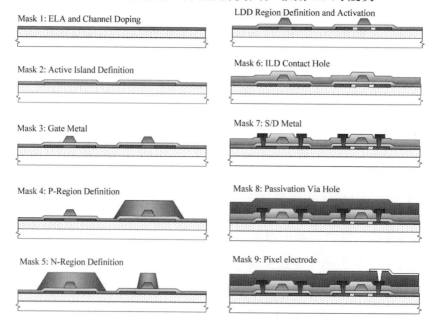

圖 6.9 低溫複晶矽薄膜電晶體之製造流程

表 6.5 低溫複晶矽光罩縮減技術一覽表

技術分類	使用光罩數	公司/單位	製程步驟 Channel Doping	Active Layer (Island)	Gate metal (N Region)	LDD Define	Gate Metal (P Region)	ILD Contact Hole	S/D Metal	Passivation Via Hole	Pixel Electrode	關鍵製程
上部閘極 CMOS 製程	9-Mask	TMD	O	O	O	O	O	O	O	O	O	
	8-Mask	TMD	×	O	O	O	O	O	O	O	O	• 省略 Channel Doping
	7-Mask	Samsung	×	O	O	×	O	O	O	O	O	• LDD 使用 Gate CD Loss 方式
	6-Mask	Samsung	×	O	O	O	O	O	O	×	O	• 無 Passivation Layer 結構
	6-Mask	LG-Philips	×	O	O	×	O	O	O	×	O	• 省略 Channel Doping • Gate Mask 使用 Diffractive Exposure • LDD 使用 Gate CD Loss 方式
上部閘極 PMOS 製程	7-Mask	Samsung	×	O	×	O	O	O	O	O	O	• 省略 Channel Doping 與 P 區域定義
	6-Mask	TPO/AUO	×	O	×	×	O	O	O	O	O	• 省略 LDD Doping 定義
	5-Mask	Samsung	×	O	×	×	O	O	O	×	O	• 無 Passivation Layer 結構
	5-Mask	LG-Philips	×	O	×	×	O	O	O	×	O	• 使用共面導線內埋型結構 • Contact Hole 與 Via Hole 共用光罩
	4-Mask	LG-Philips	×	O	×	×	O	O	O	×	×	• Gate 與 ITO 共用光罩 • Contact Hole 與 Via Hole 共用光罩

6.4 非晶矽薄膜電晶體

　　縱使低溫複晶矽薄膜電晶體背板擁有眾多的優點，但其高成本、低良率與大面積門檻高的限制，使得其他主動驅動元件也有其一片天空。P. G. Lecomber 在 1979 年發表氫化非晶矽薄膜電晶體，1998 年使用非晶矽薄膜電晶體驅動有機發光二極體的概念被提出。但由於非晶矽元件的電流較低，欲驅動有機發光材料較困難，直到 2003 年實際產品才問世。

　　圖 6.10 顯示非晶矽薄膜電晶體畫素示意圖，非晶矽薄膜電晶體驅動有機發光二極體的均勻性為低溫複晶矽薄膜電晶體的四倍，大面積化容易且良率高。惟非晶矽薄膜電晶體的電容耦合效應較嚴重，且其載子遷移率與電流密度與低溫複晶矽相差約兩個數量級，非晶矽薄膜電晶體驅動的寬長比設計約低溫複晶矽的八倍，欲驅動高亮度有機發光二極體所需的電壓較高與較大的元件，通常以非晶矽薄膜電晶體所設計的畫素元件寬度需大於 100 微米，佔去畫素極大的面積且不利於下部發光的設計。畫素電流(I_{pixel})可表示為(6.1)式。

$$I_{pixel} = \frac{3p^2 L_{max}}{\eta} \quad\text{.. (6.1)}$$

根據薄膜電晶體的電流公式(6.2)與(6.3)式

$$I_{pixel} = \frac{W}{L} \mu C_{ox} (V_{gs} - V_{th})^2 \quad\text{... (6.2)}$$

$$W = \frac{6 L_{max} p^2 L}{\eta W \mu C_{ox} (V_{gs} - V_{th})^2} \quad\text{... (6.3)}$$

其中 L_{max} 為有機發光二極體最大亮度、η 為有機發光二極體之電流效率、

W 為通道寬度、L 為通道長度、μ 為載子移動率。隨有機發光二極體亮度的提升，非晶矽薄膜電晶體所需通道寬度驟增，薄膜電晶體佈局面積增加，不利於下部發光型有機發光二極體結構。圖 6.11 顯示非晶矽薄膜電晶體等效電路，為了將非晶矽薄膜電晶體導入有機發光二極體面板設計中，已經有相當多的非晶矽薄膜電晶體模型被提出，其中以 RPI 非晶矽薄膜電晶體模型參數最廣被使用，有興趣的讀者可參考附錄資料。

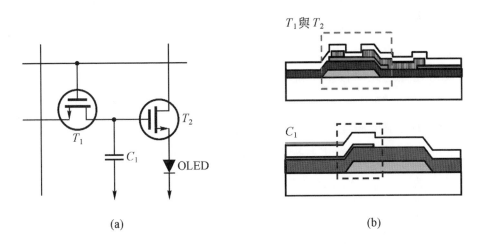

圖 6.10　非晶矽薄膜電晶體畫素示意圖

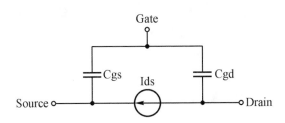

圖 6.11　非晶矽薄膜電晶體等效電路

● 6.4.1 光罩縮減製程

　　圖 6.12 顯示非晶矽薄膜電晶體光罩縮減製程,傳統非晶矽薄膜電晶體背板需要五道光罩製程(圖 6.12(d)),依序為 PEP1 閘極定義、PEP2 非晶矽島定義、PEP3 源極與汲極定義、PEP4 接觸孔定義與 PEP5 透明導電電極定義。目前較成熟的光罩縮減製程著重於非晶矽島與源極/汲極定義合併為一道,要將島狀(Island)主動區與第二金屬層合併在同一黃光製程中完成,意味了必須在一次黃光製程中同時定義兩層之圖案。此時藉由微影製程形成多重厚度的光阻即是關鍵。其基本原理是應用光罩之通光量的變化,使得在經過光學投影系統的曝光後塗佈在晶片上的光阻得到曝光強度在不同位置上的分佈,因此在光阻中的感光化合物(PAC, Photo Active Compound)的濃度將產生對應光強度分布的濃度分布,再經過顯影後,基板上的光阻就會依感光化合物濃度的分佈而產生多重厚度的光阻圖案。

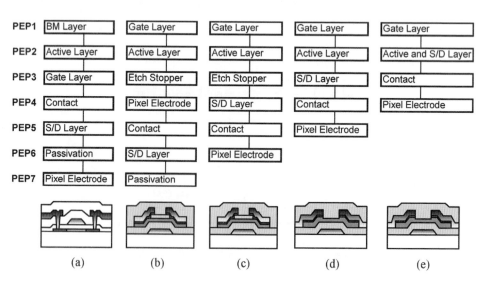

圖 6.12　非晶矽薄膜電晶體光罩縮減製程

表 6.6　非晶矽薄膜電晶體光罩縮減技術一覽

類別	製程光罩數	改善技術	載子移動率	採用公司或單位	參考資料
Bottom Gate BCE 結構	4-Mask	狹縫型光罩微影技術	—	LG-Philips、Samsung	[19]
	4-Mask	半色調型光罩微影技術	—	BOE Hydis	[20]
	4-Mask	半色調型光罩微影技術搭配二次顯影(Redevelopment)或化學溶劑回流(Chemical Re-flow)製程	—	NEC	[21]
	4-Mask	多重曝光(Two-Step -Exposure)微影技術	$0.74cm^2$/V-sec	ERSO/ITRI	[22]
Bottom Gate BCE FFS 結構	4-Mask	灰色調型光罩微影技術	—	BOE Hydis	[23]
Bottom Gate FSA 結構	4-Mask	背面曝光搭配光阻剝離(Lift-off)製程	$0.58cm^2$/V-sec	Michigan University	[24]

　　表 6.6 列舉了常見的非晶矽薄膜電晶體光罩縮減技術，實務上光罩縮減技術多採用狹縫型光罩(Slit Mask)、半色調型光罩(Half-Tone Mask)或灰色調型光罩(Gray-Tone Mask)搭配光學設備曝光能量。藉由預先設定好的厚薄光阻膜厚，較厚的光阻部分定義出非晶矽島區，搭配光阻灰化製程將較薄的光阻移除而形成源極與汲極區。然而隨著光罩尺寸越大，光罩加工的精密度控制與均勻度越不易，特別是半色調型光罩、灰色調型光罩與狹

縫型光罩等特殊光罩，其單一光罩價格成本約爲一般光罩的兩倍以上，因此光罩成本需一併納入營運成本(Running Cost)的考量中。

● 6.4.2　半色調型光罩

傳統平面顯示器用光罩大致分爲硬面鉻膜光罩(Hard-Surface Chromium Mask)與抗反射鉻膜光罩(Antireflective Chromium Mask)。硬面鉻膜光罩使用玻璃或石英上鍍鉻，而抗反射鉻膜光罩爲了降低光罩反射率並提高解析度，因此在石英玻璃上鍍上約約 100nm 之不透光鉻膜及約 20nm 的氧化鉻(Cr_2O_3)等抗反射層來減少反射光。

圖 6.13 顯示半色調型光罩示意圖，半色調型光罩是利用光的相位改變 180 度，藉由相位疊加後的電場高低亦可形成高低落差的光阻型態。半色調型光罩可藉由旋佈玻璃(SOG, Spin-On-Glass)相移層(Shifter)、石英蝕刻厚度差相移層或嵌附式吸收相移層(Embedded Absorptive Shifter)產生 180 度的相位差。

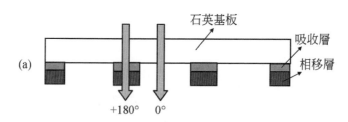

圖 6.13　半色調型光罩示意圖

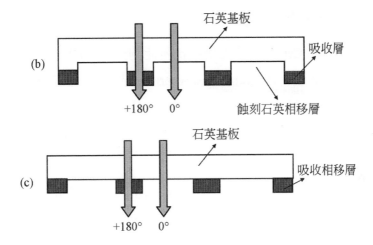

圖 6.13　半色調型光罩示意圖(續)

● 6.4.3　灰色調型光罩

圖 6.14 顯示灰色調型光罩示意圖，灰色調型光罩是藉由曝光、顯影與剝脫(Lift off)技術於光罩表面製作灰階結構，因此曝光時光罩上各部位的穿透率不同以產生高低落差的光阻型態。

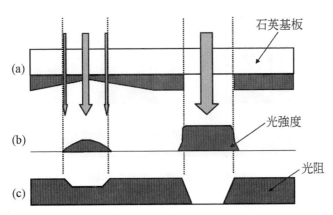

圖 6.14　灰色調型光罩示意圖

● 6.4.4　狹縫型光罩

根據 Rayleigh Criterion，光學系統所能夠分辨出的最小寬度與光的波長成正比，而與數值孔徑(Numerical Aperture)成反比。此最小寬度(或稱之解析度)如公式(6.4)所示。

$$R = \frac{k_1 \lambda}{NA}$$ .... (6.4)

其中 λ 為曝光的光波長，NA 為數值孔徑。圖 6.15 顯示狹縫型光罩示意圖，當光罩開口區域於此解析度即所謂的繞射極限(Diffraction Limit)，狹縫型光罩是根據繞射原理行經不同相鄰透光區之光線，其影像會因繞射效應而互相干涉，當兩個影像重疊超過一定程度時，強度變化將變弱。藉由設計狹縫區的光罩解析度小於 R，而非狹縫區的光罩解析度大於 R，因此光柵密度設計形成高低落差的光阻型態(Profile)。

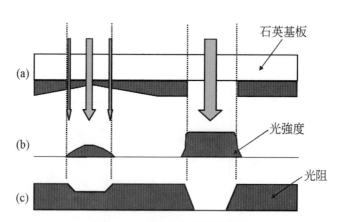

圖 6.15　狹縫型光罩示意圖

● 6.4.5　載子移動率

　　爲了提高非晶矽薄膜電晶體於有機發光二極體背板的實用性，提高載子移動率是首要開發重點。表6.7列舉了提高移動率非晶矽薄膜電晶體的相關技術，其中以氫化與微晶矽技術較爲成熟。氫化非晶矽薄膜在連續波沉積條件下，提高氫氣稀釋比(SiH_4/H_2)、降低RF射頻功率、以及降低製程反應室壓力可以增加載子移動率[25]。1974年Lewis等人證實了氫原子可以填入矽之懸浮鍵的位置，而於含氫非晶矽中因氫原子填入了非晶矽的懸浮鍵中，使得深層能階中的再結合中心減少[26]，而有助於提高載子移動率。

表 6.7　高載子移動率非晶矽薄膜電晶體技術一覽

類別	改善技術	載子移動率	漏電流	採用公司或單位	參考資料
Bottom Gate CHP 結構	Thinner a-Si:H	1.2cm^2/V-sec (V_{ds}=25V)	~1pA (V_{ds}=10, V_{gs}=－10V)	Penn State University	[27,28]
Bottom Gate BCE 結構	低本質非晶矽成膜率搭配薄主動層	0.63cm^2/V-sec (V_{ds}=10V)	9.3pA (V_{ds}=10, V_{gs}=－15V)	OIS	[29]
	PECVD 微晶矽	5.62cm^2/V-sec (V_{ds}=10V)	100pA (V_{ds}=10, V_{gs}=－5V)	Samsung、Nissin Electric	[30,31]
	HWCVD 微晶矽	0.74cm^2/V-sec (V_{ds}=0.2V)	5pA (V_{ds}=0.2, V_{gs}=－5V)	Utrecht University、INESC	[32]
	SiNx/BCB Planarized Gate Insulators	0.944cm^2/V-sec (V_{ds}=10V)	1pA (V_{ds}=10, V_{gs}=－10V)	Kyung Hee University	[33]

表 6.7　高載子移動率非晶矽薄膜電晶體技術一覽(續)

類別	改善技術	載子移動率	漏電流	採用公司或單位	參考資料
Bottom Gate BCE 結構	以 Cl_2 乾式蝕刻 Back-Channel 取代 CF_4/O_2 乾式蝕刻	$0.65cm^2/V\text{-}sec$ (20%↑) (V_{ds}=10V)	0.5pA (V_{ds}=10,V_{gs}= −15V)	OIS	[34]
Top Gate 結構	Thicker a-Si:H	$0.75cm^2/V\text{-}sec$ (V_{ds}=0.1V)	0.2 pA (V_{ds}=0.1)	Michigan University	[35]
	微晶矽表面通道	$0.98cm^2/V\text{-}sec$ (V_{ds}=20V)	11pA (V_{ds}=20,V_{gs} =−10V)	Philips	[36]

● 6.4.6　微晶矽薄膜

　　微晶矽薄膜第一次發表於1968年[37]，微晶矽(如圖6.16(b)所示)的薄膜特性介於非晶矽及複晶矽(如圖6.16(a)所示)之間，其微晶矽成膜模型可藉由表面擴散(Surface Diffusion Model)[38]、選擇性蝕刻(Selective Etching Model)[39]或化學回火(Chemical Annealing Model)[40]模型來解釋。一般可藉由電漿輔助化學氣相沉積(PECVD)[30,31]或熱線式化學氣相沉積(HWCVD, Hot-Wire CVD)的方式大面積成膜。圖6.17顯示微晶矽結晶狀態與SiH_4/H_2比之相關性，藉由電漿輔助化學氣相沉積系統沉積微晶矽薄膜，藉由改變氫氣與矽甲烷(H_2/SiH_4)的流量比例、射頻功率的大小、沉積壓力等製程參數可形成約80~120nm晶粒(Grain Size)的微晶矽薄膜(如圖6.16(b)所示)。當調變氫氣與矽甲烷流量比時，通入適當比例的氫氣參與反應時，氫原子能協助形成較強的矽-矽鍵結，而在成核點移除較弱的矽-矽鍵結。

而過量的氫氣比例會因蝕刻作用使得矽原子呈現不規律排列(Disorder)，因此降低了矽薄膜的結晶性。由於低能隙氫化微晶矽薄膜具有較高的傳導率以及結晶化程度較大的薄膜結構，因此可以有效地提升元件的導通電流及載子移動率。然而傳統電漿輔助化學氣相沉積成膜不易控制薄膜的氫含量且容易存在結晶晶粒不均、摻雜非晶矽比例、微孔洞(Micro-Void)等現象。

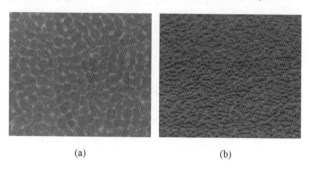

(a)　　　　　　　　　　(b)

圖 6.16　低溫複晶矽與微晶矽薄膜之 SEM 俯視圖

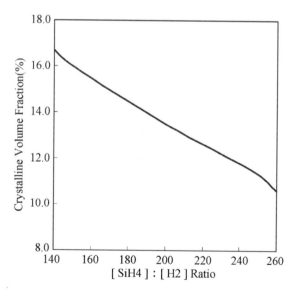

圖 6.17　微晶矽結晶狀態與 SiH_4/H_2 比之相關性

　　根據表面擴散模型來解釋，若反應生成粒子有較佳的移動能力與較長的停留時間，因此微晶矽薄膜的結晶性會較高。實務上電漿輔助化學氣相沉積以 450℃ 的高溫成膜會造成較多的自由鍵，增加了反應氣體留在薄膜表面的機率，因此短暫停留效應與低氫原子覆蓋率的機制造成微晶矽薄膜結晶性下降。HWCVD 提供相當的電子溫度，有效降低反應生成粒子的擴散能障，使得反應生成粒子容易移動而形成結晶相。

● 6.4.7　臨界電壓

　　非晶矽薄膜因其中含氫量的多寡及製程條件，使得非晶矽薄膜中會含有微細晶粒的存在。圖顯示 6.18 非晶矽能階示意圖，非晶矽深層能階中存有因懸浮鍵 (Dangling Bonds) 所造成的再結合中心 (Recombination Center)。1974 年 A.J. Lewis 首先證實了氫原子可以填入矽之懸浮鍵的位置，而於含氫非晶矽中因氫原子填入了非晶矽的懸浮鍵中，使得深層能階中的再結合中心減少，因此降低載子被再結合的機會[26,41]，因此臨界電壓分佈亦會較收斂。

　　非晶矽薄膜電晶體應用於 AMOLED 長期處於直流與交流電壓下，容易產生臨界電壓飄移(Threshold Voltage Shift)與導通電流衰減。臨界電壓飄移是由電荷捕捉(Charge Trapping)與缺陷態產生(State Creation)這兩種不同的機制所造成。當非晶矽具有較高缺陷密度與高氮含量的氮化矽(Si-Rich SiNx)之閘極層時，在長時間負向電壓應力下會出現反轉現象，也就是臨界電壓飄移會從正向偏移轉換成負向飄移。若缺陷密度(DOS, Density of Defect States)較低時，此時只有負向臨界電壓偏移之出現。這種臨界電壓偏移轉換現象主要是由於電荷捕捉與缺陷態產生相互作用的結果[42]。

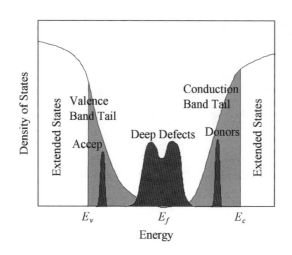

圖 6.18　非晶矽能階示意圖

　　當在溫度與光照的催化下，會有較大的臨界電壓與次臨界電壓飄移，其部分原因來自於熱加成與光激發所產生的多餘載子所引發的缺陷能態生成所形成的結果。

　　另外非晶矽薄膜的光導係數較高，因此非晶矽薄膜電晶體在可見光波長的照射環境下易產生高的光致漏電(Photo-leakage Current)。實務上可用內縮式非晶矽島(Island-In)畫素結構、光屏蔽結構、整合型黑色矩陣(Integrated Black Matrix)結構或利用氮化矽薄膜所形成的通道保護(CHP, Channel-Passivated)結構來避免非晶矽薄膜特性因照光而衰退。然而近來縮減光罩的趨勢下，絕大多數非晶矽畫素採用背通道蝕刻(BCE, Back-Channel-Etched)結構，因此實務上仍多採用內縮式非晶矽島畫素結構或光屏蔽結構設計。

● 6.4.8 源極驅動電路縮減

非晶矽面板窄框化與輕量化可朝向外部零組件縮減與內部電路設計最佳化著手，透過無閘極區印刷電路板的設計(Gate PCB-less Design)將掃描驅動側的印刷電路板與軟性電路板(FPC, Flexible Printed Circuit)的線路轉移至陣列背板線路(WOA, Wring on Array 或稱爲 LOG, Line on Glass)，同時搭配閘極端軟膜覆晶(COF, Chip On Film)或玻璃覆晶(COG, Chip on Glass)封裝內時脈的串聯，可使得系統電路連接點減少，大幅縮減邊框使用空間與整體重量。

表 6.8 顯示驅動 IC 與面板解析度之相關性，OLED 面板的驅動 IC 使用數量是依據面板解析度與 IC 輸出通道而定。以 WXGA(1366×768)解析度的面板爲例，使用 128 輸出通道的閘極驅動 IC 需要六顆，384 輸出通道的源極驅動 IC 需要十一顆。而改用 400 輸出通道的閘極驅動 IC 僅需兩顆，720 輸出通道的源極驅動 IC 僅需六顆。然而驅動 IC 的輸出數增加，會增加裸晶面積、封裝導線數目與 IC 測試時間，使得單顆驅動 IC 的成本上升。九零年末期，IBM 提出以內建多工器(MUX, Multiplexer)面板設計來因應高解析度面板的限制。當導入三比一的源極端多工器設計，將源極外部導線減少三分之二，所需的驅動 IC 大幅縮減三分之二，因此 IC 貼附製程時間大幅縮短，同時重工與不良率亦同時下降。而這類的設計概念同時也廣泛應用於整合度不高的第一代的低溫複晶矽技術中。

表 6.8　驅動 IC 與 OLED 面板解析度之相關性

解析度	閘極端驅動 IC				源極端驅動 IC			
	128通道	200通道	258通道	400通道	384通道	432通道	642通道	720通道
CIF(352×288)	3	2	2	1	3	3	2	2
VGA(640×480)	4	3	2	2	5	5	3	3
WVGA(800×480)	4	3	2	2	7	6	4	4
XGA(1024×768)	6	4	3	2	8	8	5	5
WXGA(1366×768)	6	4	3	2	11	10	7	6
FHD(1920×1080)	9	6	5	3	15	14	9	8

● 6.4.9　閘極驅動電路整合

　　隨著非晶矽薄膜電晶體載子移動率的提高與穩定的臨界電壓特性，使得整合非晶矽閘極驅動電路(GOA, Gate Driver on Array，亦被稱為 ASG, Amorphous Silicon Gate 或 GIP, Gate Driver in Panel)大量使用於非晶矽 AMOLED 面板中。閘極驅動電路包含移位暫存器(Shift Register)、電位轉換器(Level Shifter)和輸出緩衝器，而移位暫存器的主體架構為串聯的正反器，正反器的輸出連接至下一個正反器的輸入端，所有正反器接收共同時脈，使資料由一級移位到下一級。圖 6.19 顯示非晶矽整合閘極驅動電路示意圖，湯瑪生電路是目前最普遍的非晶矽整合閘極驅動架構，其輸入端起始訊號開啟 Q1 與 Q5 薄膜電晶體，同時時脈 C3 開啟 Q2 薄膜電晶體而連帶開啟 Q3，因此 P2 維持於低電位(Q6 關閉)，此時輸出端的訊號與 C1 同。當下一個 C3 脈衝時，開啟 Q2 並將 P2 為準拉升至高低電位(Q6 開啟)，此時輸出端的訊號與 VSS 同。湯瑪生電路架構雖然簡單，但卻需要三組獨立的時脈訊號來觸發，每一級移位暫存器需使用到其中兩組，驅動略顯複雜並易受到時脈延遲而功能失效。鑒於此各家面板廠均朝向高效能閘極整合電路設計與強健型的薄膜電晶體研究。以友達光電的整合閘極驅動電路為例，其採用雙時脈設計，藉由兩組下拉型(Pull-Down)電路將長時間的直流訊號轉換爲低工作周期的交流訊號，因此減緩了薄膜電晶體的導通電流退化，這類單一極性的驅動架構也常應用於純 N 型或純 P 型的低溫複晶矽面板設計。

圖 6.20 顯示各個世代非晶矽整合閘極驅動電路的設計，第一代的GOA 設計純粹將閘極驅動電路取代外貼驅動 IC 架構(如圖 6.20(a)所示)，源極驅動 IC 保持不變，不僅能夠容許面板以玻璃中心對稱架構方式設計，同時還能讓 OLED 面板的邊框變得更小。第二代的 GOA 藉由分時多工概念將源極驅動 IC 數目減半(如圖 6.20(b)所示)，然而須搭配兩倍的閘極端線路驅動，閘極訊號充電時間也縮減二分之一。第三代的 GOA 架構則是將 RGB 畫素由垂直排列改爲水平排列，閘極端線路增加三倍，閘極訊號充電時間也縮減爲傳統架構的三分之一。由於源極端的線路減少三倍，因此驅動 IC 數目減少三分之一。圖 6.20(c)顯示使用第三代 GOA 架構的WXGA 解析度面板，閘極端電路增加至 2304 條，源極端電路僅 1366 條，因此使用 720 輸出通道的源極驅動 IC 僅需 2 顆。

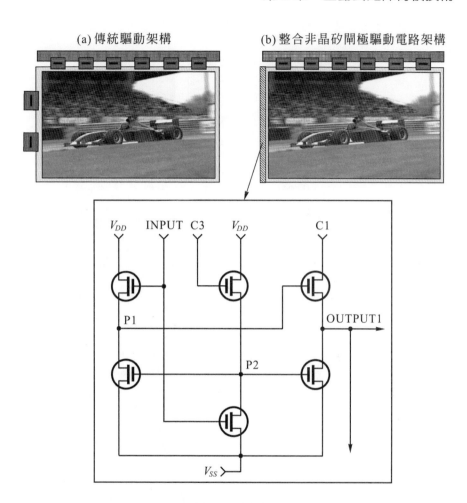

(a) 傳統驅動架構　　　　(b) 整合非晶矽閘極驅動電路架構

圖 6.19 非晶矽整合閘極驅動電路示意圖

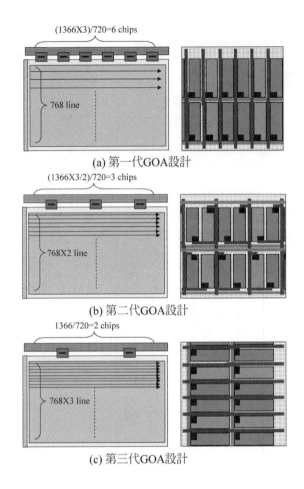

(a) 第一代GOA設計

(b) 第二代GOA設計

(c) 第三代GOA設計

圖 6.20 非晶矽整合閘極驅動電路各世代設計

6.5 有機薄膜電晶體

　　過去半導體技術多以單晶矽 (Single-Crystal Silicon) 與非晶矽 (Amorphous Silicon)為主要研究課題，直到 1977 年 H. Shirakawa 等人發現

導電高分子[43]，1986 年 A. Tsumura 利用電化學聚合的方式成膜 Ploythiophene 形成第一個有機薄膜電晶體(OTFT, Organic Thin Film Transistor)，其載子移動率約 $10^{-5}\text{cm}^2/\text{V.s}$[44]。1999 年 IBM 以五環素 (Pentacene)為半導體層，經由更改閘極絕緣材料，其載子移動率約 $0.6\text{cm}^2/\text{V.s}$[45]。

　　有機薄膜電晶體是由有機共軛高分子或寡分子材料為主動層，其效能雖不及傳統 MOSFET 元件，但已與非晶矽薄膜電晶體的水準相提並論。傳統半導體製程常需要數以百計的流程，在製程曠日費時，雖具高效率與性能，卻也會產生出不少環保問題。相較之下，有機薄膜電晶體以有機材料取代矽晶圓，藉由旋轉塗布(Spin Coating)、噴墨(Ink Jet Printing)、轉印、網版(Screen Printing)或微接觸印刷(Micro-Contact Printing)等技術製作出元件與電路。Princeton University 採用 P3HT(poly(3-hexylthiophene)做為印泥，利用奈米壓印技術作出最小線寬達 70nm 的薄膜電晶體[46]。

● 6.5.1　有機主動層

　　金屬材料能隙非常小，因此在室溫環境下價電帶的電子即很容易跳至導電帶而傳導。而絕緣體材料之能隙高度很大，在室溫環境下價電帶內的電子幾乎無法跳至導電帶進行傳導因而無法導電。無機半導體原子間藉由強共價鍵結，交互作用力強，因此載子在此類無機半導體中的移動可視為高度不定域化的平面波行為，具有較高的載子移動率。然而有機半導體分子間的作用力微弱，可以形成的能帶也就有限因此載子移動率相對較低。

　　圖 6.21 顯示常見的有機半導體化學分子結構，有機半導體材料可分為小分子(Small Molecular)、高分子(Polymer)與有機金屬錯合物(Complex)

三類，目前以 Pentacene 是最常被採用之小分子有機半導體材料，其可在
80～100℃ 的溫度下直接蒸鍍，在高溫下成長有著較好的結晶性與較大
的晶粒，同時隨著 Pentacene 的純度越高，有機薄膜電晶體載子移動率及
開關電流比也就越高 [47]。表 6.9 列舉常見有機薄膜電晶體特性，目前
主要的高分子有機半導體材料有 Dihexyl-hexithiophene (DH6T)、
Dihexyl-quaterthiophene(DH4T)[48]、Dihexylanthra-dithiophene(DHADT)、
Poly(3-hexythiophene)(P3HT)[49]、 Poly-9(9dioctylfluorene-co-bithiophene)
(F8T2)[50]等。其中 P3HT 因在大氣的環境下較為穩定且載子移動率已可
與非晶矽薄膜電晶體媲美。

表 6.9 有機薄膜電晶體特性一覽表

類別	有機主動層	閘極絕緣層	閘極端	源/汲極端	移動率 cm2/v.s	採用公司或單位	參考資料
上部接觸結構	Pentacene	SiO$_2$	Ni	Pd	0.45	Pennsylvania State University、Sarnoff	[51]
	Pentacene	PVP	Al	Au	1.2	Dong-A University	[52]
	Pentacene	PVP	PEDOT	NiOx	0.25	Yonsei University	[53]
	Pentacene	PVP-TiO$_2$	Al	Au	0.18	Hongik University、California University	[54]

表 6.9　有機薄膜電晶體特性一覽表(續)

類別	有機主動層	閘極絕緣層	閘極端	源/汲極端	移動率 cm2/v.s	採用公司或單位	參考資料
上部接觸結構	Pentacene	SiO$_2$ /PVA /PMMA	N$^+$-Si	Au	1.8	Seoul National University	[55]
	Pentacene	Ta$_2$O$_5$	Ta	Au/Cr	0.5	NHK	[56]
	Perfluoropentacene	SiO$_2$	N$^+$-Si	Au	0.22	NHK	[57]
下部接觸結構	Pentacene	PVP /OTS	Ag	Ag	0.13	Sony	[58]
	Pentacene	SiNx/BCB	Mo/Al Nd	ITO	0.09	LG-Philips	[59]
	Pentacene	BCB/ polysilicon -acrylate with titanium complex	MoW	Au	0.3	Samsung	[60]
	Pentacene	Polysirazane	Cr	Au/Cr	0.39	Hitachi	—
	Pentacene	SiO$_2$	Cr	Ag	0.02	Hitachi	[61]
	Pentacene	SiO$_2$	N$^+$-Si	Ni/Au	0.04	Seoul National University、Paderborn University	—

表 6.9　有機薄膜電晶體特性一覽表(續)

類別	有機主動層	閘極絕緣層	閘極端	源/汲極端	移動率 cm2/v.s	採用公司或單位	參考資料
下部接觸結構	Pentacene	Ta$_2$O$_5$	Ta	Au/Cr	0.3	NHK	[62]
	Pentacene	ZrO$_2$	Au	Au	0.66	KIST	[63]
	Pentacene	Polyimide	ITO	ITO	—	ITRI	—
	Pentacene	BZN/parylene	Cr	Au	0.2	LG Electronics	[64]
	Pentacene	HfSi$_x$O$_y$	Ti/Au	Au		South University	—
	Pentacene	PHS	ITO	—	0.31	Dupont	—
	Pentacene	PVP	AlNd	Au/Cr	0.98	Kyung Hee University	—
	F8T2	SiNx/BCB	Cr	ITO	0.005	Michigan University	[50]
	DH4T	PVP	AlNd	Au/Cr	0.015	Kyung Hee University	[48]

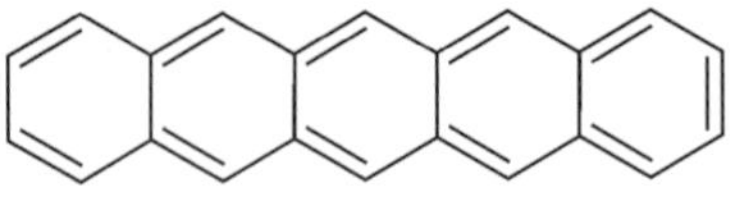

(a) Pentacene

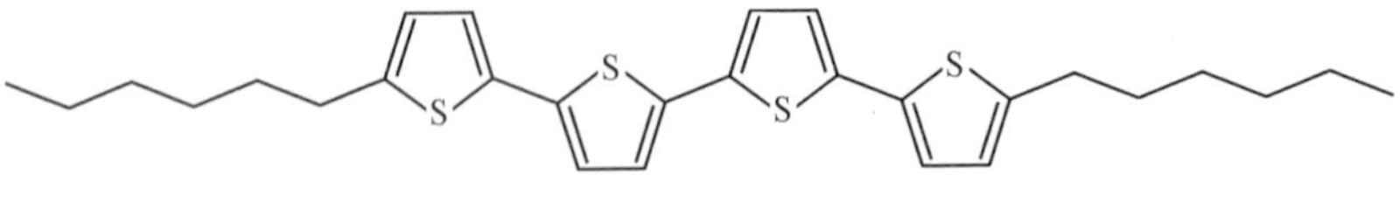

(b) Dihexylquaterthiophene(DH4T)

圖 6.21　有機半導體化學分子結構

　　大部分的 N 型有機薄膜電晶體對於氧氣與水氣相當敏感,因此目前仍以 P 型有機薄膜電晶體元件為主,因此要形成互補式電路困難度高,雖可利用 N 型的非晶矽薄膜電晶體做搭配,複雜度與成本相對提高。圖 6.22 顯示不同成膜溫度的 Pentacene 表面粗糙,有機材料的純度(Purity)、溶劑、塗佈方式、有機材質界面形態(Morphology)、有機分子方向性(Molecular Orientation)、元件接觸結構、表面粗糙度(Surface Roughness)、有機與無機界面之狀態(Interface State)、處理環境與處理溫度都會直接影響元件特性。目前有機薄膜電晶體之載子移動率只略高於非晶矽,但其操做電壓、元件可靠度、再現性、產品壽命與量產技術仍待開發。

(a) RT 成膜　　　　　　　　　　(b) 63°成膜

圖 6.22　不同成膜溫度的 Pentacene 表面粗糙

● 6.5.2　電極結構

　　有機薄膜電晶體依據有機主動層與電極接觸的位置可分為上部接觸結構(TC, Top contact)與下部接觸結構(BC, Bottom contact)。圖 6.23 顯示上部接觸與下部接觸結構示意圖,一般而言上部接觸結構的載子移動率比下部接觸結構略高[65],其原因在於上部接觸結構的有機主動層與閘極電極重疊面積比下部接觸結構大，因此較有利於通道的形成與少數載子的傳輸。

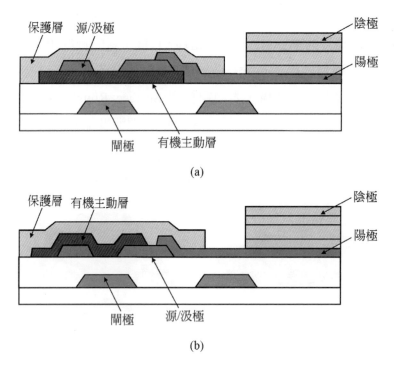

(a)

(b)

圖 6.23　上部接觸與下部接觸結構

● 6.5.3　接觸電阻

　　下部接觸結構的載子移動率低於上部接觸結構的部分原因在於接觸電阻(Rc, Contact Resistance)。圖 6.24 顯示上部接觸與下部接觸之電流示意圖，下部接觸結構的接觸面效率較差，有機薄膜電晶體元件的接觸電阻是由於源汲極之金屬電極與有機主動層接面會形成蕭基障壁(Schottky Barrier)，大部分的金屬和有機主動層的 HOMO 能帶都會形成落差，也就

是接觸時會產生蕭基障壁，當元件導通時，載子必須靠著和溫度正相關的
熱離子放射機制越過此障壁才能順利流過金屬和有機薄膜的接面，這會造
成很大的接觸電阻效應。

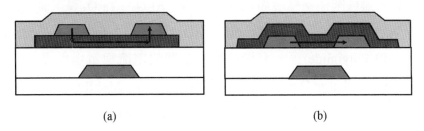

(a)　　　　　　　　　　　　　　　　(b)

圖 6.24　上部接觸與下部接觸之電流示意圖

● 6.5.4　導通電阻

假 設 忽 略 空 間 電 荷 限 制 電 流 效 應 (SCLC,Space-Charge-Limited
Current)，可以將有機薄膜電晶體在線性區操作的導通電阻以公式(6.5)與
(6.6)表示[53]。

$$R_{on} = \frac{\partial V_{ds}}{\partial I_{ds}} = R_{ch} + R_p = \frac{1}{W\mu_i C_i (V_g - V_{th})} + R_p \quad\text{.................................. (6.5)}$$

$$R_p = R_{sc} + R_{sb} + R_{db} + R_{dc} \quad\text{... (6.6)}$$

其中 R_{ch} 為有機薄膜電晶體導通後的通道等效電阻、R_p 為元件內部等
效寄生電阻的總合。因此除了選擇移動率較佳的有機主動層外，有機層的
厚度、晶粒都會直接影響源極與汲極體電阻(Bulk Resistance, R_{sb} 與 R_{db})。
另外一方面源極與汲極的設計攸關蕭基障壁的大小，因此實務上會選擇金
或銀等低功函數的金屬作為源極與汲極[52,55,61]。

● 6.5.5 閘極絕緣層

有機薄膜電晶體的閘極絕緣層可區分為無機、有機與複合型閘極絕緣層。常見的無機閘極絕緣層如 SiO_2、SiNx、Al_2O_3、Ta_2O_5 等。而有機閘極絕緣層有 PVP(Poly(4-vinylphenol))、Acryl、PVA(Poly(vinyl Alcohol))、PMMA、PI(Polyimide)等。有機薄膜電晶體的電流與電場引發電荷密度(Field-induced Charge Density)、載子移動率(Carrier Mobility)成正比,因此閘極絕緣層厚度薄時的載子移動率較厚度時高。當閘極絕緣層厚度越薄,閘極的電場與近半導體面的單位面積電荷也就越高,因此則高介電絕緣層會比低介電閘極絕緣層有較低的工作電壓。例如鏈結(Cross-linked)的 PVP 提供高 K 的絕緣層,同時 PVP 提供較大接觸角(Contact Angle)的疏水性表面(Hydrophobic Surface)與較低的表面能,因此能夠提供有機主動層較佳的分子排列狀態[52]。

● 6.5.6 複合型閘極絕緣層

常見的複合型閘極絕緣層(Hybrid Gate Insulator)組合為氧化矽或氮化矽搭配高介電常數的有機材質,如 SiO_2/PVA/PMMA、SiNx/BCB。PVA 與 BCB(Benzocyclobutene)等高介電常數有機絕緣層能提供較低的工作電壓,其平滑的介面提供有機主動層較佳的分子排列狀態。而 SiO_2 與 SiNx 等無機絕緣層擔任緩衝層(Barrier Layer)的角色並調整能障而降低載子由閘極端直接注入絕緣層。實務上可藉由複合型閘極絕緣層厚度比例的設計來調整載子移動率與臨界電壓[55]。

● 6.5.7　絕緣層表面型態

閘機絕緣層表面型態會改變主動層材料結晶顆粒，並影響有機分子的排列的一致性，增加載子散射(Carrier Scattering)效應而導致載子移動率的差異[63]。一般來說，有機薄膜電晶體雖然是有機半導體材料，但是對於其理論運算還是符合無機金氧半(MOSFET)方程式(6.7)與(6.8)描述。

$$I_{dotft} = \frac{W}{2L} \mu C_{ox} \left[2(V_{gs} - V_{th})V_{ds} - V_{ds}^2 \right] \quad\text{.. (6.7)}$$

$$I_{dotft} = \frac{W}{L} \mu C_{ox} (V_{gs} - V_{th})^2 \quad\text{... (6.8)}$$

I_{dotft} 為汲極的電流，μ 為載子移動率，W、L 分別為為電晶體中通道的寬度及長度，C_{ox} 是單位面積絕緣層的電容層，V_{gs} 是閘極電位，V_{th} 是臨界電壓。當閘極電壓越加越大時，電晶體垂直通道之電場亦會愈加愈大，此時電晶體之載子移動率亦隨之增加。當垂直電晶體通道之電場亦愈加愈大時，相對的會降低載子躍遷(Hopping)之能障高度(Potential Barrier)因而提高了載子移動率[66]。

一般來說，在元件內部晶粒和晶粒間具有邊界陷阱存在，當閘極電壓向上提昇時，其元件內部晶粒和晶粒間的能障高度會因而降低，熱激發效應及電流也隨之提昇，相對的載子移動率亦隨閘極電壓(閘極垂直電場)之增加而上昇。LG-Philips 使用 BCB 平坦閘極的表面均方根粗糙度約 0.43nm，而製作在 ITO 源/汲極電極上的 Pentacene 的晶粒約 $0.3\mu m$[59]。另外，NHK 在閘極絕緣層與 Pentacene 介面以 O_2 電漿搭配紫外光照射處理將閘極絕緣層表面污染物清除，Pentacene 晶粒成長較佳，載子移動率約可提升 1.7 倍。以 O_2 電漿、紫外光照射處理搭配 HMDS(hexamethyldi-silane)濕式處理，HMDS 的疏水性(Hydrophobic)使得水氣吸附與介面陷阱減少，載子移動率約可提升 4.2 倍[62]。

6.6　氧化銦鎵鋅薄膜電晶體

　　圖 6.25 顯示低溫複晶矽、非晶矽與氧化銦鎵鋅薄膜電晶體的 Id-Vg 特性曲線。非晶矽薄膜電晶體的載子移動率約 0.5~1 cm^2/v.s，需設計較大的 TFT 通道長度與寬度比(W/L Ratio)來彌補驅動電流的不足。LTPS 的載子移動率雖然高於 100 cm^2/v.s，但過高的漏電流使得 LTPS 的應用受到限制。非晶型透明導電氧化物半導體(TAOS, Transparent Amorphous Oxide Semiconductor)有夠用的載子移動率，低的漏電流與大面積成膜的優點，加速產學界投入氧化物半導體的開發。而在眾多的氧化物半導體材料中，以氧化銦鎵鋅(IGZO, Indium Gallium Zinc Oxide)最為成熟。

　　IGZO 基本上是由氧化銦(In_2O_3)、氧化鎵(Ga_2O_3)與銦鋅氧化物(IZO)所組成，In_2O_3 的 In-O 鍵結容易產生氧空缺，自由電子可以在氧空缺的軌域與金屬軌域中跳躍，做為電子路徑形成者(Electron Pathway Former)的角色。Ga_2O_3 的 Ga-O 鍵結穩定，不容易產生氧空缺，混在銦鋅氧化物(IZO)內形成銦鎵鋅氧化物，降低由氧缺位所形成的載子，做為載子形成壓抑者(Carrier Generation Suppresser)的角色。IZO 的導電性與光學特性佳，很容易產生載子，但不適合單獨作為主動層，而 In_2O_3、Ga_2O_3 與 IZO 所組成的 IGZO，剛好適合作為 TFT 主動層的角色。

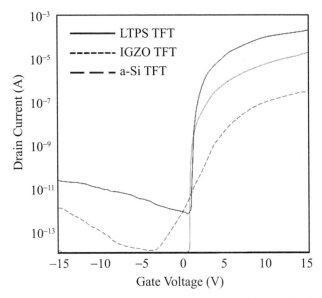

圖 6.25　低溫複晶矽、非晶矽與氧化銦鎵鋅薄膜電晶體特性曲線

● 6.6.1　IGZO 濺鍍

　　IGZO TFT 的製程與標準的非晶矽 TFT 幾乎相同，差異只在於電漿輔助化學氣相沉積(PECVD, Plasma Enhanced Chemical Vapor Deposition)非晶矽層換成濺鍍(Sputter)IGZO 層。IGZO 的濺鍍靶材由純度 99.99%的 In_2O_3、Ga_2O_3 與 ZnO 所組成，將 In_2O_3、Ga_2O_3 與 ZnO 粉體研磨混合，經過加壓成形、高溫燒結等步驟製成濺鍍用靶材。濺鍍時使用 Ar/O_2 混合氣體作為濺鍍氣體，增加氧/氬氣的比例，被濺鍍原子的量會減少，成膜速率降低，形成更穩定的氧化物薄膜。氧氣填補了氧空缺(Oxygen Vacancy)，使得薄膜內的缺陷減少，載子濃度(Carrier Concentration)降低，使得 IGZO 薄膜電阻率(Resistivity)提高。

銦鋅氧化物分爲非晶型(Amorphous)、結晶型(Crystal)、結晶與非晶混合型結構。非晶型的晶格結構呈現隨機性成長，薄膜內的缺陷較多，載子移動率較低。而結晶與非晶混合型則屬於部分結晶與部分非晶，C 軸對準結晶型(CAAC, C-Axis Aligned Crystal)IGZO 就是這一類型。IGZO 層經由 500°C 到 700°C 溫度的退火製程，非晶型 IGZO 開始部分結晶，IGZO 層沿著 C 軸方向交錯堆疊，呈現 C 軸取向(Orientation)，氧缺陷在 C 軸方向不容易產生，因此 CAAC IGZO 比非晶型 IGZO 有較高的載子移動率，漏電流也較低。IGZO 雖然具有大面積成膜與良好的特性，但 IGZO 含有稀土元素(Rare Earth Element)的銦與鎵，未來發展勢必會受到稀土元素資源的限制，因此產學界仍持續開發不含稀土元素的氧化物半導體。

● 6.6.2　IGZO TFT 結構

IGZO TFT 結構類似非晶矽 TFT，有下閘極與上閘極兩種結構，下閘極結構又分爲通道保護結構(CHP, Channel Protection)與背面通道蝕刻結構(BCE, Back-Channel Etch)。通道保護結構又稱蝕刻阻擋層結構(ESL, Etch Stop Layer)，透過額外一層氮化矽(SiN)或二氧化矽(SiO_2)保護，使得 TFT 的主動層不受蝕刻的影響，但缺點是通道較寬、RC 負載較大。背面通道蝕刻結構以低阻值的金屬形成閘極，並在閘極上形成閘極絕緣層。之後，濺鍍銦鋅氧化物薄膜，並定義出島狀的主動區。然後以金屬層形成源極與汲極，最後在整個 TFT 上形成保護膜。上閘極結構屬於自我對準(Self-aligned)製程，TFT 結構所產生的寄生電容效應大幅降低，其需要的光罩數較多，相對的製造成本也較高。BCE 結構的 IGZO TFT 使用的光罩數少，也相容於目前標準的非晶矽 TFT 製程，因此 BCE 結構漸成爲 IGZO TFT 的主流。

6.7　低溫複晶氧化物薄膜電晶體

LTPS 薄膜電晶體具有大於 100 cm²/v.s 的高載子移動率與低的寄生電容效應，大幅縮小了畫素的物理空間，提高解析度，非常適合驅動 OLED 的角色，然而 LTPS 容易受準分子雷射退火(ELA)的雷射能量變動所影響，主動區的複晶矽晶界缺陷導致 LTPS TFT 的漏電流升高、臨界電壓變異程度大。OLED 發光階段會因開關薄膜電晶體的漏電流，導致畫素顯示不預期的灰階，因此 LTPS 不適合當作開關 OLED 畫素的角色。而 IGZO 的載子移動率雖不及 LTPS，其低漏電流、TFT 特性穩定、均勻性佳等優點，反而非常適合當開關 OLED 畫素的角色。低溫複晶氧化物(LTPO, Low Temperature Polycrystalline Oxide)集合了所有 LTPS 與 IGZO 各自的優點，LTPS 的高驅動能力來提高畫面更新率(例如 120Hz)，IGZO 低漏電的特性來維持儲存電容裡的資料，藉此可以達到低的畫面更新率(例如 1Hz)。透過 LTPO TFT 技術達到窄邊框(Slim border)、高畫面更新率與低畫面更新率(LRR, Low Refresh Rate)兼容的方式，因此高階手機多採用 LTPO TFT 主動背板的 OLED。LTPO 的名稱各家不同，例如 Samsung 稱為 HOP(Hybrid Oxide and Polycrystalline Silicon)、Sharp 稱為 Hybrid Backplane、JDI 稱為 Advanced LTPS。LTPS 與 IGZO 的組合結構會依據各家面板廠的專利與製程能力而不同，LTPS 大多為上閘極結構，而 IGZO 可設計為上閘極或下閘極結構。表 6.10 顯示 LTPO 的結構優劣一覽表，上閘極結構LTPO 的 LTPS 與 IGZO 可以獨立且最佳化製程，同時上閘極 IGZO 載子移動率高於下閘極結構，適合高階 OLED 的設計。

表 6.10　LTPO 結構之優缺點

	上閘極結構 LTPO	下閘極結構 LTPO
畫素結構		
光罩數	· Top gate LTPS = 8~11 mask + Top gate IGZO = 7~8 mask	· Top gate LTPS = 8~11 mask + Bottom gate IGZO = 4~5 mask
優點	· LTPS 與 IGZO 製成可以獨立解最佳化 · 上閘極 IGZO 載子移動率高於下閘極結構 · 上閘極結構有效地降低寄生電容 · 容易控制氫化反應(Hydrogenation)	· 使用光罩數較少(製成步驟少) · LTPS 與下閘極結構的 IGZO 共用閘極金屬，降低使用光罩數
缺點	· 使用光罩數多(製成步驟多)	· 下閘極 IGZO 所遭受的寄生電容效應大 · 下閘極 IGZO 載子移動率低於上閘極結構

6.8　畫素發光架構

圖 6.26 顯示液晶面板與有機發光二極體面板畫素開口率，有別於傳統 AMLCD 單一電晶體的驅動架構，AMOLED 需以兩個以上的薄膜電晶體來

驅動有機發光二極體，因此開口率(AR, Aperture Ratio 或 Fill Factor)影響到發光的效率。

有機發光二極體畫素分爲下部發光(BE, Bottom Emission)與上部發光(TE, Top Emission)結構，大多數的 AMOLED 畫素爲下部發光結構，往往薄膜電晶體與資料導線成爲阻礙光線通過的瓶頸，因此開發出上部發光AMOLED 結構，使得有機發光二極體的性能發揮到淋漓盡致。

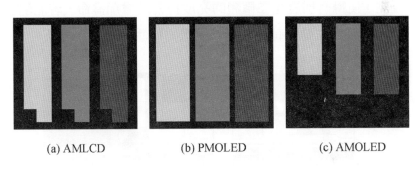

(a) AMLCD　　　　(b) PMOLED　　　　(c) AMOLED

圖 6.26　液晶面板與有機發光二極體面板畫素開口率

● 6.8.1　下部發光型畫素

傳統有機發光二極體畫素架構的陽極氧化銦錫在下方，陰極金屬在上方，因此當發光時其光源是朝四面八方散射，然而陰極金屬會將上方光線反射，因此大部分的光源均朝下方，稱之爲下部發光型畫素。由於下部發光型畫素製程流程較容易，加上上方陰極金屬具有均熱片(Heat Spreader)效果，因此有助於有機發光二極體面板壽命的提升[67]。目前採用的廠商有 Sanyo、Sharp、Seiko Epson、Toshiba、NEC、Hitachi、IBM、Philips、CMO、AUO、UDC 等。

　　圖 6.27 顯示下部發光、上部發光與雙面發光型畫素側視圖，下部發光型畫素發光時容易受到畫素中薄膜電晶體或電路的遮蔽，往往薄膜電晶體與資料導線成為阻礙光線通過的瓶頸(如圖 6.27(a)所示)，特別是非晶矽需設計極大的元件寬長比例。以 20 吋 AMOLED 為例，驅動有機發光二極體所需電晶體的寬長比約二十五倍，加上其他電晶體與資料導線，造成發光開口率只有 30~40%，使其整體發光面積受限，不過低溫複晶矽較小設計準則的優點，使得有機發光二極體的亮度提升並增加壽命，若能配合上部發光結構的開發，主動式有機發光二極體的特性更能向上提升。

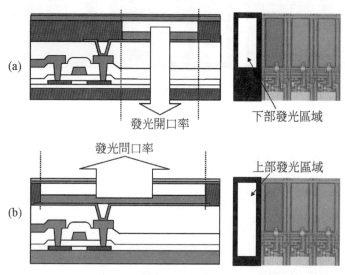

圖 6.27　下部發光、上部發光與雙面發光型畫素側視圖

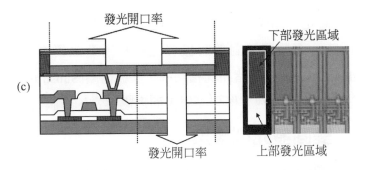

圖 6.27　下部發光、上部發光與雙面發光型畫素側視圖(續)

● 6.8.2　上部發光型畫素

　　上部發光型畫素的陽極採用金屬，而陰極改用透明導電電極(如圖 6.27(b)所示)。藉由下方的金屬的反射效果將有機發光二極體匯集並向上反射。相較於光線部份被擋的下部發光型畫素，上部發光型畫素顯示器發光面積大因此只需要較小的電流，由於流過發光材質的電流總量對 OLED 面板壽命有很大的殺傷力，採用故上部發光型畫素能夠有更長的面板壽命。採用的廠商有 Sony、IBM、eMagin、Samsung、Kodak、UDC、Toyo Ink 等。上部發光型結構擁有高於 70%的開口率，充分利用到畫素的面積。以 10%下部發光開口率為例，達成 $300cd/m^2$ 的表面設計亮度，需要 $3000cd/m^2$ 的有機發光二極體實際亮度，反觀 70%的上部發光開口率只需 $428cd/m^2$ 的實際亮度。由於光不透過薄膜電晶體端，因此對於畫素中薄膜電晶體的設計空間相對變大，不需要考量薄膜電晶體所佔去的開口率因素。上部發光型畫素的陰極透明電極與陽極金屬的反射特性造成 OLED 呈現微共振腔效應(Microcavity Effect)，因此需額外考量 OLED 材料層間的堆疊結構，陰極電極與陽極電極反射特性，降低發光特性因微共振腔效應而隨視角變化。另外，無論是上部或下部發光的結構，都需謹慎應對因沈積蝕刻陰極或陽極電極時，電漿環境對於有機發光材料所造之傷害(PPID, Plasma Process Induced Damage)，諸如沈積功率、基板偏壓(Substrate Bias)或電極厚度等，都會直接影響到有機發光層表面形態與電極薄膜特性。

● 6.8.3　雙面發光型畫素

雙面發光型(Dual Emission)可區分爲雙面獨立顯示型與穿透顯示型(TOLED, Transparent Organic Light-Emitting Device)。雙面獨立顯示型藉由畫素切割爲兩區域，一爲上部發光的結構、一爲下部發光的結構，藉由兩區域獨立的驅動訊號可以使得面板兩面獨立顯示影像(如圖 6.27(c)所示)。

穿透顯示型是藉由透明陰陽電極的設計，使得上下皆可發光的穿透式面板，其在關閉電源後是透明的。穿透顯示型可用於視覺玻璃、娛樂、醫療、車用、櫥窗或頭戴式面板及軍用頭盔護罩中。

6.9　低阻值導線

圖 6.28 顯示有機發光二極體面板等效電路圖，當面板解析度越高、尺寸越大時，閘極導線的電阻-電容時間延遲(RC Delay)與 V_{dd} 導線的電壓降(IR Drop)成爲提升畫質的關鍵。由於 V_{dd} 壓降日造成畫素電流的衰減，間接造成有機發光二極體畫素的不均勻。因此金屬導線的選擇也格外重要。電阻-電容-延遲可用(6.11)式表示。

$$R = \rho \frac{l}{wd} = \rho \frac{l}{A} \quad\text{..} (6.9)$$

$$C = \varepsilon \frac{wl}{t} \quad\text{...} (6.10)$$

$$RC = \rho\varepsilon \frac{l^2}{td} \quad\text{...} (6.11)$$

其中 ρ 為電阻率、l 為導線長度、w 為導線寬度、d 為導線厚度、A 為導線截面積而 t 為介電層厚度。表 6.11 列舉了常見金屬導線之特性，為了符合歐盟針對電子電氣產品環保的新標準，鉻金屬已被禁止使用於 AMLCD 與 AMOLED 製程中，取而代之的是鉬系統與鋁系統，而銅系統與銀系統仍屬研究階段。

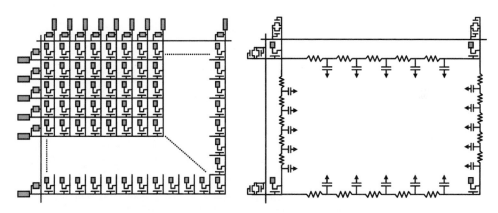

圖 6.28　有機發光二極體面板等效電路圖

表 6.11　常見金屬導線特性一覽

金屬材質	Bulk 阻值	導線結構	Film 阻值	參考資料
鉭(Tantalum)	$13 \times 10^{-8}\Omega m$	Ta	$25 \sim 200 \mu\Omega\text{-cm}$	—
		$Ta_2O_5/Ta/Nb$	$30 \mu\Omega\text{-cm}$	[68]
鉻(Chromium)	$12.7 \times 10^{-8}\Omega m$	Cr	$50 \mu\Omega\text{-cm}$	—
鉬(Molybdenum)	$5 \times 10^{-8}\Omega m$	Mo	$15 \sim 23 \mu\Omega\text{-cm}$	[68]
		MoTa	$35 \mu\Omega\text{-cm}$	[69]
		MoW	$13 \sim 40 \mu\Omega\text{-cm}$	[70]
鋁(Aluminum)	$2.65 \times 10^{-8}\Omega m$	Al-Nd	$3.8 \sim 16 \mu\Omega\text{-cm}$	—
		Mo/Al	$4 \mu\Omega\text{-cm}$	[71]
		Mo/Al-Nd	$3.8 \sim 23 \mu\Omega\text{-cm}$	[72]
		Mo/Al/Mo	$4.08 \mu\Omega\text{-cm}$	[73]
		Al_2O_3/Al	$3.5 \mu\Omega\text{-cm}$	[74]
		TiN/Al/Ti 或 Ti/Al/Ti	$3.5 \sim 4 \mu\Omega\text{-cm}$	[75]
		Ai-Si-Cu	$3.1 \sim 3.5 \mu\Omega\text{-cm}$	—
銅(Copper)	$1.7 \times 10^{-8}\Omega m$	Ni/Cu/Ta	$8.2 \mu\Omega\text{-cm}$	—
		Ta/Cu/Ta	$3.3 \mu\Omega\text{-cm}$	[76]
		TiN/Cu/TiN	$2 \mu\Omega\text{-cm}$	—
		AlN/Cu/ Al_2O_3	$2.5 \mu\Omega\text{-cm}$	—

表 6.11　常見金屬導線特性一覽(續)

金屬材質	Bulk 阻值	導線結構	Film 阻值	參考資料
銅(Copper)	$1.7 \times 10^{-8} \Omega m$	Cu	$2.5 \mu\Omega\text{-cm}$	[77]
		Cu/ITO	$2.5 \mu\Omega\text{-cm}$	[73]
		MgO/Cu-Mg	$3.6 \mu\Omega\text{-cm}$	—
		Cr_2O_3/Cu-Cr	$4.5 \mu\Omega\text{-cm}$	—
銀(Silver)	$1.6 \times 10^{-8} \Omega m$	AlN/APC(Ag-Pd-Cu)/Al_2O_3	$3.4 \mu\Omega\text{-cm}$	—
		Ag	$2.1 \mu\Omega\text{-cm}$	—
		MgO/Ag-Mg	$4.2 \mu\Omega\text{-cm}$	—

● 6.9.1　鋁金屬

　　鋁合金是液晶顯示器最使用的金屬導線材質，雖然鋁導線擁有相當多的優點，但是在鋁金屬薄膜在經過四百度以上的熱循環後，存在著電致遷移(Electro-Migration)、孔洞與堆積(Hillock)等問題，通常鋁導線經過一百度之製程會產生大於 10^{10}cm^{-2} 數目的堆積，如果使用在資料線或掃描線路上可能會短路的情況發生。在量產產品上最常藉由陽極氧化(Anode Oxidation)、覆蓋結構(如 Mo/Al)與多層結構(如 TiN/Al/Ti, Cr/Al/Cr)或添加適當的高熔點金屬(如 Al-Nd)來改善這類的製程問題。以鉬作為覆蓋層(Cap Layer)可降低鋁的 Hillocks，由於鋁薄膜屬於張力的特性(Tensile Stress)，與壓縮特性(Compressive Stress)的鉬有互補的作用[71]。

● 6.9.2 銅與銀金屬

銅或銀導線比鋁具有低 0.6 倍以上的阻值,有較佳的電阻-電容時間延遲特性及電子漂移阻抗。銅導線的擴散係數較高,易與矽接觸後產生擴散,並在 PECVD 或乾式蝕刻的電漿環境下容易氧化並對於玻璃的附著性差,避免銅或銀導線與矽產生反應並防止金屬離子擴散,導線的底部常以 Ta、TiN、Al_2O_3、ITO 等阻障層使其增加對玻璃或其他介電層的附著性 [73],而導線的上部採用 Ta、AlN、MgO、Cr_2O_3 等保護層防止因環境或後續製程對於銅或銀導線所造成的傷害[77]。

參考資料

[1]　J. Bardeen, Phys. Rev. Vol.71,(1947), pp. 717

[2]　Patent US3138743

[3]　Patent US2981877

[4]　P. K. Weimer, Proc. of the IRE, (1962), pp. 1462

[5]　G. B. Levy, et al., IEEE Journal of Solid-State Circuits, Vol. 37, No. 12, (2002) , pp. 1879

[6]　J. J. Lih, et al., J. Soc. Inf. Display, 11, (2003), pp. 617

[7]　Y. Morimoto et al., IEEE IEDM Tech. Digest, (1995), pp. 837

[8]　H. Kuriyama Jpn. J. Appl. Phys. Vol.33, (1994), pp. 5657

[9]　A. Hara, et. al., IEEE IEDM Tech. Digest, (2000), pp. 209

[10] T. Ogawa, Proc. International Display Research Conference, (1999), pp. 81

[11] N. Sasaki SID Digest, (2002), pp. 154

[12] K. Masumo, Int'l. Workshop on AMLCD (1997), pp. 183

[13]M. A. Crowder, IEEE Electron Devices Lett., Vol.19, No.8, (1998), pp. 306

[14] Z. Meng, et al., IEEE Trans. Electron Devices, Vol.49, (2002), pp. 991

[15] D. Murley, Int'l. Workshop on AMLCD (2000), pp. 29

[16] N. Makita, Int'l. Workshop on AMLCD (2000), pp. 37

[17] Y. J. Chang, et al., SID Digest, (2006), pp. 1276

[18] M. Hatano, SID Digest, (2002), pp. 158

[19] C. W. Kim, et al., SID Digest, (2000), pp. 1006

[20] S. Y. Yoo, et al., International Display Workshops, (2005), pp. 1121

[21] S. Kido, et al., International Display Workshops, (2005), pp. 983

[22] P. F. Chen et al., SID Digest, (2000), pp. 1011

[23] S. Choi, et al., SID Digest, (2005), pp. 284

[24] J. H. Kim, et al., International Display Workshops, (2001), pp. 439

[25] K. Kuo, et al., IBM Journal of Res. and Dev., Vol.43, (1999), pp. 73

[26] A. J. Lewis, et al., American Institute of Physics, (1974), pp. 27

[27] D. B. Thomasson, et al., SID Digest, (1997), pp. 176

[28] Y. Katoh, et al., Mat. Res. Soc. Symp. Proc. Vol.70, (1986), pp. 657

[29] Y. H. Byun, te al., 18th International Display Research Conference, (1998)

[30] H. Kirihura, et. al., Jpn. J. Appl. Phys.Vol. 43, No.12, (2004), pp. 7929

[31] K. S. Girotra, et al., SID Digest, (2006), pp. 1972

[32] B. Stannowski, et al., Symp. Proc. Mater. Res. Soc., (1999), Vol 557 pp. 659

[33] J. Jang, et al., SID Digest,(1999), pp. 728

[34] C. Qiu, et al., Proc. International Display Research Conference, (1998)

[35] C. S. Chiang, et al., SID Digest ,(1998), pp. 383

[36] I. D. French, et al., International Display Workshops, (2001), pp. 367

[37] Z. Iqbal, et al., Appl. Phys. Lett. 36, (1980), pp. 163

[38] A. Matsuda, et al., J. Non-Cryst. Solid, No.59-60, (1983), pp. 76

[39] C. C. Tsai, et al., J. Non-Cryst. Solid, No.114, (1989), pp. 151

[40] Z. Iqbal, et al., J. Phys. C15, (1982), pp. 377

[41] R. B. Wehrspohn, et al., J. Appl. Phys, 93 , (2003). pp. 5780

[42] M. J. Powell, et al., Appl. Phys, Lett. 60 , (1992).pp. 1094

[43] H. Shirakawa, et al, J.C.S. Chem. Comm. (1977), pp. 578

[44] A. Tsumura, et al., Appl. Phys. Lett. Vol.49, (1986), pp.1210

[45] C. D. Dimitrakopoulos, et al., Science, 283, (1999), pp. 822

[46] M. D. Austin et al.,Applied Physics Letters 81, (2002). pp. 4431

[47] Y. Y. Lin, et al., IEEE Trans. Electron Devices, vol.44, (1997), pp. 1325

[48] J. Y. Kim, et al., International Display Workshops, (2005), pp. 1141

[49] C. D. Dimitrakopoulos, et al., IBM J. Res. Develop., Vol. 45, No. 1, (2001), pp. 11

[50] S. Martin et al.,EURODISPLAY (2002), pp. 25

[51] M. G. Kane, et al., IEEE Electron Device Lett., Vol. 21, No. 11, (2000), pp. 534

[52] C. -K. Song, et al., International Meeting on Information Display, (2005), pp. 64

[53] J. Lee, et al., Appl. Phys, Lett. 87, (2005). pp. 023504

[54] J. Park et al., International Meeting on Information Display, (2005), pp. 1301

[55] C. B. Park, et al., International Meeting on Information Display, (2005), pp. 1291

[56] Y. Fujisaki, et al., Jpn. J. Appl. Phys.Vol.43 (2004), pp. 372.

[57] Y. Inoue, et al., Jpn. J. Appl. Phys., Vol.44, No.6A, (2005), pp. 3663

[58] N. Yoneya, et al., SID Digest (2006), pp. 123

[59] C. -W. Han, et al., International Display Workshops, (2005), pp. 1235

[60] M. C. Suh,et al., SID Digest (2006), pp. 116

[61] M. Ando, et al., International Meeting on Information Display, (2005), pp. 57

[62] Y. Fujisaki, et al., International Display Workshops, (2005), pp. 1041

[63] J. -M. Kim,et al., Appl. Phys. Lett. Vol.85, No.26, (2004), pp. 6368

[64] Y. W. Choi, et al., SID Digest (2006), pp. 112

[65] I. Kymissis, et al., IEEE Trans. Electron Devices, Vol.48, (2001), pp. 1060

[66] M. A. Alam, et al., IEEE Trans. Electron Devices, Vol. 44, No. 8, (1997), pp. 1332

[67] R. S. Cok et al., International Display Manufacturing Conference, (2005), pp. 132

[68] Y. Shimada et. al., SID Digest (1993), pp. 467

[69] H. Moriyama, et al. SID Digest,(1989), pp. 144

[70] T. Dohi et al., SID Digest,(1997), pp. 270

[71]T. Tsujimura et al., International Display Research Conference, (1996), pp. 424

[72] J. H. Kim, et al., SID Digest,(2004), pp. 115

[73] P. M. Fryer, SID Digest,(1996), (22.1)

[74] H. S. Seo et.al., SID Digest,(1998), (25.2)

[75] Y. Hibino, et, al., Sharp Tech. Report Vol.8,(1999), pp. 20

[76] M. Ikeda, et al. Japan Display Digest, (1989), pp. 498.

[77] C. C. Lai, International Display Workshops, (2005), pp. 1113

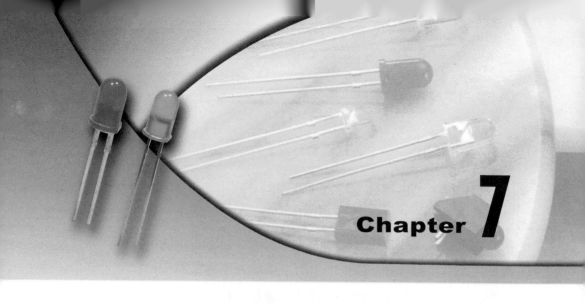

Chapter 7

有機發光二極體
陽極製程

7.1 前言

　　有機發光二極體為兩端子結構，陰極與陽極的功函數的大小影響二極體異質界面(Hetero-Junction Interface)能障的高度，並攸關電子電洞注入效率(Injection Efficiency)與穩定性。同時為了避免有機發光二極體內部無效的光輻射，藉由陰極與陽極的設計使得有機發光材料與注入電荷電極形成歐姆接觸(Ohmic Contact)，提高電子與電洞之注入效率，同時利用有機材料二極傳導性(Bipolar Transport)，提高電荷遷移速率(Drift Mobility)並修正電子與電洞再結合區域。

7.2 陽極電極特性

有機發光二極體發光時電子及電洞分別由正、負極出發並注入兩電極間，有機發光二極體陽極(Anode)的功用為將電洞注入有機導電高分子的最高能階滿軌域(HOMO, Highest Occupied Molecular Orbital)中，因此此層需用較高功函數(Work Function)的金屬或透明導電氧化物以配合高分子價帶的能量。選擇陽極電極除了高功函數性質的考量外，仍須同時兼顧到表面形態與穩定性，常見的材質為鉻、金、銀、銅、鋁、鎳、白金、透明導電氧化物等。大多數的有機發光二極體多為下發光結構，除了需要高功函數、高導電性與平坦的表面狀態之外，還需要高透光性。所謂透明導電氧化物是指在可見光範圍內具有 80%以上穿透率，且具有低於 $10^{-3}\Omega$-cm 導電率。表 7.1 列舉常見有機發光二極體陰極與陽極材質，常見的陽極透明導電氧化物(TCO, Transparent Conductive Oxide)有氧化銦(In_2O_3, Indium Oxide)、氧化錫(SnO_2)、氧化銦錫(ITO, Indium Tin Oxide)[1]、氧化銦鋅(IZO, Indium Zinc Oxide)[2]、氧化鋅(ZnO, Zinc Oxide)[3]、氧化鎳(NiO, Nickel Oxide)等，其中以氧化銦錫最普遍被使用於量產。

表 7.1　常見有機發光二極體陰極與陽極材質

類型	畫素結構	陽極	陰極	採用公司/單位	參考資料
LEP	下部發光	ITO	Al	CDT、Dupont、Princeton University、Pohang University	[4]
	下部發光	ITO	Al/Li	Seiko Epson、Toshiba、Toyota	[5]

表 7.1　常見有機發光二極體陰極與陽極材質(續)

類型	畫素結構	陽極	陰極	採用公司/單位	參考資料
LEP	下部發光	ITO	Al/Ba	Philips、South China University of Technology	[6]
	下部發光	ITO	Ca/Ag	IMRE Singapore	–
	下部發光	ITO 或 LiF/ITO	Al/LiF	Sungkyunkwan University	–
SMOLED	下部發光	ITO	Al	University of Cincinnati	–
	下部發光	ITO	Ca/Ag	DNP、Covion	[7]
	下部發光	ITO	Ca/Al	Covion、NHK	[8]
	下部發光	ITO	Li/Ag	Eastman Kodak	–
	下部發光	ITO	Mg/LiF	Arizona University	[9]
	下部發光	ITO	Mg/Ag	Eastman Kodak、Sanyo、Sumitomo、Hong Kong City University、Cornell University、Princeton University	[10,11]
	下部發光	ITO	Al/LiF	Hitachi、Samsung、Futaba、ITRI、ETRI、Eastman Kodak、Nippon Steel Chemical、SIMTech、NCTU、NCCU、NCKU、Toyama University、Arizona University、Nankai University、University of Kentucky	[11,12,13]

表 7.1　常見有機發光二極體陰極與陽極材質(續)

類型	畫素結構	陽極	陰極	採用公司/單位	參考資料
SMOLED	下部發光	ITO	Al/Li	Pioneer、Beijing Visionox、Yeungnam University	[14]
	下部發光	ITO	Er 或 Al/ErF$_3$	Toyama University	[15]
	下部發光	IZO	—	Samsung、Pioneer、Idemitsu Kosan	[2]
	下部發光	IZO	MoO$_3$/AlNd	Toyama University	[16]
	下部發光	AZO	LiF/Al	ETRI	[17]
	下部發光	PEDOT :PSS	Mg/Ag	U.S. Naval Research Laboratory	[18]
	下部發光	CdO	Li/Mg/Ag	Northwestern University	[19]
	上部發光	LiF/Al	V$_2$O$_5$/IZO	Hitachi	[13]
	上部發光	LiF/Al/Ag	Al/Cr	ETRI	—
	上部發光	Cr	Mg/Ag/IZO	Sony	[20]
	上部發光	Au	ITO	Novaled	[21]
	上部發光	Ag/ITO	Li/Ag	SK Display	—
	上部發光	Al/V$_2$O$_5$ 或 Al/Ag/V$_2$O$_5$	Ca/Ag	Hong Kong University	[22]
	上部發光	AlNd	IZO/MoO$_3$ 或 Au/MoO$_3$	Toyama University	[23]
	上部發光	Cr/Al/Cr	LiF/Al/Ag	ETRI	[24]

表 7.1　常見有機發光二極體陰極與陽極材質(續)

類型	畫素結構	陽極	陰極	採用公司/單位	參考資料
SMOLED	上部發光	Pt/Pr$_2$O$_3$	LiF/Al/ITO	Hong Kong University of Science and Technology	[25]
	上部發光	Al/MoOx	Yb/Ag	Hong Kong University of Science and Technology	[26]
	上部發光	Mo	LiF/Al/Ag/TeO$_2$/LiF	ITRI	[27]
	上部發光	Ag	Mg/Ag	Eastman Kodak	—
	雙面發光	ITO	Mg/Ag/ITO	UDC、Princeton University	[28]
	雙面發光	ITO	LiF/IZO	Kanazawa Institute of Technology	—
	雙面發光	IZO	ITO	Tokyo Polytechnic University	—

7.3　氧化銦錫

　　半導體材料其導電帶與價帶能階差很小，在室溫下載子可由價帶激發至導電帶，並形成自由載子。透明導電氧化物具有接近金屬的導電性與可見光範圍的高穿透性，在眾多可作為透明電極之材料中，氧化銦錫薄膜是目前最被廣泛應用的一種。氧化銦錫能導電的原理類似半導體，當氧化銦錫形成結晶時會有氧缺陷產生，形成類似 N 型半導體，加入錫更可增加載子濃度。氧化銦錫的主要成分為氧化銦(In_2O_3)並摻雜部分的氧化錫(SnO_2)。氧化銦本身在結構容易失去氧而產生氧空缺,而氧空缺取代原先為 O_2^- 離子的位置,一旦失去氧原子變形成負二價的靜電荷。除了氧化銦的氧空位會提供導電的自由電子外,因錫與銦晶體結構類似,錫將取代部分的 In 形成 SnO_2,比 In_2O_3 要多出一個電子,所以會釋出形成自由電子。氧化銦錫理論密度為 $7.15g/cm^3$,在可見光區之光學折射率約為 1.8~2.1,穿透率為 90% 以上。

● 7.3.1 成膜技術

常見氧化銦錫成膜技術包含濺鍍法(Sputtering)、電子束蒸鍍(E-Beam Evaporation)、脈衝雷射沈積(PLD, Pulsed Laser Deposition)[29]、離子輔助沈積(IAD, Ion-Assisted Deposition)[30]與噴灑熱解(Spray Pyrolysis)。不同方法所得到氧化銦錫薄膜的結晶性、電性、結構、成份和表面粗糙度均有所不同,而元件的特性和可靠度也會有所影響,而眾多成膜技術中以濺鍍法可得到較佳的特性[1]。

在濺鍍的過程中,包括電漿功率、濺鍍壓力、反應氣體、基板溫度和靶材-基板間的距離等參數變化將會影響到所濺鍍出來薄膜物理或化學性質。例如濺鍍功率增加時,因為濺鍍功率提高時,離子撞擊靶材的頻率越高,濺射出更多且具有高動能的原子,沉積出來的薄膜結構更完整,而獲得較佳的結晶相,使得薄膜內部缺陷減少,載子傳導時受到散射的影響就會降低,因此薄膜的導電性增高。

商用的氧化銦錫濺鍍靶材主要成分為 90wt% In_2O_3 與 10wt% SnO_2 粉末燒結的陶瓷靶,氧化銦錫濺鍍的成長溫度約在室溫至 300℃ 之間,室溫濺鍍所得的氧化銦錫薄膜應屬非晶型 (Amorphous) 或微晶型 (Micro crystalline)，通常提高基板溫度可以增加薄膜表面粒子動能並降低鍵結的位障。表 7.2 列舉了透明導電薄膜之特性，RF/DC 濺鍍法的膜質緻密度、粗糙度與附著性佳，在室溫的條件下即可進行沉積，適合玻璃基板與塑膠基板的製程。一般來說以 200℃溫度 DC 濺鍍的方式，阻值約 220$\mu\Omega\cdot$cm，氧化銦錫表面粗糙度可達到 1.5~2.0nm。而採用 RF/DC 混合濺鍍的方式，阻值約 140$\mu\Omega\cdot$cm，氧化銦錫表面粗糙度可達低於 1nm[42]。一般而言鍍膜過程中提升工作溫度可直接獲得良好薄膜的光電特性，然而所提高的鍍膜溫度至 150~300℃通常遠高於有機材料的玻璃轉態溫度(Tg, Glass Transition Temperature)。

表 7.2　透明導電薄膜之特性

材質	成膜方式	溫度	阻值	粗糙度	穿透率	參考資料
ITO	DC Magnetron Sputtering	150~300℃	1×10^{-4}~5×10^{-4} ($\Omega\cdot$cm)	>10nm	>89%	[1]
	DC Magnetron Sputtering	200℃	2.2×10^{-4}($\Omega\cdot$cm)	1.5~2nm	>89%	[31]
	DC Magnetron Sputtering	室溫	5×10^{-4}~8×10^{-4} ($\Omega\cdot$cm)	~2nm	85%	[32]
	RF+DC Magnetron Sputtering	200℃	1.4×10^{-4}($\Omega\cdot$cm)	<1nm	90%	[31]
	RF+DC Magnetron Sputtering	室溫	4.8×10^{-4}($\Omega\cdot$cm)	—	90 %	—
	Negative Sputter Ion Beam	室溫	4×10^{-4}($\Omega\cdot$cm)	~1.4nm	~90%	[33]

表 7.2 透明導電薄膜之特性(續)

材質	成膜方式	溫度	阻值	粗糙度	穿透率	參考資料
ITO	Sputtering+Laser Annealing	室溫	$2.7×10^{-4}(\Omega \cdot cm)$	—	>85%	[34]
	Pulsed Laser Deposition	室溫	$7×10^{-4}(\Omega \cdot cm)$	—	87%	[29]
	Pulsed Laser Deposition +Laser Annealing	室溫	$2×10^{-4}(\Omega \cdot cm)$	—	>90%	—
	Arc-Discharge Ion Plating	室溫	$3.7×10^{-4}(\Omega \cdot cm)$	1.137nm	>78%	—
IZO	DC Magnetron Sputtering	室溫 ~350℃	$3×10^{-4}$~$4×10^{-4}$ $(\Omega \cdot cm)$	~2nm	>80%	[2]
	RF Magnetron Sputtering	室溫	$100(\Omega/sq)$	—	—	[23]
	Ion Assisted DC Magnetron Sputtering	50℃	$2.02×10^{-4}(\Omega \cdot cm)$	0.698nm	83.9%	[30]
AZO	Magnetron sputtering	150 ~200℃	$5×10^{-4}(\Omega \cdot cm)$	—	>80%	[35]
	ALD	RT	$91.2(\Omega/sq)$	2.2nm	—	[17]
	Facing Targets Sputtering	RT	$2.3×10^{-4}(\Omega \cdot cm)$	—	80%	[36]
CdO	MOCVD	400℃	$17.7(\Omega/sq)$	8~10nm	>70%	[19]

● 7.3.2　冷氧化銦錫

　　表 7.3 列舉了氧化銦鋅、氧化銦錫與氧化鋁鋅之特性，冷氧化銦錫製程藉由室溫濺鍍環境通入 H_2 或 H_2O 形成非晶型之氧化銦錫薄膜。藉由弱酸系統蝕刻出透明電極之圖案形狀，之後再施以熱處理(Anneal)使薄膜結構獲得能量重新排列而形結晶型。圖 7.1 顯示冷氧化銦錫與熱氧化銦錫之光穿透率，藉由不同比例的 H_2 環境成膜搭配 140℃ 溫度回火，熱處理後阻值約 $200\mu\Omega\cdot cm$，氧化銦鋅表面粗糙度可達到 0.48nm，光穿透率可達 85% 以上。

表 7.3　氧化銦鋅、氧化銦錫與氧化鋁鋅之特性

類別	氧化銦鋅	冷氧化銦錫	熱氧化銦錫	氧化鋁鋅
靶材成分 (wt%)	$In_2O_3{:}ZnO$ =90:10	$In_2O_3{:}SnO_2$ =90:10	$In_2O_3{:}SnO_2$ =90:10	$ZnO{:}Al_2O_3$ =98:2
成膜溫度	室溫~350℃	室溫	200℃~300℃	100℃
結構	非晶型	非晶型或微晶型	結晶型	結晶型
電阻(未熱處理)	$300\sim400\mu\Omega\cdot cm$	$>450\mu\Omega\cdot cm$	$<200\mu\Omega\cdot cm$	$\sim118\mu\Omega\cdot cm$
穿透度	>85%	>85%	>90%	>80%
表面粗糙度 (Rms)	~0.6nm	~0.2nm	~2.5nm	<1.4nm
蝕刻系統	$(COOH)_2$	$(COOH)_2$	$HCl+HNO_3$	$HCl+HNO_3$

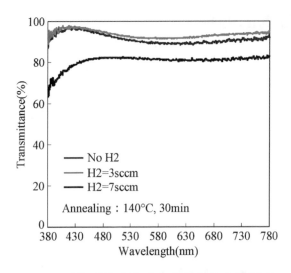

圖 7.1　冷氧化銦錫與熱氧化銦錫之光穿透率

● 7.3.3　薄膜導電性

　　氧化銦錫的功函數約 4.3~5.0eV，相當接近於 HOMO 的能階。氧化銦結構中陽離子(In_3^+)佔據四面體的空隙位置(Tetrahedral Interstitials)，陰離子(O_2^-)則位於面心立方晶格點。氧化銦或氧化錫所佔的比例越高，ITO 之功函數則越大，因此可藉由銦原子或錫原子峰值偏移的情況，間接得知功函數的變化。氧化銦錫的導電特性來自於錫的摻雜及氧的空位(Oxygen Vacancy)的存在，氧化銦錫因錫的摻雜使得其晶格中部份位置之銦原子被取代。由於錫的價電子比銦多一，當錫取代銦時便可釋放出電子，因此錫以 N 型施體的方式來提高銦錫氧化物之導電性。氧的空位在氧化銦錫中因晶格氧的位置沒有填補，而使得該鍵結之兩個電子釋出形成自由電子，因此氧的空位亦以 N 型施體的方式提高銦錫氧化物之導電性[37]。

不同的銦錫比例會有不同的 In_2O_3 及 SnO_2 等結晶相存在於薄膜中，各結晶相的存在與否和量的多寡，與氬氣和氧氣所混合的氣體中的氧氣濃度有關。良好的氧化銦錫結晶特性可以提高薄膜內部載子遷移率和減少氧化銦錫內部結晶所造成的散射，因此可以獲得較高的導電性以及穿透性。實務上為了解決導電性與電洞注入效率可在 ITO 與有機發光層中夾一層 HIL，例如置入阻值約 $10^7 \sim 10^8 \Omega \cdot cm$ 的導電性碳氟化合物(Conducting Fluorocarbon)便可彌補氧化銦錫薄膜的不足[38]。

● 7.3.4　表面粗糙度

為了達到良好的氧化銦錫表面(Surface Morphology)、界面與高的功函數，特殊處理的優劣往往攸關整個有機層的穩定性與發光效率。傳統濺鍍氧化銦錫方式粗糙度(Ra, Surface Roughness)大於 10nm，氧化銦錫濺鍍易受到製程控制與表面不良而形成表面粗糙度過大，或者氧化銦錫再結晶之晶粒所造成的突起，其不佳的平整度容易造成漏電流的路徑。一般而言，有機發光二極體需要低於 1nm 的陽極粗糙度以防止過於粗糙的表面電場過於集中，使得大量載子注入形成局部高溫所產生的熱點(Hot Spot)、暗點(Dark Spot)與亮度不均勻的現象。

圖 7.2 顯示不同氧化銦錫成膜溫度下的表面粗糙度，氧化銦錫薄膜成長的溫度約在 150~300℃ 之間，因此屬於複晶型薄膜，複晶型薄膜在後續蝕刻製程上會有蝕刻緩慢與表面粗糙化的問題。另外，氧化銦錫本身的化學活性低，必需以強酸作為圖形蝕刻，然而強酸蝕刻下可能會造成電極金屬的破壞。因此以非晶型氧化銦錫搭配回火，或直接以 200℃~300℃ 真空環境中回火 10~60min，可以有效降低氧化銦錫表面粗糙度可降至 3nm。

　　實務上可以採取 RF/DC 混合式或添加 H_2O 成份濺鍍以達到低於 1nm 粗糙度的氧化銦錫表面[42]。或是以短波長準分子雷射瞬間照射進行氧化銦錫的表面後處理，氧化銦錫的表面不僅具有較低的表面粗糙度，同時產生較高的表面功函數。對於初沉積之氧化銦錫薄膜會存在較多氧空位，而氧空位可視為施體並提供載子，而摻雜的錫會佔據銦的位置形成 N 型半導體。氧化銦錫經準分子雷射輕微照射後，由於 O_2^- 混入氧化銦錫近表面處，減少氧空位和能帶彎曲量增加，因而降低載子濃度、降低表面粗糙、增加電阻和增加表面功函數。然而雷射持續照射的結果，由於氧化銦錫在短波長時吸收部份能量形成結晶，配合低能量與多次照射的方式反而可以降低氧化銦錫薄膜片電阻約 0.13 倍。

(a) 非晶型 ITO　　　　　　　　　　(b) 結晶型 ITO

圖 7.2　氧化銦錫表面粗糙度

7.4　氧化銦鋅

　　低溫氧化銦錫易結晶而造成蝕刻不均與平坦度不佳的現象，而氧化銦鋅在低於 300°C 以下仍呈現非晶型，而且薄膜內部呈現較低的殘留應力與較低表面粗糙度[2]。氧化銦鋅薄膜最早是由日本 Idemitsu Kosan 所開發，商用的氧化銦鋅靶材主要成分為 90wt% In_2O_3 與 10wt% ZnO 粉末燒結的陶瓷靶。圖 7.3 顯示氧化銦鋅之光穿透率，氧化銦鋅表面粗糙度可達到 0.6nm[39]，光穿透率可達 85%以上。

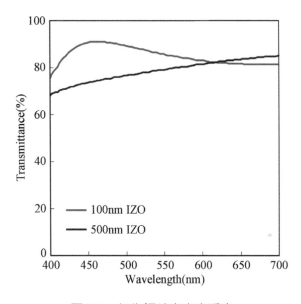

圖 7.3 氧化銦鋅之光穿透率

● 7.4.1 成膜技術

圖 7.4 顯示氧化銦鋅電阻率與濺鍍功率之關係性，氧化銦鋅的成膜以 RF 或 DC 濺鍍法為主[2,23]，當離子撞擊靶材的頻率越高，濺射出更多且具高動能的原子使得氧化銦錫結構更完整，較佳的結晶性使得薄膜內部缺陷減少，當載子傳導時減少散射的影響，因此使得氧化銦鋅薄膜導電性增高[2]。由氧化銦鋅薄膜導電的機制可知，薄膜在缺氧的情況下產生氧空缺而提供為載子，而在鍍膜時增加的氧氣補償了氧空缺，氧空缺減少因此電

阻率增加。因此濺鍍時增加氧/氬氣比例可以提高氧化銦鋅薄膜電阻率，較高的氧氣分量時形成更穩定的氧化物薄膜，使得氧化銦鋅內的缺陷減少、載子濃度降低，因此其能隙也相對較低。

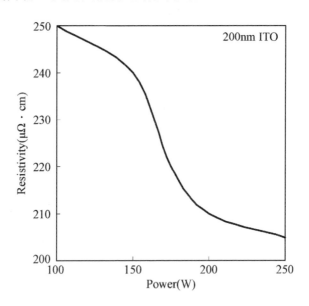

圖 7.4　氧化銦鋅電阻率與濺鍍功率之關係性

　　為了達到低溫成膜，亦可藉由離子輔助沈積製程，透過高壓電場解離氬氣引出形成中性高能離子束，藉由碰撞將其動能轉移到被濺射出的靶材原子，而獲得能量的原子可以更容易的在基板表面自由移動，因此形成高緻密性、高均勻性、附著性佳的氧化銦鋅薄膜[30]。

● 7.4.2　表面粗糙度

　　熱氧化銦錫薄膜的表面結晶化使其粗糙度增加，易引起尖端放電效應而使得有機發光二極體元件短路。氧化銦鋅薄膜為非晶型結構，從室溫成

膜到 350℃ 溫度成膜均可形成非晶型薄膜。於室溫成膜的氧化銦鋅薄膜的
表面粗糙度約在 5~6nm，其功函數約在 5.1~5.2eV，而阻值約在
300~400$\mu\Omega$-cm 之間。非晶形的氧化銦鋅薄膜可藉由草酸(Oxalic Acid)等弱
酸系蝕刻定義出良好的圖形，其蝕刻速率高於結晶形氧化銦錫，近來已有
一些大廠開始改採用氧化銦鋅的導電薄膜。

7.5　氧化鋅

　　氧化鋅(ZnO, Zinc Oxide)屬於 II-VI 族寬能隙的透明導電材料，其在
室溫下氧化鋅薄膜的能隙(Eg, Energy Band Gap)約 3.2~3.3eV 之間。氧化鋅
物理性質已相當接近於氧化銦錫薄膜，但在生產成本及毒性方面，鋅則優
於銦，尤其鋅的價格低廉對於材料的普及是一大利點。氧化鋅穿透率在可
見光頻譜與氧化銦錫薄膜類似，在可見光範圍氧化鋅具有約 90%的高穿透
率。經過適當的摻雜可以得到電性較佳的薄膜，常見如摻雜的鋁的氧化鋁
鋅(AZO)薄膜，氧化鋁鋅為結晶型但其蝕刻速率仍比氧化銦錫薄膜之非晶
型之蝕刻速率快[40]，所以氧化鋁鋅薄膜製程方式較 ITO 薄膜之製程方式
上將有簡化。

7.5.1　成膜技術

　　氧化鋅的成膜方式有分子束磊晶(MBE, Molecular Beam Epitaxy)、有
機 金 屬 化 學 氣 相 沉 積 法 (MOCVD, Metalorganic Chemical Vapor.
Deposition)、脈衝雷射沉積法(PLD, Pulsed-Laser Deposition)、熱分解法
(Spray Pyrolysis)以及濺鍍法(Sputtering)等。一般來說，以濺鍍法可得到較

佳的氧化鋅之薄膜性質並適用於有機發光二極體製程[41]。然而氧化鋅薄膜的電學特性受到鍍膜方法、熱處理條件及氧缺位影響很大。氧化鋅薄膜的導電性較氧化銦錫差，且氧化鋅薄膜經由熱處理後雖然在電特性方面有明顯的改善，但同時也降低了薄膜在紫外光及可見光波段的穿透率，因此量產實用性略差。

● 7.5.2 薄膜導電性

氧化鋅的導電機制也是與氧化銦錫相同，主要是因為缺氧狀態，而產生氧缺位。這些氧缺位造成了類氫之施體能階，而對於未摻雜的氧化鋅也有相似的受體能階[42]。而在無摻雜之氧化鋅材料中，氧化鋅薄膜表現出 N 型半導體的特性，其中的自由載子是來自於氧的缺位以及鋅原子的空隙所造成的淺層施體能階[43]。關於氧化鋅的導電機制也是與氧化銦錫相同，主要是因為缺氧狀態，而產生氧缺位。這些氧缺位造成了類氫之施體能階(Hydrogen-like Donor Level)。為了提升氧化鋅薄膜的電阻率，通常摻入異價元素如鋁、鎵、銦等，摻雜的鋁或鎵可以取代鋅的晶格位置，載子濃度因此提高而導電率會大幅提升[44,45,46]。相較於未摻雜之氧化鋅薄膜，摻雜入異價的元素可以提高氧化鋅薄膜之載子濃度。載子濃度的提高是由於摻雜之異價元素取代氧化鋅晶格中的 Zn^{+2} 離子的位置或者格隙的位置，使得晶格中傳導電子的增加，進而提升其導電率。

7.6 堆疊型陽極

為了提高電洞注入效率，可以堆疊型陽極架構調整陽極功函數並充當電洞注入層(HIL, Hole Injection Layer)的角色。當氧化銦錫成膜於上部發光結構時，由於濺鍍製程所導致有機材料表面的非輻射性驟息(Nonradiative Quenching)[47]。可藉由兩階段氧化銦錫濺鍍製程(Two-step Sputtering Sequence)[48]、搭配 Mg/Ag、LiF 等堆疊結構或插入 SiO_2[49]、Si_3N_4[50]、V_2O_5[22]、MoO_3、SnO_2、ZnO[51]、NiO 等氧化物調整陽極功函數，除了可以形成陽極濺鍍緩衝層(ABL, Anode Buffer Layer)保護底層有機材質，同時免於受到氧氣入侵、高能電漿與離子撞擊的傷害[13]。

另外，藉由適當厚度的堆疊結構或透明導電金屬氧化物設計可以有效阻擋過多的電洞注入，而降低電子電洞在發光層的不平衡，因此可以有效電子電洞的再結合率(Recombination Ratio)。例如以磁控濺鍍的鎳陽極，藉由 O_2 電漿處理後形成氧化鎳薄膜，其電阻率約 $1.7 \times 10^{-1} \Omega$-cm。一般來說 100nm 厚度的氧化鎳在可見光區平均穿透率約 40%。由於氧化鎳呈現 P 型半導體特性，其費米能階的價帶更靠近有機層的最高填滿分子軌域能階，使得電洞注入能障減小，因此 ITO/NiO 陽極電洞注入有機層效率較單一氧化銦錫陽極佳。

7.7　反射型陽極

傳統下部發光結構用氧化銦錫作為陽極，然而上部發光結構需採用高反射率、高穩定性與平坦度佳的金屬作為陽極。常見反射型陽極分成單一金屬型與多層金屬型，單一金屬型如鉻、金[21]、銀、銅、鎳[52]、鋁或白金等。鉻金屬擁有約 50~60%的反射率，早期最普遍使用於反射型陽極金屬，但由於鉻金屬製程對環境有相當程度的污染性，以漸被其他高反射率光金屬所取代。經驗上以濺鍍形成 20nm 的鉻金屬其表面粗糙度約 1nm，較電子束蒸鍍鉻金屬的 5nm 佳，同時在可見光反射率、有機發光二極體發光亮度亦優於電子束蒸鍍法。Sony 上部發光架構採用薄的鎂-銀與氧化銦鋅作為透光陰極，鉻金屬作為陽極並作為反射板，將大部份的有機發光二極體光源收集反射，配合微共振腔(Micro-Cavity)原理有效將有機層所發出的光向上發射。由於共振腔對於有機發光材料的厚度必須控制相當精準，作為下方陽極金屬必須具有高平坦與反射效果。

多層金屬型如鋁金屬搭配鉻、白金、鎳、金等高功函數金屬作為高反射陽極。實務經驗上 Cr/Al/Cr 或 Al/Au 雙層金屬層陽極效果不錯，100nm 厚度的鋁搭配 20nm 的鉻或 5nm 的金能夠具有高反射率，且與有機電洞注入層有最佳附著特性[24]。

7.8 微共振腔結構

微共振效應(Micro-cavity Effect)是由多束光干涉(Multi-beam Interference)及寬角度干涉(Wide-Angle Interference)效應形成[53]，因此四方散射的有機發光二極體光會因為受到共振腔的侷限，使得只有沿共振腔內來回振盪而產生建設性干涉。一般來說，有微腔體結構的強度為無微腔體結構的 4~20 倍左右。以 Kodak 2.2 吋 QCIF 面板為例採用微共振腔結構後整體面板色再現性提昇 46%，功率消耗節省 58%，而壽命增加 108%[41]。

7.8.1 金屬鏡-金屬鏡型微共振腔

圖 7.5 顯示有機發光二體元件微共振腔示意圖，有機發光二極體微共振腔可分成金屬鏡-金屬鏡(Metallic Mirror)型[54]與金屬鏡-布拉格反射鏡(DBR, Distributed Bragg Reflector)型[55]。一般而言上部發光的有機發光二極體結構多採用金屬-金屬型微共振腔，其陽極側為高反射率的金屬，另一側為半穿透金屬型陰極，因此夾在中間的有機層形成一個微共振腔，藉

由調整有機層的厚度改變微共振腔之共振波長膜態。圖 7.6 顯示半高頻寬示意圖,一般來說,在有機發光二極體光垂直反射壁行進的光束之間會發生干涉效應而受到抑制,因此只有特定的波長或頻率的光束能夠滿足共振條件,窄化發光光譜之波長半高頻寬(FWHM, Full Width at Half Maximum)而得到純色之有機發光二體光源[56]。

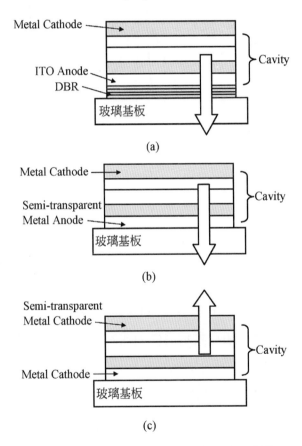

圖 7.5　有機發光二體元件微共振腔示意圖

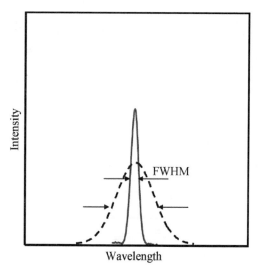

圖 7.6　半高頻寬示意圖

微共振腔滿足公式(7.1)之條件。

$$\frac{2L}{\lambda_{max}} + \frac{\Phi}{2\pi} = m \quad\text{...(7.1)}$$

其中 m 爲整數，λ_{max} 爲微共振腔波峰的波長，L 爲陰陽極間的光學長度 (optical path length)，Φ 於陰陽極間來回反射所造成的相位移(Phase Shift)。微共振腔的半高頻寬表示爲(7.2)式。

$$FWHM = \frac{\lambda_{max}^{\;2}}{2L} \cdot \frac{1 - \sqrt{R_1 \cdot R_2}}{\pi\sqrt[4]{R_1 \cdot R_2}} \quad\text{... (7.2)}$$

R_1, R_2 分別爲陰陽極的反射率(Reflectance)。當有機發光二體元件擁有較小的 FWHM 代表其發光頻譜較窄並有較高的色純度(Color Purity)[57]。

● 7.8.2　金屬鏡-布拉格反射鏡型微共振腔

　　而在下部發光的有機發光二體可採用屬金屬鏡-半透式金屬鏡型或金屬鏡-布拉格反射鏡型微共振腔結構。布拉格反射鏡是由兩種不同折射率的材料，以高、低、高、低折射率週期性層層堆疊而組成，每層的厚度必須符合四分之一中心波長的整數倍。折射率高低交互變化的多層四分之一波膜堆可獲得極高的反射率，而且理論上用相同多的膜層數四分之一波膜堆疊比非四分之一波膜堆疊所得到的反射率要高。金屬反射鏡與布拉格反射鏡形成 Fabry-Perot 微共振腔共振器，使得布拉格反射器所提供的高反射率波長能夠在此共振腔內共振，藉由調整腔內的長度決定其特定的共振波長，因此具有波長穩定的作用，可使由有機發光二體輸出的波長更加穩定。然而 Fabry-Perot 共振器的波長選擇具有方向性依存(Direction Dependent)[58]，因此這類架構所散發出的光較具方向而視角受到侷限。實務上可藉由在 ITO 陽極下堆疊多層 TiO_2、SiO_2 或 SiNx，利用玻璃與氧化銦錫間的多層高低折射率(RI, Refractive Index)，在陽極端與反射陰極端產生光學共振作用使元件可放射的波長變窄並加強發光效率。非對稱(Asymmetrical)多層介電結構的布拉格反射鏡使得有機發光二體製程變複雜。而半透式金屬鏡較布拉格反射鏡擁有較佳的偶合效率(Coupling Efficiency)，同時較無視角相依性(Angular Dependence)[55]，因此大多數的微共振腔結構多採用金屬鏡-金屬鏡型。

7.9　陽極表面處理

　　陽極的表面處理處理通常是各家面板商的 Know-How。氧化銦錫是有機發光二極體元件最常使用的陽極材質，一般氧化銦錫的工作函數約在 4.3~5.0eV 之間，其工作函數會隨氧化銦錫表面清潔程度的改善而有 0.1~0.3eV 的增加。爲了有效降低氧化銦錫的功函數並改善氧化銦錫與有機層界面通常採取乾式或溼式的處理，增加電洞的注入並降低驅動電壓，更重要的是可以增加元件的穩定性與壽命。

● 7.9.1　溼式與乾式處理

　　表 7.4 列舉了氧化銦錫薄膜表面處理技術，溼式處理有王水 (Aquaregia)、磷酸及雙氧水做表面極性處理，而乾式處理則有紫外線臭氧 (UV-Ozone)、眞空紫外光(VUV, Vacuum Ultraviolet)或氬氣電漿(Ar Plasma) 處理的方式將表面污染物去除。或是採取氧氣(O_2)、六氟化硫(SF_6)或四氟化碳/氧氣(CF_4/O_2)電漿處理，除了有效去除表面污染物(Contamination)，更能改變氧化銦錫表面之成份(In/O 比或 In/Sn 比)。由於在有機發光二極體的製造過程中需要阻絕水氣與氧氣，溼式的表面處理容易產生二次污染，因此在這些眾多的表面處理技術中，仍是以乾式處理最受到有機發光二極體量產製程的採用。其中以氧氣電漿與眞空紫外光處理普遍被使用於量產型生產線。

表 7.4　氧化銦錫薄膜表面處理技術

類別	處理方式	功函數	功函數變化	阻值	表面粗糙度	參考資料
乾式處理	O$_2$ Plasma	4.75eV	+0.25	15Ω/□	1.4nm	[59,60]
	Ar Plasma	4.55eV	+0.05	17Ω/□	23nm	[59]
	NH$_3$ Plasma	5eV	+0.3	—	—	[59]
	SF$_6$ Plasma	—			1.6nm	[61]
	Low Energy O$_2$ Ion Beam	—		31Ω/□	2.52nm	—
	VUV	5.6eV	+0.8	—	—	—
	UV Ozone	4.75eV	+0.25	—	—	[60]
溼式處理	Aquaregia	—		30Ω/□		[62]
	IPA Cleaning	4.9eV	+0.1		—	—
複合式處理	O$_2$ Plasma+Aquaregia	4.75eV	+0.2	30Ω/□	1.8nm	—
	O$_2$ Plasma+H$_3$PO$_4$	5.1eV	+0.7	—	—	[63]
	trichloroethylene +acetone+超音波震盪+O$_2$Plasma	4.394eV	+0.39	7.51Ω/□	—	—

7.9.1.1　紫外光處理

　　圖 7.7 顯示不同紫外光照射時間處理氧化銦錫之功函數，以室溫紫外光照射為例，經由 30 秒的紫外光處理後，氧化銦錫的功函數增加 0.5eV，

並且在照射的同時基板溫度並不會大幅升高。一般而言經過 300 秒的紫外光照射，其基板仍能維持低於 30℃以下。

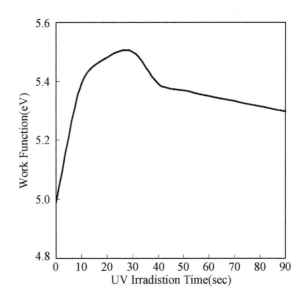

圖 7.7　不同紫外光照射時間處理氧化銦錫之功函數

7.9.1.2　氧氣電漿處理

圖 7.8 顯示不同氧氣電漿(O_2 Plasma)流量處理之氧化銦錫特性，氧氣電漿處理會隨處理時間的增加，氧化銦錫的表面粗糙度下降、氧含量上昇、銦與錫的氧化態增加、氧化物與碳的污染下降。實務經驗上經過氧電漿後有機材料與氧化銦錫的接觸角可以降至 1°以下，氧化銦錫表面根均方粗糙度降低約 25%。其原因主要為氧氣電漿處理導致表面 Sn^{4+}施體載子減少與表面富含負極性氧離子的偶極(Dipole)現象[60]。一般而言，氧化銦錫經過 60sccm 的 O_2 流量處理後，O/(In+Sn)的比例較為處理的高 10%，其工

作函數會隨氧化銦錫表面清潔程度的改善而有 0.1~0.3eV 的增加。另外，由於表面氧濃度增加，將使得表面載子濃度下降，負極性氧離子排斥導帶的自由電子進而導致表面空乏區變寬，使得表面費米能階向上彎曲增加 [59]。同時這薄薄的表面富含氧之氧化銦錫充當陽極與發光層的穿隧層 (Tunneling Layer)，其原理同 AlOx、CaO、LiF 在陰極的角色。

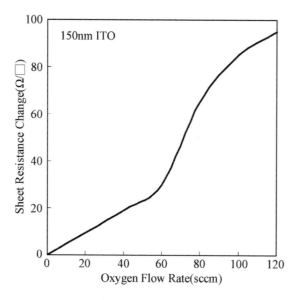

圖 7.8　不同氧氣電漿流量處理之氧化銦錫特性

● 7.9.2　底層表面形態

有機發光二極體的底層多為氧化層、氮化矽層或有機平坦層。一般而言，底層的表面形態直接影響後續透明導電層或金屬的粗糙度。例如氧化銦錫陽極的突起物、陰極金屬的孔洞等都容易導致有機發光二極體畫素暗點的產生。以 100nm 氧化銦錫而言，分別成長於二氧化矽保護層與有機材料的表面粗糙度為 0.9nm 與 3nm，通常過大的底層表面粗糙度往往造成有機發光二極體漏流或暗點的產生，因此實際應用於量產時多會藉由有機層提供平坦底層。此外也要避免連續高溫製程導致發光層結晶或凝聚而使得表面產生凹凸不平，進而使得有機分子排列不規則形成缺陷，當移動的電子或電洞通過這些缺陷附近時，電子或電洞易被缺陷困住，自然而然放出其部分的能量而失去運動能力，最後即使仍然能夠和相對電荷結合，但是已經不再擁有足夠的能量來放出可見光的光子，取而代之的能量釋放方式為發出熱量和產生分子振動。這種非預期的能量消散方式，不但降低了發光的效率，更導致薄膜內更多缺陷的產生，使發光元件效能更進一步惡化。

● 7.9.3　基板平整性

一般而言玻璃基板的表面平整性高於塑膠基板，因此當有機發光二極體應用於塑膠基板時會在塑膠基板上成長絕緣層或有機膜以改善其表面粗糙度。因此 SiO_2、$SiNx$、$AlOx$ 等薄膜扮演著填平塑膠基板表面的腳色，當塑膠基板表面粗糙度降低時，同時可以減少光的散射現象而提高在可見光範圍的穿透率。

參考資料

[1]　J. L. Vossen, Physics of Thin Films, Vol. 9, (1977), pp. 1

[2]　C. Hosokawa, et al., SID Digest, (1998), pp. 7

[3]　T. Komaru et al., Jpn. J. Appl. Phys. Part I, Vol.38, (1999), pp. 5796

[4]　J. H. Burroughes, et al., Nature, 347, (1990), pp. 539.

[5]　K. Akedo, et al., Proceedings of International Display Workshops, (2004), pp. 1367

[6]　H. Lifka, et al., SID Digest, (2004), pp. 1384

[7]　C. D. Müller, et al., Nature, Vol. 421, (2003), pp. 829

[8]　M. Suzuki,et al., Proceedings of International Display Workshops, (2004), pp. 1277

[9]　G. E. Jabbour, et al., Jpn.J. Appl. Phys.,Vol.38, (1999), p. L1553

[10] C. W. Tang, et al., Appl. Phys. Lett., 51-12, (1987), pp. 913

[11] P. K. Raychaudhuri et al., SID Digest, (2001), pp. 526

[12] Y. Tsuruoka et al., SID Digest, (2000), pp. 978

[13] H. Murakami et al., SID Digest, (2005), pp. 155

[14] T. Wakimoto, et al., SID Digest, (1996)

[15] S. Tabatake, et al., Proceedings of International Display Workshops, (2001), pp. 1431

[16] T. Miyashita, et al., Proceedings of International Display Workshops, (2004), pp. 1421

[17] S. -H. K. Park, et al., Proceedings of International Display Workshops, (2004), pp. 1347

[18] W. H. Kim, et al., Journal of Polymer Science: Part B, Vol. 41, (2003), pp. 2522

[19] Y. Yang, et. al., Mater. Res. Soc. Symp. Proc. Vol.871E, (2005), I9. 14. 1

[20] G. Gu, et al., Appl. Phys. Lett. 68, (1996), pp. 2606

[21] J. B. Nimoth, et al., SID Digest, (2004), pp. 1000

[22] X. -M. Yu et al., Proceedings of International Display Workshops, (2005), pp. 737

[23] T. Miyashita et al., Proceedings of International Display Workshops, (2005), pp. 617

[24] S. M. Chung, et al., International Meeting on Information Display, (2005), pp. 1374

[25] C. Qiu, et al., SID Digest (2003), pp. 974

[26] X. L. Zhu, et al., SID Digest, (2006), pp. 1292

[27] C.-J. Yang, et al., Appl. Phys. Lett. Vol.87,(2005), pp. 143507

[28] T. X. Zhou, et al., SID Digest, (1999), pp. 434

[29] F. O. Adurodija, et al., Thin Solid Films, 350, (1999), pp. 79

[30] H. J. Kim, et al., Surf. Coat. Technol. 131, (2000), pp. 201

[31] J. H. Burroughes, et al., SID Digest, (2000), pp. 1084

[32] H. Chen, et al., IEEE Electron Devices Lett., Vol. 24, No. 5, (2003), pp. 315

[33] M. H. Sohn, et al., J. Vac. Sci. Technol. A, Vol.21, No.4, (2003), pp. 1347

[34] H. Hosono, Jpn. J. Appl. Phys. Vol.37, No. 10A, (1998), pp. L1119

[35] T. Minami, et al., SID Digest, (2006), pp. 470

[36] H. W. Kim, et al., Proceedings of International Display Workshops, (2004), pp. 1355

[37] Y. Park et al., Appl. Phys. Lett., Vol. 68,(1996), pp. 2699

[38] W. Tong et al., Appl. Phys. Lett. Vol.84, (2004), pp. 4032

[39] Y. H. Yeh et al., Eurodisplay, (2002), pp. 29

[40] J. H. Lan　et al., Journal of Electronic Materials, 25, (1996), pp. 1806

[41] M. Ricks, et al., SID Digest, (2005), pp. 826

[42] D. J. Leary, et al., J. Electrochem. Soc, 29,(1982),pp. 1328.

[43] G. Neumann, Phys. Status Solids, B105 (1981), pp. 605.

[44] T. Yamamoto et al,Jpn.J. Appl. Phys.,Vol.38, (1999), pp. L166

[45] Y. Igasaki et al., Thin Solid Films, Vol.199 (1991), pp. 223

[46] T. Komaru et al., Jpn. J. Appl. Phys. Part I, 38 (1999), pp. 5796

[47] L. S. Liao et al., Appl. Phys. Lett., Vol. 75,(1999), pp. 1619

[48] T. Dobbertin, et al., Appl. Phys. Lett., Vol. 82,(2003), pp. 284

[49] Z. B. Deng, et al., Appl. Phys. Lett., Vol. 74,(1999), pp. 2227

[50] H. Jiang, et al., Thin Solid Films, Vol.363, (2000), pp. 25

[51] C. F. Qiu, et al., EURODISPLAY, (2002), pp. 631

[52] T. A. Beierein et al., Synthetic Metals, 111-112, (2000), pp. 295

[53] H. Riel, et al.,　J. Appl. Phys.,vol. 94, (2003), pp. 5290

[54] H. J. Peng, et al., SID Digest, (2005), pp. 1066

[55] H. J. Peng, et al., SID Digest, (2003), pp. 516

[56] S. Tokito et al., J. Appl. Phys.,vol. 86, (1999), pp. 2407

[57] M. Kashiwabara, et al., SID Digest, (2004), pp. 1017

[58] N. Takada, etal., Appl. Phys. Lett. Vol.63, (1993), pp. 2032

[59] H. Y. Yu, et al., Appl. Phys. Lett. 17, (2001), pp. 2595

[60] M. G. Mason, et al., J. Appl. Phys.,vol. 86, (1999), pp. 1688

[61] B. Choi et al., Appl. Phys. Lett. Vol.76, No. 4, (2000), pp. 412

[62] F. Li, et al.,Appl. Phys. Lett. Vol.70, No.20,(1997), pp. 2741

[63] F. Nuesch, et al.,Appl. Phys. Lett. Vol.74, No.6, (1999), pp. 880

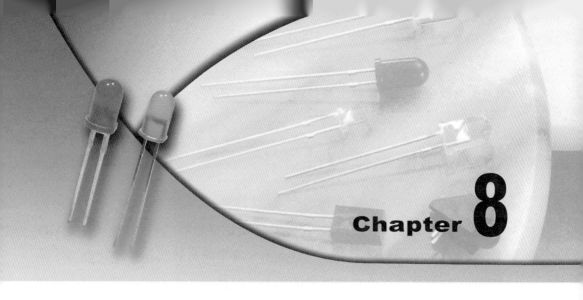

Chapter 8

有機發光二極體
陰極製程

8.1　前言

　　有機發光二極體為兩端子結構，為了配合有機材料的接觸面，有效地降低異質接面間的位能壁障，一般採用功函數較低的鋁、鎂、銀、鈣等金屬或合金作為有機發光二極體之陰極。然而陰極金屬與電子傳輸層直接接觸，容易在介面處形成提供激子額外的非輻射性衰減管道，進而減弱光的輸出。因此在原本的發光層與電極間引進了電子注入層，利用電子的穿隧效應來降低元件的驅動電壓並增加發光效率。

8.2 陰極電極特性

表 8.1 列舉了常見金屬之功函數特性[1]，有機發光二極體陰極 (Cathode)的功用爲將電子射入有機導電高分子的最低能階空軌域(LUMO, Lowest Unoccupied Molecular Orbital)，爲了能有效將電子注入高分子的 LUMO，一般都選擇低工作函數的金屬，工作函數愈低則金屬與發光層間 的能隙愈小，電子也就愈容易進入發光層內，提高電子和電洞的結合機 率，可增加發光效率並降低起始電壓。低功函數的陰極電極材料表面容易 與水分子或氧分子反應成爲氧化物，因而喪失其作爲電子注入之作用，所 以導致該區域無法發光而形成畫素黑斑。如果水或氧分子持續侵入與電極 材料發生反應，則此黑斑將逐漸擴大而使得整個畫素不發光。另外常見的 有機發光二極體材料的玻璃轉態溫度均不高，以 Alq3 與 NPB 爲例分別爲 175℃與 98℃，因此陰陽電極成膜時需避免高於玻璃轉態溫度，以防止有 機發光二極體材料的結晶與特性退化、有機層間擴散與金屬擴散至有機發 光二極體層[2,3,4]。

表 8.1 常見金屬之功函數特性

元素		原子量	功函數 (eV)	採用公司/單位	參考資料
鉑	Pt	78	5.65	Hong Kong University、KETI	[5,6]
鎳	Ni	28	5.15	IBM、KETI	[6,7]
鈀	Pd	46	5.12	—	—
金	Au	79	5.1	Novaled、Toyama University	[8]

表 8.1　常見金屬之功函數特性(續)

元素		原子量	功函數 (eV)	採用公司/單位	參考資料
鉬	Mo	42	4.6	ITRI、Toyama University	[9,10]
鎢	W	74	4.55	—	—
汞	Hg	80	4.52	—	—
鉻	Cr	24	4.5	Sony、ETRI、POSTECH	[11,12]
銅	Cu	29	4.47	—	—
鐵	Fe	26	4.36	—	—
鈦	Ti	22	4.33	—	—
鋁	Al	13	4.28	Eastman Kodak、Seiko Epson、Toshiba、Toyota、ITRI、KETI、 NCCU、Hong Kong University、Pohang University、Sungkyunkwan University、Toyama University	[13,14,15,16]
銀	Ag	47	4.26	Eastman Kodak、UDC、Sanyo、Princeton University、NTU、POSTECH、Hong Kong University	[12,14,15,17,18]
銦	In	49	4.12	—	—
錫	Sn	50	4.11	—	—
銻	Sb	51	4.08	—	—
鉛	Pb	82	4.02	—	—
鎘	Cd	48	3.92	—	—

表 8.1　常見金屬之功函數特性(續)

元素		原子量	功函數 (eV)	採用公司/單位	參考資料
鋅	Zn	30	3.74	—	—
鎂	Mg	12	3.46	Eastman Kodak、UDC、Sanyo、Princeton University、Arizona University	[14,17,18,19]
鉺	Er	68	3.2	Toyama University	[21]
鈣	Ca	20	2.76	DNP、Covion、Hong Kong University	[15,20]
鋰	Li	3	2.39	Eastman Kodak、Seiko Epson、Toshiba、Toyota、ITRI、KETI、NCCU、Sungkyunkwan University、Arizona University、Toyama University	[13,14,19,22]
鋇	Ba	56	2.29	Philips、South China University of Technology	[23,24]
鈉	Na	11	2.27	—	—
鉀	K	19	2.15	—	—

8.3　單層型陰極

　　常見的單一金屬型陰極材質為鹼金屬族、鎂、鋁、銀、鈣等,其中鋰金屬功函數約 2.39eV、鋁金屬功函數約 4.28eV、銀金屬功函數約 4.26eV。鋰金屬容易與水氣形成 LiOH 與 H_2,當鋰金屬在升溫環境下會與氮氣與氧氣分別反應出 Li_3N 與 Li_2O。而使用鈣電極容易因為氧氣與水氣入侵而形成暗點[25]。鋁金屬和銀金屬擁有相近的表現,然若以成本考量,以鋁金屬最常被使用。當鋁金屬厚度約在 20~40nm 時，鋁金屬陽極將呈現半透明的狀態，適合上部與雙面發光架構。而當金屬厚度高於 50nm 時，陽極呈現不透明的狀態，有機發光二極體光線由頂部陰極反射出射使發光亮度及效率大幅提升。然而過厚的鋁金屬將使陰極表面的粗糙度變差，反射率下降使發光特性變差。實務上會透過氧氣電漿處理鋁電極表面可使有機發光二極體的逆漏電流降低，同時整流率(Rectification Rate)可提昇至 10^6。

在可見光範圍中銀金屬較其他金屬具有低的光吸收特性與極佳的導電率，然而純銀金屬的有機發光二極體元件漏電流較鋁金屬者嚴重，元件光電效率不及功函數相似的鋁金屬。鋁金屬具有相當良好的抗蝕刻能力，然而其缺點為功函數偏高，因此驅動電壓亦偏高，同時對於 Alq3 具有擴散與滲透現象，容易造成激子的驟息。實務上會銀金屬會搭配其他如 LiF/Al 等金屬，藉此提高陰極穩定度與降低面電阻。

8.4　合金型陰極

低功函數的單一金屬型陰極金屬化學活性較高，易與環境中的水分與氧氣發生氧化作用(Atmospheric Oxidation)與腐蝕現象(Corrosion)，快速失去其活性而變成非導體[26,27]。因此實務上會在陰極金屬上再覆蓋一層活性較低的金屬、金屬鹵化物或氧化物或其屬合金保護，使得能有效向發光層注入電子，以提高發光亮度和降低驅動電壓。

合金金屬亦可以增加沈積於有機層的附著性，實務上以 Mg:Ag 與 Al:Li 等合金最常被使用。鎂的功函數約 3.5eV，金屬特性相當穩定但容易受大氣腐蝕，所以選擇摻入同樣體積的 Ag 可以使其減少腐蝕的現象，而當鎂銀以十比一的比例形成合金後。少量的銀可以提供成長區(Nucleating

Site)給鎂，使得鎂可以順利的在有機層上成膜，Mg-Ag 合金功函數約 3.7eV[28]。

鋰金屬暴露於空氣中呈現不穩定狀態，因此不適合單獨作為有機發光二極體的陰極。鋁的功函數約 4.28eV，藉由加入功函數 2.39eV 的鋰形成 Al:Li 合金降低了鋁的電子跨越能障，提升了電子注入能力。一般來說鋁摻雜 0.1wt%至 0.6wt%的鋰，其功函數約 3.2eV[14,16,22,29]。

8.5　多層型陰極

由於大部份有機材料的電子傳輸性質和電洞傳輸速度並不相同，以致於使元件內部電子和電洞再結合形成激子區域不易局限在有機材料的內部，而總是發生在電極和有機材料的界面附近，使得激子容易進行非幅射緩解的消光機制(Non-radiative Relaxation)。由於相當大比例的載子會直接擴散或漂移至對面的電極，因此不會進行電子與電洞的再結合反應而放光。因此藉由多層型陰極的設計在電極與有機層之間插入極薄的鹼金屬 (Alkali Metal)、鹼金屬氧化物(Alkaline Metal Oxide)或鹼金屬氟化物 (Alkaline Metal Fluoride)。常見的材質如 LiF、CsF[30]、Al_2O_3[31]、Li_2O[32]、MgF_2[33]、MgO[34]、CaF_2[35]、MoO_3、Ag_2O[12]、NiO_2[6,9] 等，或有機緩衝層如 CuPc、BCP 等。其作用除了可作為有機材料的保護層外，同時可藉由電子穿隧效應降低有機發光二極體元件的驅動電壓亦能改善有機發光二極體發光效率[36]。常見的結構有 LiF/Mg、Ba/Al、LiF/Al、Li_2O/Al、Al_2O_3/Al、MgF_2/Al、Al/Li/Al 等 [9,14,19,37,38]。以鋁金屬為例，藉由 RF 電漿轟擊鋁金屬電極使金屬表面形成很薄氧化鋁層之 Al/Al_2O_3 複合結構，Al_2O_3 層可降低電子注入的抗阻，進而改善電子的注入效率與降低有機發光二極體起始電壓，同時可作爲保護層避免元件因外界環境的侵蝕而損壞，並可提高元件之整流率[31]。

氟化鋰(LiF, Lithium Fluoride)屬於絕緣性的非有機材料，其能障約12eV，加入一層約 5~10Å 的薄氟化鋰可以大幅降低元件的操作電壓並可提升發光亮度約三倍左右。隨著氟化鋰薄膜厚度增加時，在鋁陰極和 LiF 薄膜的界面間穿遂效應降低，當 LiF 層厚度降低造成位能障降低，氟化鋰改變了鋁界面的化學反應，界面偶極(Dipole)使眞空能階移動更大進而降低電子注入能障和增加有機發光二極體性能。以 Al/LiF/Alq3 架構爲例，當 LiF 厚度大於 0.5nm 時，氟化鋰在此時形成完整的絕緣層薄膜，載子通過時易受到絕緣層的阻礙[39]。

8.6　半穿透金屬型陰極

上部發光型畫素與雙面發光型畫素需要應用到透明或半透明電極，而透明導電電極大略可分爲氧化物薄膜與薄金屬膜[40,41]。薄金屬如金、銀、鋁、鉑及銅的厚度低於 10nm 時可以增加其可見光的穿透度，但厚度過薄的金屬會形成島狀不連續狀導致電阻率增高，且其導電率會受表面散射效應與雜質飄移影響而降低。一般以 2.5~10nm 厚度的金來提供高功函數的陰極，然而金原子容易擴散而形成短路與有機發光二極體元件不穩定，因此實務上會在有機層中插入 MoO_3 等緩衝材質來降低此現象[9]。

圖 8.1 顯示 Mg-Ag 厚度與穿透度之相關性，如 Mg:Ag 或 Al:Li 在厚度薄於光學集膚深度(Optical Skin Depth)時都會呈現某種程度的透光性，通常約在厚度 10~15nm 範圍內有不錯的透光效果。例如 10nm 厚度的鋁金屬，其穿透率約 24%，電極片電阻約 13Ω/sq。實務上常使用 LiF/Al/Ag 或

Mg-Ag/ITO 的堆疊(Stack)結構，可同時解決了有機發光二極體界面的穩定性與畫素發光效率[11,42]。實務上 0.4nm 厚度的 LiF 搭配 4nm 厚度的 Al 與 10nm 厚度的 Ag、或是 10nm 厚度的 Mg-Ag 搭配 50nm 厚度的氧化銦錫都可以達到 50%以上的穿透度與不錯的導電性[18]。

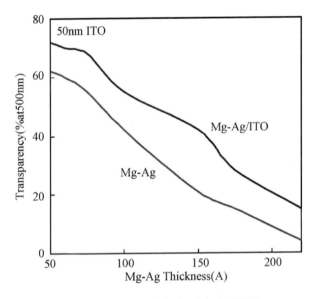

圖 8.1　Mg-Ag 厚度與穿透度之相關性

8.7　對比加強架構

　　表 8.2 列舉了常見的有機發光二極體對比加強(Contrast-Enhance)技術，由於有機發光二極體呈現無方向性發光型態，因此在光穿透過 TFT 基板的過程會有雜散的光線與外來環境光造成低對比。下部發光結構中有著反射式的陰極結構，將發光層所發出的光再反射回透明陽極，這樣的設

計除了增加亮度值的同時，卻也將一般環境中入射進面板的雜散光，一併反射回使用者的視覺感官中，進而相對的降低了顯示器的對比度。熟知的提高對比度的方式是在有機發光二極體顯示器的最外層貼上圓形偏光片(Circular Polarizer)或使用低反射率材質提升面板的對比。這樣的設計雖可達到提高對比度的效果，但卻犧牲了有機發光二極體廣視角優點。由於偏光板並非是有機發光二極體的結構之一，加上這對製作商品而言是一項額外的成本支出，因此除非有必要性的特殊設計，否則較不建議使用偏光板。

表 8.2　有機發光二極體對比加強技術一覽

分類	加強模式	畫素結構	對比提昇率	採用公司或單位	參考資料
圓形偏光架構	Neutral Filter	下部發光型	2.6	Uniax	[39]
	Circular Polarizer (Dull Surface)	下部發光型	1.2	Uniax	[39]
	Circular Polarizer (Shiny Surface)	下部發光型	3.4	Uniax、ITRI	[39,43]
	Cholesteric LC Layer/Circular Polarizer	下部發光型	—	Hitachi	[44]
	Double Side Linear Polarizer	雙面發光型	11.4	SEL、ELDis、Pioneer	[45]
	Double Side Circular Polarizer	雙面發光型	25.6	SEL、ELDis、Pioneer	[45]

表 8.2　有機發光二極體對比加強技術一覽(續)

分類	加強模式	畫素結構	對比提昇率	採用公司或單位	參考資料
內部光學干涉	Thin Metal/Transparent Layer/Thick Metal	下部發光型	7.2	Luxell、Hyundai LCD、Xerox	[46,47,48]
	Thin LiF/Thin Al/Thin LiF/Al	下部發光型	>4	ITRI	[43]
	Thin LiF/Thin Al/ Organic Layer/Al	下部發光型	>7	ITRI	[43]
	ITO/Al/Thin LiF/Organic Layer/Thin LiF/Al	下部發光型	>4	NTU	[49]
	Al/Organic Layer /SiOx	上部發光型	—	Luxell	[50]
抗反射層	ZnSe	上部發光型	1.7	IBM	[7]
	Thin Ag /TeO$_2$/LiF	上部發光型	>4	ITRI、NTU	[10]

● 8.7.1　圓形偏光架構

　　常見的 OLED 陰極材料多為反射率高的金屬薄膜(例如 Mg-Ag 合金)，因此遭受外界環境光照射時呈現高度反光，大幅降低 OLED 的可觀看性。為了提昇 OLED 的顯示畫質，實務上會在 OLED 表面再貼附一層圓型偏光片以降低環境光的反射。

　　圖 8.2 與圖 8.3 分別顯示下部發光型與雙面發光型有機發光二極體面板之圓形偏光架構，在有機發光二極體模組外貼上一層圓形偏光片(Circular Polarizer)，藉由線性偏光片(Linear Polarizer)與四分之一波長相位

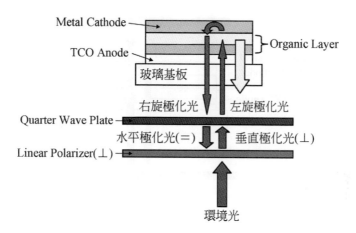

圖 8.2　下部發光型之圓形偏光架構

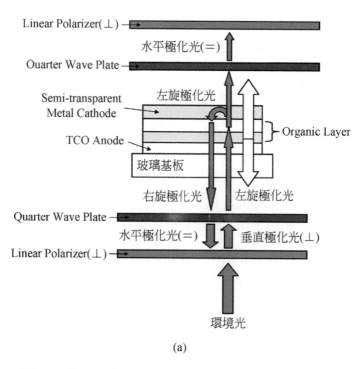

(a)

圖 8.3　雙面發光型有機發光二極體面板之圓形偏光架構

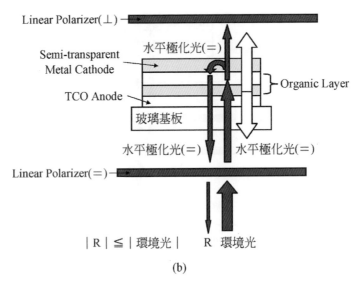

(b)

圖 8.3　雙面發光型有機發光二極體面板之圓形偏光架構(續)

延遲片(Quarter Wave Plate)的原理將 180 度相位差的反射環境光吸收，減少環境光反射造成有機發光二極體面板對比下降[47]。一般來說 400nm 至 700nm 波長範圍內，未貼合圓形偏光片的有機發光二極體面板平均反射率約 80~85%，貼合圓形偏光片的面板約 6~7%。具有抗反射塗佈之圓形偏光片的有機發光二極體在 500lux 環境下的對比超過 300:1[51]。圓形偏光架構方式適用於下部發光型上部與雙面發光型有機發光二極體畫素設計，然而使用外部圓形偏光或率光架構的面板材料成本(BOM, Bill of Material)偏高，同時部份有機發光二極體亮度會被偏光片吸收且有被視角也會受到局部的限制。

　　圖 8.4 顯示圓形偏光片與無偏光片 OLED 架構。額外的圓形偏光片只讓部分光線通過，厚度約增加 50~100μm，雖然增加了 OLED 的對比，但犧牲了的亮度與發光效率。額外的圓形偏光片應用在軟性可撓式 OLED 時，100μm 的厚度容易導致多次撓曲後的偏光板氣泡(Polarizer Bubble) 或折損，因此可撓式 OLED 多採用無偏光片架構來增加耐用度 (Durability)。無偏光片 OLED(Polarizer-less OLED)又稱為 OCP(On Cell Polarizers)或 COE(Color Filter on Encapsulation)，無偏光片架構是在薄膜封裝層上製作黑色畫素定義層(PDL, Pixel Defining Layer)與彩色濾光片。將原本透明的 PDL 層改成黑色 PDL 層，黑色材料可吸收外部環境的光線，避免環境光線反射。額外的彩色濾光片結構只讓特定波長的光反射，兼顧了 OLED 的光穿透率、對比與耐撓曲性。無偏光片技術的光穿透率比傳統 OLED 高 33%，隨著曲面可撓螢幕、螢幕下指紋、螢幕下發聲、螢幕下相機(UDC, Under Display Camera)的興起，拿掉圓形偏光片成為各面板廠開發的顯學。

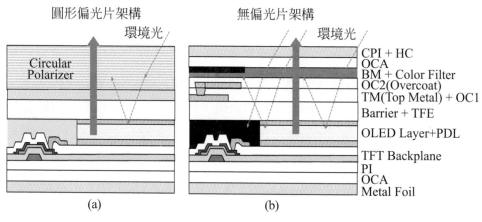

圖 8.4　圓形偏光片與無偏光片 OLED 架構

● 8.7.2　光學增亮膜

有機發光二極體面板的光學增亮膜可利用 Cholesteric 液晶與不同的 Nematic 液晶混合成複合系液晶，藉著改變不同的外在環境條件，如溫度、電壓、不同的混合比例和液晶濃度，再照射紫外光來使複合系液晶膜硬化，使得液晶高分子膜的選擇性反射光波段寬度改變，而使其呈現不同選擇性反射光波波段的變化而提升顯示亮度[44]。

● 8.7.3　內部光學干涉

為了不增加外貼材料的成本，整合式對比加強架構(ICE, Integrated Contrast-Enhancement)成為有機發光二極體設計的重點。內部光學干涉的原理是在陰極及有機層之間插入吸收(Light-Absorbing)或破壞性干涉(Destructive-Optical- Interference)的薄膜，可以消除進入元件的雜散光同時也將降低欲由陰極反射回的光亮度。增加對比度的方法在於消除雜散光而非消除元件本身所發出的光，所以這類黑膜(Black Layer)設計重點在於評量薄膜的吸收率。

由於大部分的反射區域來自於有機發光二極體的陰極金屬，因此亦可以藉由陰極金屬材料的選擇將光線吸收或破壞性干涉，在相同的畫素結構與製程設備下製作出低反射率的金屬導線[52,53]。圖 8.5 顯示內部光學干涉(Internal Optical Interference Stack)架構，內部光學干涉藉由三層陰極結構吸收 180 度相位差環境光，第一層為薄金屬作為半吸收金屬層(Semi-Absorbing Metal Layer)，其厚度約 1nm~5nm。第二層為具有光學吸收與相位差干涉(Phase-Shifting Layer)層，實務上多選擇 ITO、IZO、AZO 透明導電氧化層、SiOx:Al 氧化矽基材質或有機層。第三層為厚金屬層。

薄金屬反射部分環境光 R_1，部分穿透薄金屬的環境光再由厚金屬層反射出來 R_2。內部光學干涉的薄膜設計必須符合公式(8.1)與(8.2)。

$$d = \frac{\lambda}{4 \cdot N}$$ .... (8.1)

$$N = n - ik$$ .... (8.2)

公式(8.1)中 d 為相位差層的厚度、λ 為環境光波長、N 為複數折射率 (Complex Index of Refraction)，公式(8.2)中的實數部分的 n 為介質之折射 (RI, Index of Refraction)、虛部分的 k 為衰減係數(Extinction Coefficient or Absorption Coefficient)。藉由設計衰減係數與相位差層的厚度，使得環境光通過相位差層時於厚金屬層反射時產生 180 度的相位差，此相位差使得 R_1 與 R_2 相互抵銷[47,48]。一般來說 400nm 至 700nm 波長範圍內，未使用低反射率材質的有機發光二極體面板平均反射率約 80~85%，而使用低反射率導線架構約 5~8%[49]。此方式較適合應用於下部發光型有機發光二極體畫素設計。

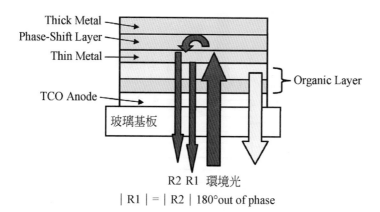

R2 R1　環境光

| R1 | = | R2 | 180°out of phase

圖 8.5　有機發光二極體面板內部光學干涉架構

● 8.7.4 抗反射層

圖 8.6 顯示有機發光二極體面板抗反射層架構(Anti-Reflection Coating)，抗反射層藉由陰極表面堆疊高折射率與低折射率的材料組合，空氣的折射率為一，當外部環境光由空氣入射到抗反射層表面，由於環境光較低折射率射入高折射率間介面呈現較低的反射率，因此光線反射的部分相當低。實務上常利用折射率為 2.4~2.6 的氧化鏑(TeO_2)或 2.3 的氧化鈦(TiO_2)。

IBM 的上部發光型有機發光二極體藉由 Ca/Mg 薄陰極金屬上覆蓋硒化鋅(ZnSe, Zinc Selenide)介電層(Dielectric Capping Layer)提高有機發光二極體的光輸出效率。經驗上額外覆蓋硒化鋅層並不會直接影響有機發光二極體元件的電流電壓特性與驅動電壓值，但對於有機發光二極體發光層產生的光線輻射至外界時的干涉效應(Interference Effects)有助益。光經 Ca/Mg/ZnSe/Air 結構對空氣的反射率較 Ca/Mg/Air 低，因此藉由改變硒化鋅厚度其正向放光效率可最高可達 1.7 倍。

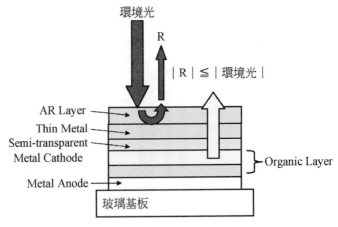

圖 8.6　有機發光二極體面板抗反射層架構

● 8.7.5　整合式黑色矩陣結構

　　圖 8.7 顯示整合式黑色矩陣結構，下部發光型有機發光二極體由於其光源路徑通過薄膜電晶體背板的保護層與玻璃基板，常因為折射係數的不

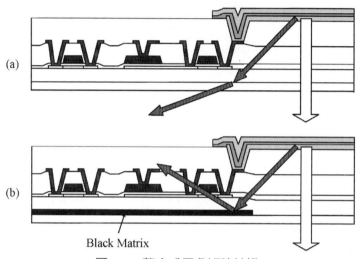

(a)

(b)

Black Matrix

圖 8.7　整合式黑色矩陣結構

匹配導致光路偏離法線，因此對比度受到影響。實務上可藉由底部黑色矩陣(BM, Black Matrix)架構用來遮住 R、G、B 各畫素間的空隙，可大幅減少有機發光二極體發光子畫素間彼此干擾所產生的光害，呈現更高的對比且清晰的影像品質。然而這類的設計需要額外製程與光罩，因此較適用於高解析度的下部發光型有機發光二極體面板的設計。

參考資料

[1]　D. A. Neamen, Semiconductor Physics and Devices ,2nd Ed, Irwin

[2]　M. Fujihira et al., Appl. Phys. Lett., 68, (1996), pp. 1787

[3]　M. Probst et al., Appl. Phys. Lett., 70, (1997), pp. 1420

[4] A. R. Schlatmann et al., Appl. Phys. Lett., 69, (1996), pp. 1764

[5] C. F. Qiu, et al., SID Digest, (2003), pp. 974

[6] C. J. Lee, et al., EURODISPLAY, (2002), pp. 663

[7] H. Riel, et al., Appl. Phys. Lett. Vol. 82, (2003), pp. 466

[8] J. B. Nimoth, et al., SID Digest, (2004), pp. 1000

[9] T. Miyashita et al., Proceedings of International Display Workshops, (2005), pp. 617

[10] C. -J. Yang, et al., Appl. Phys. Lett. Vol.87,(2005), pp. 143507

[11] S. M. Chung, et al., International Meeting on Information Display, (2005), pp. 1374

[12] H. W. Choi, et al., Appl. Phys. Lett. Vol.86,(2005), pp. 012104

[13] K. Akedo, et al., Proceedings of International Display Workshops, (2004), pp. 1367

[14] P. K. Raychaudhuri et al., SID Digest, (2001), pp. 526

[15] X. -M. Yu et al., Proceedings of International Display Workshops, (2005), pp. 737

[16] T. Wakimoto, et al., SID Digest, (1996)

[17] C. W. Tang, et al., Appl. Phys. Lett., 51-12, (1987), pp. 913

[18] T. X. Zhou, et al., SID Digest, (1999), pp. 434

[19] G. E. Jabbour, et al., Jpn.J. Appl. Phys.,Vol.38, (1999), pp. L1553

[20] C. D. Müller, et al., Nature, Vol. 421, (2003), pp. 829

[21] S. Tabatake, et al., Proceedings of International Display Workshops, (2001), pp. 1431

[22] Patent US5429884A1

[23] H. Lifka, et al., SID Digest, (2004), pp. 1384

[24] Y. Cao, et al., SID Digest, (2004), pp. 892

[25] K. K. Lin, et al., SID Digest, (2001), pp. 734

[26] P. E. Burrows, et al., Appl. Phys. Lett. Vol.65, (1994), pp. 2922

[27] Y. -F. Liew, et al., Appl. Phys. Lett. Vol.77, (2000), pp. 2650

[28] H. Xin, et al., Chem. Phys. Lett. 388,(2004), pp. 55

[29] M. Fujihira et al., Mater. Sci. Eng. B85, (2001), pp. 203

[30] G. E. Jabbour, et al., Appl. Phys. Lett. 73,(1998), pp. 1185

[31] F. Li, et al., Appl. Phys. Lett. 70,(1997), pp. 1233

[32] Patent US5739635A1

[33] Y. Parka, et al., Appl. Phys. Lett. Vol.79, No.1 (2001), pp. 105

[34] L. S. Hung, et al., Appl. Phys. Lett. Vol.70, (1997), pp. 152

[35] J. Lee, et al.,Appl. Phys. Lett. 80, (2002), pp. 3123

[36] L. S. Hung, et al., J. Appl. Phys. Vol.86, (1999), pp. 4607

[37] L. S. Hung et al., Appl. Phys. Lett., 70, (1997), pp. 152

[38] G. E. Jabbour et al., Appl. Phys. Lett., 73, (1998), pp. 1185

[39] L. S. Hung, et al., Appl. Phys. Lett. Vol.70, (1997), pp. 152

[40] C. -W. Chen, et al., Appl. Phys. Lett. Vol. 85, (2004), pp. 2469

[41] C. -W. Chen, et al., Appl. Phys. Lett., Vol. 83,(2003), pp. 5127

[42] G. Gu, et al., Appl. Phys. Lett. 68, (1996), pp. 2606

[43] C. K. Yen, et al., SID Digest, (2005), pp. 867

[44] M. Adachi, et al., SID Digest, (2005), pp. 1285

[45] Y. Nakamura, et al., SID Digest, (2004), pp. 1403

[46] H. Aziz, et al., Appl. Phys. Lett., 83, (2003), pp. 186

[47] A. N. Krasnov, EURODISPLAY, (2002), pp. 149

[48] S. J. Kang, et al., International Meeting on Information Display, (2005), pp. 1394

[49] K. H. Chuang, et al., International Display Manufacturing Conference, (2005), pp. 685

[50] R. Wood, et al., Proceedings of International Display Workshops, (2005), pp. 665

[51] M. R. Vincen, et, al., Proc. of Vehicular Displays and Microsensors, (1999), pp. 39

[52] J. Heikenfeld, et al., IEEE Trans. Electron Devices, Vol. 49, No. 8, (2002), pp. 1348

[53] F. L. Wong et al, Thin Solid Film, 446, (2004) ,pp. 143

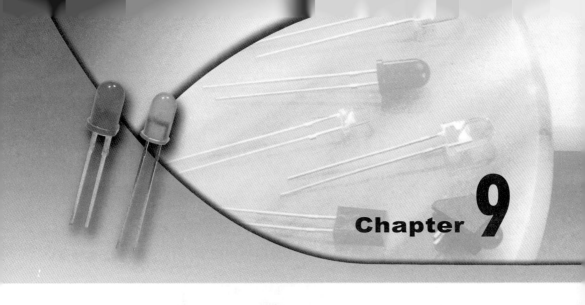

Chapter **9**

主動式類比畫素設計

9.1　前言

有別於液晶材料的電壓驅動原理，有機發光二極體材料為電流驅動型，控制其灰階須依賴電流流入有機發光二極體的電流密度決定。當面板尺寸放大時，整體耗電量的問題更加嚴重，因此除了改善有機發光二極體材料的發光效率外，AMOLED 的畫素驅動設計會依據產品應用不同而調整以達到影像品質與省電的功效。

9.2　畫素設計設定

圖 9.1 顯示有機發光二極體畫素設計流程，在初始設定時必須決定 AMOLED 面板的大小與解析度以計算出畫素間距，同時藉由有機發光二極體材料的發光效率與亮度-電壓-電流特性(BVI, Brightness-Voltage-

Current Curve)的選擇可以符合面板亮度的需求。有機發光二極體壽命與發光效率可以決定 RGB 畫素的比例分配。透過 SPICE 的模擬可以得到薄膜電晶體元件寬長比(W/L)的參數需求。經過佈局(Place)與繞線(Route)、設計規則檢查(DRC, Design Rule Check)、寄生電阻電容參數萃取並回饋模擬修正，最後是製程光罩製作(包含微影用光罩與 OLED 蒸鍍用金屬遮罩)。

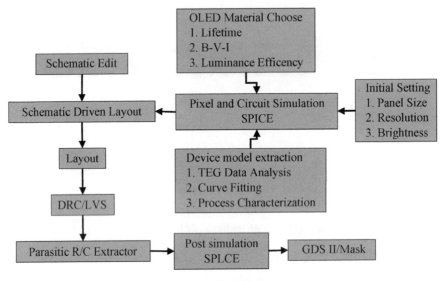

圖 9.1　有機發光二極體畫素設計流程

● 9.2.1　畫素間距

圖 9.2 顯示畫素間距、面板尺寸與解析度之相關性，當設定好有機發光二極體面板尺寸與解析度後，畫素間距(Pixel Pitch)可由面板尺寸、長寬比與解析度推導，其定義如公式(9.1)。

$$Pitch = \frac{W}{\sqrt{(W^2+L^2)}} \cdot S \cdot \frac{1}{R_V} = \frac{L}{\sqrt{(W^2+L^2)}} \cdot S \cdot \frac{1}{R_H} \quad\text{......................} (9.1)$$

其中 L 與 W 分別代表面板的長寬比、S 為面板對角尺寸、R_V 與 R_H 分別代表面板垂直與水平方向解析度。例如 2 吋 QVGA 解析度有機發光二極體面板，其畫素間距 $Pitch = \dfrac{3}{\sqrt{(3^2 + 4^2)}} \cdot (2 \times 25.4 \text{ mm}) \cdot \dfrac{1}{240} = 0.127 \text{ mm}$。

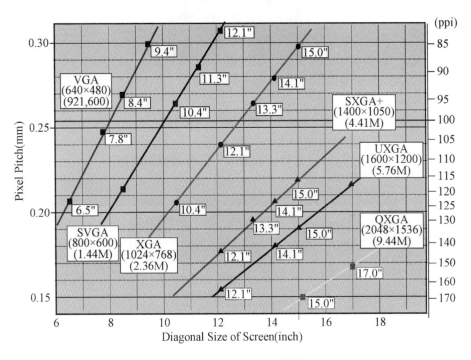

圖 9.2　畫素間距、面板尺寸與解析度之相關性

　　圖 9.3 顯示畫素間距之示意圖，以 R:G:B 子畫素比例為 1:1:1 為例，其 RGB 子畫素間距為 $\dfrac{0.127 \text{ mm}}{3} = 0.0423 \text{ mm}$。表 9.1 列舉常見各類型有機發光二極體畫素間距，當解析度越高時，相對的畫素間距也隨之變窄，其單位面積內可容納的薄膜電晶體之數量也隨之受到限制。

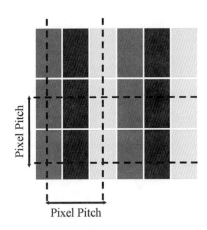

圖 9.3　畫素間距之示意圖

表 9.1　各類型有機發光二極體畫素間距

應用領域	尺寸	解析度	長寬比	畫素間距
無線通訊裝置	2.0"	320×RGB×240 (QVGA)	4:3	0.127mm×0.127mm
數位裝置	2.4"	320×RGB×240 (QVGA)	4:3	0.153mm×0.153mm
攜帶式個人助理	3.8"	480×RGB×320 (HVGA)	4:3	0.168mm×0.168mm
攜帶式多媒體裝置	5.5"	320×RGB×240 (QVGA)	4:3	0.348mm×0.348mm
筆記型電腦	14.1"	1024×RGB×768 (XGA)	4:3	0.279mm×0.279mm
桌上型監視器	17"	1280×RGB×768 (WXGA)	16:10	0.289mm×0.289mm
平面電視	32"	1366×RGB×768 (WXGA)	16:9	0.519mm×0.519mm

● 9.2.2　畫素開口率

　　一般來說，AMOLED 畫素至少包含了兩個薄膜電晶體、一個儲存電容、一條掃描訊號導線、一條資料訊號導線與一條電流供應訊號導線，因此其可供發光的開口率面積遠小於液晶顯示器畫素。通常有機發光二極體畫素開口率直接影響面板的亮度，以 200nit 面板亮度為例，開口率 25%的 RGB 子畫素設計需要 800nit 亮度的有機發光二極體。而開口率 50%的 RGB 子畫素設計需要 400nit 亮度的有機發光二極體。實務上可藉由精簡薄膜電晶體數目、儲存電容與導線架構、採用上部發光架構與數位驅動等來提升畫素開口率[1,2]。

● 9.2.3　RGB 畫素排列架構

　　圖 9.4 顯示不同 RGB 畫素排列架構，因應有機發光二極體產品應用有機發光二極體畫素排列設計而區分為直條(Stripe)型、三角(Delta)型與馬賽克(Mosaic)型。一般文字顯示為主的監視器畫素排列會採用直條型(如圖 9.4(a)所示)，而大尺寸電視用有機發光二極體畫素之排列多採用三角型或馬賽克型(如圖 9.4(b)與 9.4(c)所示)。以直條型因而畫像素的間距(Pitch)較大同時其條狀的畫素形成粗的圖像，三角型畫素是將 RGB 三原色排列成三角形的設計，因而可得到最自然的影像顯示。馬賽克型畫素則是在影像畫面上，以斜向的方式將 RGB 三原色之同一色彩配置，其結果則是比直條型有更自然的影像畫面。

OLED 的畫質取決於面板解析度,高密度排列的畫素往往導致 OLED 製程良率下降,因此解析度大於 300PPI(Pixel Per Inch)的畫素設計大多會採用子畫素渲染(SPR, Subpixel Rendering)技術來兼顧畫質與製程良率。在相同的畫素數量下,SPR 透過子畫素佈局(Sub-pixel Layout)、彩度增強(Chroma Enhancement)、空間濾波(Spatial Filtering)等方式來提高畫質、擴大色域、降低功率消耗。常見到 SPR 設計是採用 2 顆或 1.5 顆(或更少)的子畫素模擬 3 顆子畫素的演算法,來降低畫質的失真與模糊,同時提高穿透率與製程良率。

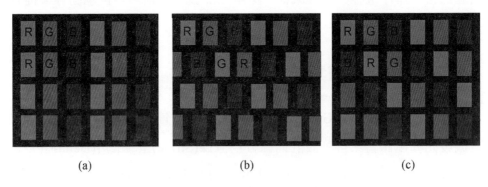

(a)　　　　　　　　　　(b)　　　　　　　　　　(c)

圖 9.4　RGB 畫素排列架構

● 9.2.4　RGBW 畫素排列架構

圖 9.5 顯示不同 RGBW 畫素排列架構,RGBW 架構中的 R、G、B、W 子畫素為獨立發光,除了 RGBW 以外的顏色則由 RGW、GBW 或 RBW 子畫素發光所組合而成,因此可以減少面板的耗電量[3]。RGBW 系統中由於白色畫素無需透過彩色濾光片,白色畫素的發光效率比 RGB 畫素高約 3 倍,因此組合白色子畫素耗電量比用 RGB 系統取得發光色時小。RGB

系統中，全部的光穿透度為 $\frac{1}{3}\cdot\frac{1}{3}(R)+\frac{1}{3}\cdot\frac{1}{3}(G)+\frac{1}{3}\cdot\frac{1}{3}(B)=33.3\%$。RGBW 系統中，全部的光穿透度為 $\frac{1}{3}\cdot\frac{1}{4}(R)+\frac{1}{3}\cdot\frac{1}{4}(G)+\frac{1}{3}\cdot\frac{1}{4}(B)+\frac{1}{1}\cdot\frac{1}{4}(W)=50\%$。因此 RGBW 系統的發光效率為 RGB 系統的 1.5 倍[4]。由於 RGB 用彩色濾光片濾掉不需要的發光色，因此將損失部分光量。在相同解析度下，RGBW 比 RGB 架構需要更多的子畫素組成，實務上以 0.5 或 0.75 的白色畫素混合比(White Mixing Ratio)畫質最佳[5]。當白色畫素混合比越高時，可提高整體亮度同時適用於白色作為背景底色、黑色用在文字、其餘的色調則用於影像的顯示。圖 9.6 顯示 RGBW 與 RGB 開口率與壽命之相關性，雖然 RGBW 架構會造成畫素開口率的下降，然而白色子畫素可以增加亮度因此補償因小開口率需額外增加的電流密度。

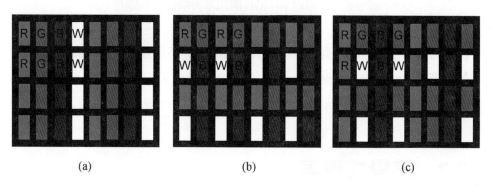

(a)　　　　　　　　(b)　　　　　　　　(c)

圖 9.5　RGBW 畫素排列架構

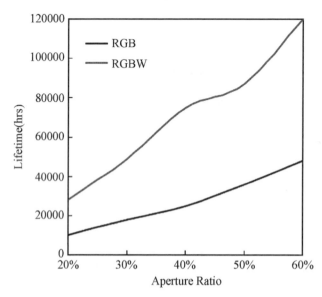

圖 9.6　RGBW 與 RGB 開口率與壽命之相關性

　　RGBW 系統的概念是在人眼對色彩的視覺不受影響下，將 RGBW 彩色的排列組合稍微做些改變，達到不同的效果。人眼對綠色較敏感，辨識度也最高。因此常在插入白色次畫素時，藉由綠色畫素的排列設計為了降低人工不自然的程度(Level of Artifacts)。

9.3　差異性衰減

　　圖 9.7 顯示不同 RGB 差異性衰減之畫素示意圖，由於各 RGB 有機發光二極體材料的本質壽命大不相同，加上亮度-電壓-電流曲線會依據不同的操作條件而有不同的亮度與壽命。表 9.2 列舉常見有機發光二極體材料壽命，可以發現 RGB 有機發光二極體材料的色彩的衰減速度並不相同造成 RGB 亮度退化速度也不一(如圖 9.8 所示)，使得白平衡(White Balance)控制不易，此現象稱之差異性衰減(DA, Differential Aging)。特別是當大部

份顯示內容爲白色時，它需要這三種原色同時發出相同的亮度。這意味著隨著時間的流逝會失去光三原色之間的顏色平衡，從而導致不準確的色彩和不規則的亮度。當三種有機發光二極體材料壽命不同時，則整體的壽命受制於較短壽命的材料。

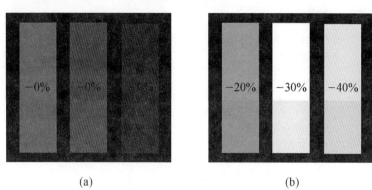

(a)　　　　　　　　　　　　　(b)

圖 9.7　不同 RGB 差異性衰減之畫素示意圖

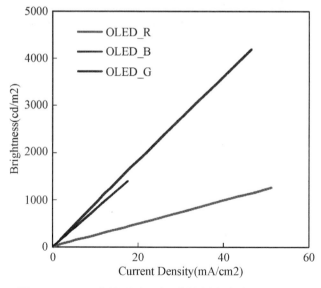

圖 9.8　RGB 有機發光二極體材料之亮度-電流曲線

表 9.2 常見有機發光二極體材料壽命一覽

顏色	公司或單位	種類	發光效率	壽命 (at1000cd/m^2)	操作電壓 (at1000cd/m^2)	參考資料
紅色	Eastman Kodak	Fluorescent SMOLED	7cd/A	37000 小時	5.5V	[6]
	UDC	Phosphorescent SMOLED	12cd/A	21000 小時	8.7V	[7]
綠色	Eastman Kodak	Fluorescent SMOLED	15cd/A	15000 小時	4.2 V	[6]
	Idemitsu Kosan	Fluorescent SMOLED	19cd/A	40000 小時	-	[8]
	UDC	Phosphorescent SMOLED	38cd/A	15000 小時	7.5V	[7]
藍色	Eastman Kodak	Fluorescent SMOLED	5cd/A	6000 小時	8.5V	[6]
	Idemitsu Kosan	Fluorescent SMOLED	8.7cd/A	23000 小時	—	[9]
	UDC	Phosphorescent SMOLED	32cd/A	20000 小時	—	[10]
白色	Idemitsu Kosan	Fluorescent SMOLED	12cd/A	23000 小時	—	[8]

● 9.3.1 子畫素配置

　　面板初始設計時會依 RGB 有機發光二極體材料發光效率與色座標 (CIE Coordinate)來調整各別 RGB 子畫素的開口率(AR, Aperture Ratio)。依照不同有機發光二極體的亮度-電流-電壓曲線與有機發光二極體材料壽命

設計不同權重的子畫素開口率面積。藉由加權的子畫素面積可以降低通過
有機發光二極體的電流，降低單一顏色的衰減速率，進而達到 RGB 三色
或 RGBW 四色有機發光二極體的衰減平衡。任何更動子畫素尺寸都將直
接影響有機發光二極體電流密度與波峰亮度(Peak Luminance)，因此也會
牽動到面板的功率消耗與壽命。所以一般在設計 RGB 子畫素比例時會考
量到 RGB 壽命與功率消耗。圖 9.9 顯示不同比例之子畫素配置，以單重
態的 Kodak RGB 材料為例(表 9.2)，考量到藍色壽命而增加子畫素比例，
將導致紅色與綠色子畫素面積下降，而為了維持相同的波峰亮度，紅色與
綠色有機發光二極體電流密度勢必提高而降低壽命。

 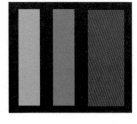

(a) RGB=1 : 1 : 1　　　　(b) RGB=0.8 : 0.8 : 1.4

圖 9.9　不同比例之子畫素配置

● 9.3.2　畫素驅動補償

另一種減少差異性衰減的方式是在驅動薄膜電晶體的源極端加上串
聯電阻，圖 9.10 顯示畫素驅動補償架構，藉由不同 RGB 畫素串聯電阻 R_1、
R_2、R_3 的設計來提高畫素發光的均勻度、差異性衰減與 Gamma 調整。外
加串聯電阻畫素結構的驅動薄膜電晶體可以是 P 型或是 N 型薄膜電晶體。
額外的電阻使的儲存於 C_1 的電壓是由 T_2 的 V_{gs} 與 R_1 壓降所組成，因此這

類電阻或二極體連接式薄膜電晶體所形成的負回授(Negative Feed Back)，可以抑制 T_2 扭曲電流(Kink Current)所造成的電流突升。因此對於 T_2 的飄移免疫力較高，相對而言 T_2 電流也較穩定[11]。順帶一提，當設計適當的串聯電阻之級數時，電流-電壓的特性呈比較線性的關係，亮度灰階的切換也比較容易[12]。

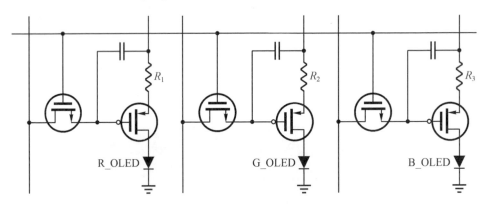

圖 9.10　畫素驅動補償架構

● 9.3.3　加瑪校正

陰極射線管和 AMOLED 對於不同視訊訊號的光輸出量大不相同，因此 AMOLED 必須將對源極驅動電路施加電壓的光輸出量補償到與陰極射線管一樣。灰階值是以是指輸入視訊訊號和輸出視訊訊號的比值，陰極射線管的 Gamma 值約為 2.2~2.5，因此 AMOLED 面板的灰度值藉由加瑪校正(Gamma Correction)補償到這個數值水準。3-Gamma 驅動 IC 可產生獨立的三組線性或非線性的 Gamma 曲線，個別提供給有機發光二極體材料 R、G、B 畫素，可以降低 RGB 個別有機發光二極體材料特性的不同所造成的色飽和的差異[13,14,15]。

9.4　畫素驅動分類

傳統液晶顯示器屬於電壓驅動的方式，然而液晶分子容易因電場效應造成極化或影像殘留現象，畫素無法長期處於固定極性電壓訊號，因此資料導線在不同畫框時間必需變換不同極性的驅動訊號，藉由正負對稱的液晶光電特性來維持相同的灰階。

而有機發光二極體元件屬於非對稱光電特性，其藉由外部驅動電流提供有機發光二極體電子電洞的來源，因此資料導線訊號不需要像液晶顯示器般的極性反轉。AMOLED 畫素驅動方式大致可區分為類比驅動(Analogy Driving)與數位驅動(Digital Driving)架構。而為了定義有機發光二極體的電流類比驅動可分成電壓定義(Voltage Programming)與電流定義(Current Programming)。其中以電壓型畫素的架構使用的 TFT 最少驅動也最簡單，因此廣受小尺寸與低階產品採用。雖然數位驅動方式可同時校正截止電壓以及載子移動率之變異性，但受限於製程能力以及驅動速度，因而不適用於高階產品。而類比驅動方式可分為電流驅動及電壓驅動，其中電流驅動具有同時校正截止電壓以及載子移動率之優點，並且可直接控制灰階，但缺點為驅動速度較慢，且源極驅動電路設計會因此更為複雜。相較於前兩種驅動方式，電壓驅動方式因結構簡單，對於未來朝向高解析度及低成本之技術應用上較具潛力。

9.4.1　1T 簡易型畫素

圖 9.11(a)顯示 1T 畫素架構，1T 簡易型畫素藉由掃描線提供脈衝訊號使 T_1 打開，此時資料線將電壓輸入至有機發光二極體而發光[16]。單一薄膜電晶體架構提供比被動式矩陣有較佳的定址能力，然而此架構的畫素只

能維持短暫脈衝時間，其脈衝時間如(9.2)式所示。

$$T_{on} = \frac{T_{frame}}{n}$$ .... (9.2)

其中 n 為閘極導線的數目。當解析度提高時，發光時間會變得相當短，因此有機發光二極體的電流密度相對提高以維持高亮度。為了改善此現象 NEC 提出 1T1C 簡易型畫素(如圖 9.11(b))，這型畫素類似液晶顯示原理，需要藉由低薄膜電晶體漏電流來維持儲存電容的電荷，因此這類的架構僅適用於小尺寸面板[17]。

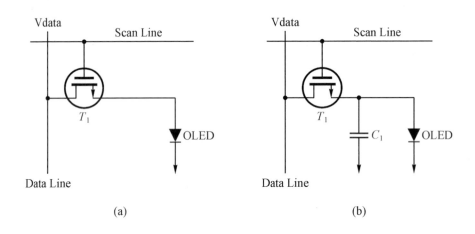

圖 9.11　1T 畫素示意圖

9.5　電壓定義型畫素

為了解決單一薄膜電晶體較不成熟的架構，導入第二個薄膜電晶體負責有機發光二極體電流驅動。2T-1C 的 OLED 的單元畫素架構中包含一個開關薄膜電晶體(Switch TFT)作為影像資料進入儲存開關及定址之用，另外需要一個控制亮度與灰階的驅動薄膜電晶體(Driving TFT)，根據儲存電容的電壓來調節驅動電晶體的電流大小，即控制畫素明亮及灰階的不同[18]。

● 9.5.1　2T-1C 畫素驅動

圖 9.12(a)顯示 2T-1C 畫素示意圖，以一個 1024×768 解析度爲例，閘極訊號線共有 768 條，而源極訊號線共有 1024×3=3072 條。以 60Hz 的更新頻率的畫面顯示時間約爲 1/60=16.67ms，在這 16.67ms 的時間內必須切割成資料寫入區間(Data Programming Period)與發光區間(Illuminate Period)兩部分。因此每一條閘極訊號線分配的開關時間約爲 16.67ms/768 = 21.7μs，因此資料寫入區間約需 21.7μs。

當畫素操作於資料寫入區間時，該畫素的掃描導線(Scan Line)被選擇，T_1 薄膜電晶體導通，此時 V_{data} 電壓經由 T_1 寫入 C_1 儲存電容中。當操作於發光區間時 T_1 薄膜電晶體關閉，而 C_1 儲存電容的電壓差使得 T_2 薄膜電晶體導通，此時供應導線(Supply Line)的 V_{dd} 提供有機發光二極體固定電流源而發光。由於 T_2 被設計操作偏壓於元件飽和區(Saturation Regain)，因此 T_2 薄膜電晶體的汲極電流(I_{ds})會受到 T_2 閘極和源極電壓(V_{gs})與 T_2 臨界電壓(V_{th})所影響[19,20,21]。薄膜電晶體的汲極電流可以用(9.3)式表示。

$$I_{ds} = \begin{cases} \mu_{eff} C_{ox} \dfrac{W}{L} \left((V_{gs} - V_{th})V_{ds} - \dfrac{V_{ds}^2}{2} \right) & \text{for } V_{DS} < V_{gs} - V_{th} \\[4mm] \mu_{eff} C_{ox} \dfrac{W}{L} \dfrac{(V_{gs} - V_{th})^2}{2} & \text{for } V_{DS} \geq V_{gs} - V_{th} \end{cases} \quad \cdots\cdots \text{ (9.3)}$$

其中 I_{ds} 爲汲極電流、W 爲 TFT 通道層寬度、L 爲薄膜電晶體通道層長度、μ_{eff} 爲等效載子移動率、C_{ox} 爲閘極絕緣層電容、V_{ds} 爲汲極電壓、V_{gs} 爲閘極電壓。當前一畫框殘留的有機發光二極體壓差或薄膜電晶體間臨界電壓與載子移動率的不均勻性(Non-Uniformity)，很容易就造成 T_2 電流源的不穩定而使得有機發光二極體畫素的不均勻。加上畫素間寄生電容效應影響儲存電容的準確性，因此有機發光二極體發光特性對於畫素之間元件電器特性漂移及不均勻相當敏感，導致灰階與亮度不易控制。若 T_1 薄膜電晶體的漏電流偏高的話，垂直方向的串音將更形嚴重。並隨著面板尺寸的增大，有機發光二極體對於薄膜電晶體變異的敏感性增加[22]。另外，依照陰陽極的配置，有機發光二極體可設計於 T_2 的源極(如圖 9.12(a))或汲極(如圖 9.12(b))[23]。

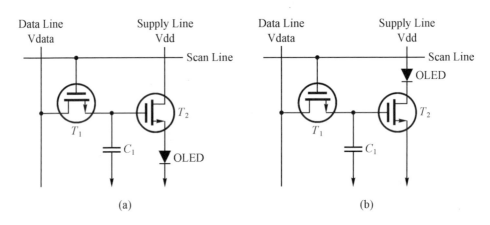

圖 9.12　2T-1C 畫素示意圖

● 9.5.2　修正型 2T-1C 畫素驅動

　　實務經驗上複晶矽 T_1 薄膜電晶體或單晶矽 MOSFET 可採用輕摻雜汲極型(LDD, Lightly-Doped Drain)架構，輕摻雜汲極型元件結構提供較低的漏電流，可有效減少發光區間 C_1 儲存電容的電位流失。圖 9.13 顯示 N 型與 P 型 TFT 之 V_{gs} 定義，驅動薄膜電晶體使用 P 型薄膜電晶體(T_2)取代 N 型薄膜電晶體架構，可避免 T_2 薄膜電晶體的 V_{gs} 受到前一畫框殘留的有機發光二極體壓差影響，同時 P 型 TFT 的 V_{th} 穩定性較佳，可提供較均勻的電流輸出。圖 9.14 顯示修正型 2T-1C 畫素，LG 3.8 吋 AMOLED 畫素的 T_1 與 T_2 均採用 P 型 TFT 設計(如圖(b)所示)[24]。然而這類畫素對於薄膜電晶體間臨界電壓與載子移動率的不均勻性仍無法克服。

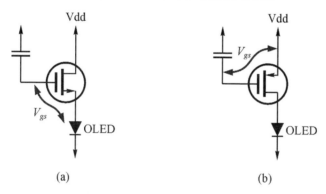

圖 9.13　N 型與 P 型 TFT 之 Vgs 定義

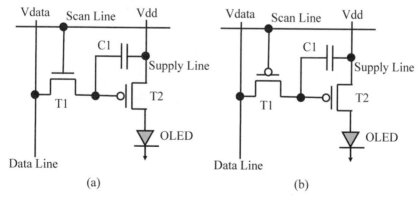

圖 9.14　修正型 2T-1C 畫素

● 9.5.3 3T-1C 畫素驅動

圖 9.15 顯示 3T-1C 畫素示意圖,如圖(a)所示,當有機發光二極體放置於源極端時,TFT 的 V_{gs} 會受到有機發光二極體元件的壓差影響而導致電流異常。若將 V_{dd} - V_{data} 儲存於 C_1 中,因此有機發光二極體可以維持亮度直到下一個畫框時間更新。T_2 的臨界電壓飄移將導致 T_2 輸出電流的不均勻,因此在 T_2 上方加上額外 T_3 電晶體,藉由 T_3 連結成二極體(Diode)的架構提供穩定的電流輸出[25]。

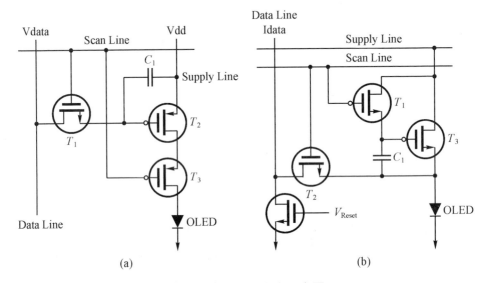

(a)   (b)

圖 9.15　3T-1C 畫素示意圖

Casio 也提出一 3T-1C 畫素驅動設計(如圖 9.15(b)所示),藉由重設(Reset)的訊號將前一畫框的殘餘訊號重設,以避免干擾畫素灰階。圖 9.16 顯示 Casio 3T-1C 畫素時脈圖,第一階段重設區間資料線(data-line)被接地,使得資料線上的寄生電容(Parasitic Capacitance)、儲存電容與有機發光二極體的接面電容(Junction Capacitance)放電。第二階段寫入區間資料電流(I_data)注入畫素同時儲存於 C_1 電容。第三階段維持區間(Hold) I_{T3} 持續輸入[26]，因此有機發光二極體不受前一畫框訊號影響。

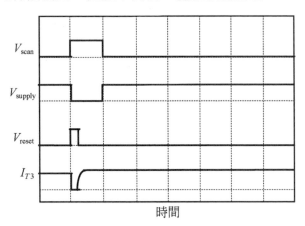

圖 9.16　Casio 3T-1C 畫素時脈圖

● 9.5.4　4T-2C 畫素驅動

　　圖 9.17 顯示 4T-1C 畫素示意圖，為了避免驅動薄膜電晶體臨界電壓不均勻的缺點，Sarnoff 提出 4T-2C 的自動歸零電壓定義型畫素的補償架構[27]。圖 9.18 顯示 4T-1C 畫素驅動波形，這類畫素驅動可分成自動歸零區間(Auto-Zero Period)、資料寫入區間(Data Programming Period)與發光區間(Illuminate Period)。在開始寫入資料之前，T_3 與 T_4 是關閉的，T_1 與 T_2 是開啟的同時流動著前一畫框所需的電流。C_2 所存的電壓是對應該電流的 V_{gs}。當操作於自動歸零區間時，當掃描導線被選擇，T_4 薄膜電晶體導通。之後 AZ 訊號導線被選擇，T_3 歸零薄膜電晶體導通，使得 T_1 薄膜電晶體的 V_{gd} 連接而形成二極體架構。而當 T_2 驅動薄膜電晶體關閉時，T_1 薄膜電晶

體的閘及電位升至 V_{dd}-V_{th}，也就是說 C2 儲存電容的壓差為 T_1 薄膜電晶體的臨界電壓(V_{th})。當操作於資料寫入區間時，資料導線輸入為$\triangle V_{data}$， T_4 薄膜電晶體仍導通，透過 C_1 電容耦合至 T_1 的閘極端。因此儲存於 C_2 電容的 V_{sg} 壓差為 $\Delta V_{data} \cdot \dfrac{C1}{C1+C2} + V_{th}$。$T_1$ 薄膜電晶體的電流(I_{sd})可表示為(9.4)、(9.5)與(9.6)式。

$$I_{sd} = \mu_{eff} C_{ox} \frac{W}{L} \frac{(V_{sg} - V_{th})^2}{2} \quad\text{..} (9.4)$$

$$V_{sg} = \Delta V_{data} \cdot \frac{C_1}{C_1 + C_2} + V_{th} \quad\text{...} (9.5)$$

$$I_{sd} = \mu_{eff} C_{ox} \frac{W}{L} \cdot \frac{(\Delta V_{data} \cdot \dfrac{C_1}{C_1 + C_2} + V_{th} - |V_{th}|)^2}{2} \quad\text{................} (9.6)$$

當寫入新資料時，首先要開啟 T_4 讓 V_{dd} 經由資料導線寫入畫素內，接著開啟 T_3 使 T_1 的閘極與汲極相連，形成二極體連接，讓 T_2 關閉，則 T_2 的閘極與汲極電壓會上升至 V_{dd}-V_t，此時再使 T_3 關閉即可將 T_1 的 V_t 儲存於 C_2 中而形成自動歸零(Autozero)。透過資料線(Data Line)與 T_4 輸入畫素時，T_1 閘極的變動量 $\Delta V \cdot \dfrac{C_1}{C_1 + C_2}$ ，即是 T_1 的 V_{gs}-V_{th} 值，因此電流僅與$\triangle$ V 與量電容的比值有關，而將 T_1 薄膜電晶體的臨界電壓抵銷而不受製程飄移與均勻性的影響，同時藉由 C_1 與 C_2 適當的比例設計將耦合效應降至最低。最後操作於發光區間，掃描導線未選擇，T_4 薄膜電晶體關閉。T_2 薄膜電晶體導通而 T_1 會輸出在資料寫入區間存入 C_2 電容之定電流，使得有機發光二極體元件持續發光。

這類的畫素架構需要額外 AZ 與 AZB 的控制訊號，除了會降低畫素的開口率外，對於驅動的複雜度也大增。另外自動歸零畫素是架構在 P 型薄膜電晶體，因此侷限於 MOSFET、低溫複晶矽薄膜電晶體等製程，並不適用於非晶矽薄膜電晶體。

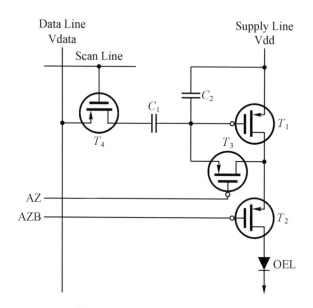

圖 9.17　4T-1C 畫素示意圖

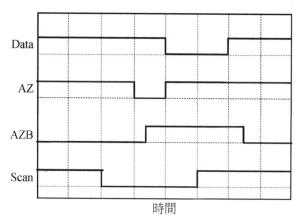

圖 9.18　4T-1C 畫素驅動波形

9.6 電流定義型畫素

　　圖 9.19 顯示電壓定義型與電流定義型之 Gamma 特性，電壓定義型畫素驅動無提供固定的電流源，而有機發光二極體的亮度與電流幾乎呈現線性關係，因此 AMOLED 的目標在於產生一固定的電流源均勻流經每一個畫素，因此開發出電流定義型畫素驅動。驅動薄膜電晶體的電壓電流轉換特性屬於非線性曲線，因此電壓定義型的有機發光二極體畫素容易形成非線性亮度-電壓-電流特性與 RGB Gamma 特性。電壓定義型需要三組獨立的 Gamma 轉換電路作補償，而電流定義型的亮度-電壓-電流特性為線性，因此只需一組 RGB Common Gamma 電路。

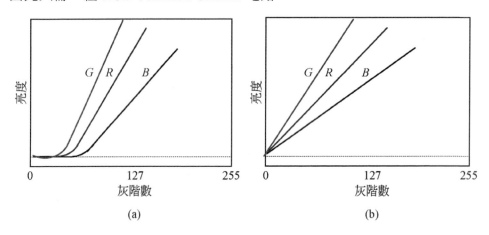

圖 9.19　電壓定義型與電流定義型之 Gamma 特性

● 9.6.1　4T-1C 電流鏡畫素驅動

　　目前商業化的有機發光二極體面板最常使用的電流定義型畫素為 4T-1C 電流鏡(Current Mirror)與電流複製(Current Copy)架構，電流鏡可以有效補償低溫複晶矽飄移與不均勻,面板整體均勻性可以提升 30%以上。而為了達到至少百分之五的均勻性,可採用 P 型薄膜電晶體取代 N 型薄膜電晶體架構,可以解決電壓差與可靠性所造成的不均勻現象。圖 9.20 顯示 4T-1C 電流鏡畫素示意圖,圖 9.20(a)為 Philips 所提出的 4T-1C 畫素驅動,其操作是在寫入的時候開啟 T_1 與 T_3 的 TFT、關閉 T_4,此時 T_2 形成二極體連接,流經 T_1 與 T_2 的電流透過資料導線而為資料驅動 IC 所控制,並在 C_s 電容儲存 T_2 的 V_{gs},然後關閉左方兩個 T_1 與 T_3 TFT,啟動右下之 T_4 TFT 讓電流驅動有機發光二極體。舉例來說,有機發光二極體的發光效率為 2cd/A,面板所需的亮度為 $200cd/m^2$,而畫素發光面積為 $100\mu m \times 100\mu m$,則畫素最大亮度所對應的流為 $1\mu A$。要實現 4-bit 灰階則 1LSB 所對應之電流為 64nA,6-bit 灰階所對應之 LSB 電流為 16nA。

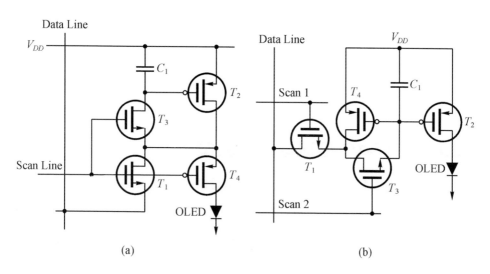

圖 9.20　4T-1C 電流鏡畫素示意圖

圖 9.20(b)為 Sony 的電流鏡驅動設計[28]，藉由 T_4 薄膜電晶體元件寬度大於 T_2 的設計，可以使的資料電流(Data Current)大於驅動電流，此設計可以達到低有機發光二極體亮度時快速充電的效果。圖 9.21 顯示 Sony 電流鏡時脈圖，若 T_1 與 T_3 使用相同的掃描訊號，則 T_4 的汲極電壓會在 T_3 關閉前拉高而導致過小的驅動電流，因此使用掃描寫入訊號(Write Scan)與掃描消除(Erase Scan)訊號兩組[29]。

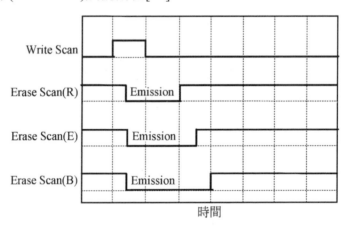

圖 9.21　Sony 電流鏡時脈圖

● 9.6.2　4T-1C 電流複製畫素驅動

圖 9.22 顯示 4T-1C 電流複製畫素示意圖，電流複製(Current Copy)畫素操作是在寫入的時候開啓 T_1 與 T_3 的 TFT，讓 Data Line 上的電流流經 T_1 與 T_2，而 T_3 的目的在使 T_2 形成二極體連接以儲存其 V_{gs} 於 C_s 上。之後再關閉 T_1 與 T_3 TFT，並開啓 T_4 進行複製。這類型的寫入與複製時的電流誤差來自於 T_2 本身的 V_t 變異與重製前後不同 V_{ds} 所造成。為了改善電流誤差，提出了內建操作放大器(OP, Operational Amplifier)於畫素中。在寫入

時將 T_2 的源極端電壓存在操作放大器輸入端的電容，以便在重製時能由操作放大器組成單倍增益緩衝器(Unit Gain Buffer)維持 T_2 的 V_{ds} 不會有變化。然而要內建一個操作放大器於畫素中，相對會戰區相當大的畫素面積，因此並不適用於下部發光型的畫素架構。

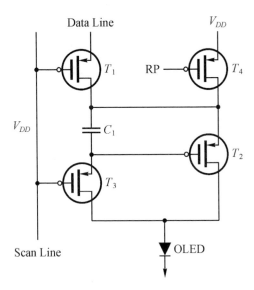

圖 9.22　4T-1C 電流複製畫素示意圖

9.7　畫素補償架構

內部的畫素補償設計，一般來說會有復位(Reset)、補償(Compensation)、發光(mitting)等三階段，透過多個TFT的畫素來補償LTPS先天的不均勻或製程導致的變異。也就是說內部的畫素補償設計在一個完整的畫素驅動至少被切割成三階段，OLED 實際發光的時間被壓縮，設計不佳時會存在閃爍(Flicker)的問題。另外內部的畫素補償基本上都是多個

TFT 設計(例如 4T-1C 畫素)，驅動電路負載加大，反應時間與更新率會受到限制。另一類是採用內建光感應器畫素，圖 9.23 與圖 9.24 顯示內建光感應器畫素示意圖[30,31,32,33]，藉由光感應器感應有機發光二極體的亮度後經由運算比對後回饋給驅動系統做修正。

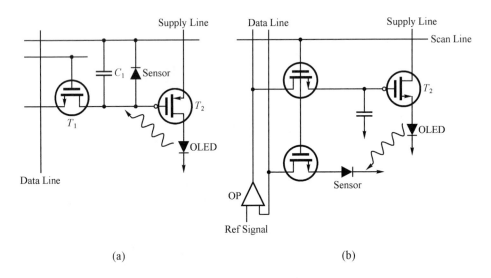

圖 9.23　內建光感應器畫素示意圖

　　而無論是哪一類設計，不外乎是降低對於臨界電壓、載子移動率的相依性，但往往過於複雜的電路，除了驅動麻煩外，過多個薄膜電晶體較佔去畫素面積，再加上每種顏色有機發光二極體的衰減差異性不一，畫素隨著時間操作而發光強度衰減不同，因此必須針對內建畫素設計、三元色 Gamma 或感光二極體回授做補償，使得顏色達到平衡與諧調，因此畫素中電晶體的數量也就越來越多，致使有機發光二極體的發光區域縮小，可藉由上部發光架構來彌補這類問題[36,37]。

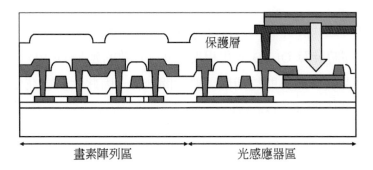

保護層

畫素陣列區　　　　　　光感應器區

圖 9.24　有機發光二極體內建光感應器畫素之側視圖

● 9.7.1　Demura 校正

OLED 面板驅動會整合色不均消除(Demura)校正與老化補償，基本上 Demura 校正是在 OLED 工廠出貨前執行，而老化補償是出貨後即時運作的。Demura 補償是透過高解析度的 CCD 相機擷取 OLED 畫面，根據亮度與顏色的分布分析每一個 OLED 發光畫素的特徵，經過運算後區分出 Mura 的區域，再經由外部演算法產生出對應的 Demura 補償值，最後將 Demura 資料燒錄到 TCON 的 Flash ROM 中，重新用 CCD 相機擷取 OLED 畫面，經過迭代(Iteration)的程序確認 Mura 消除並符合出貨水準。

● 9.7.2　老化補償

當 OLED 出貨到使用者端後，隨著使用的時間增加，OLED 元件的內阻會升高，使得電子與電洞再結合發光的效率變差。實務上，可設計外部感應電路，利用 OLED 長時間使用後產生高內阻的特性，將即時的 OLED 電流值輸出至比較電路，再由比較電路內的參考電流比較，經內建的演算法或轉換查詢表(LUT, Look Up Table)判斷 OLED 老化的程度並計算出應採用的補償值，若沒有達到預期的補償條件，則再次計算得到下一個補償值，不斷進行迭代計算直至符合補償條件，藉此改善 OLED 畫素衰減的問題。這類的即時計算 OLED 老化程度，可以有效的延長 OLED 面板的使用壽命與畫面品質，然而即時補償需要時間執行，因此大多會在使用者沒觀看或關機後的時間運作[34,35]。

參考資料

[1] W. J. Nam, et al., SID Digest, (2005), pp. 1456

[2] W. J. Nam, et al., Proc. International Display Workshops, (2004), pp. 527

[3] J. P. Spindler,et al., SID Digest (2005), pp. 36

[4] K. Chung, et al., SID Digest (2006), pp. 1958

[5] M. E. Miller et al., SID Digest, (2005), pp. 398

[6] M. Ricks, et al., SID Digest, (2005), pp.826

[7] V. Adamovich et al., International Meeting on Information Display, (2004), pp. 272

[8] C. Hosokawa, et al., SID Digest, (2004), pp. 780

[9] T. Arakane, et al., SID Digest (2006), pp. 37

[10] M. S. Weaver, et al., SID Digest (2006), pp. 127

[11] Y. W. Wang et. al., Proc. International Display Workshops, (2001), pp. 323

[12] C. -H. Tsai et al., International Meeting on Information Display, (2005), pp. 799

[13] H. Kageyama, et al., SID Digest (2003), pp. 96

[14] Y. Matsueda, et al., SID Digest, (2004), pp. 1116

[15] Y. Matsueda, et al., SID Digest, (2005), pp. 1352

[16] M. Stewart, et al., IEEE IEDM Tech. Digest, (1998), pp. 871

[17] Patent JP1994000208185

[18] Patent JP1995000282527

[19] J. L Sanford et al., SID Digest, (2003), pp. 10

[20] M. Ohara, et al., SID Digest, (2002), pp. 168

[21] J. J. Lih, et al., SID Digest, (2003), pp. 14

[22] K. Inukai et. al. IEEE Trans. Electron Devices, Vol.46, No.12, (1999), pp. 2282

[23] Patent JP1993000116208

[24] C. W. Han, et al., Proc. International Display Research Conference, (1999)

[25] I. M. Hunter, et al., Proc. International Display Workshops, (1999), pp. 1095

[26] T. Shirasaki, et al., Proc. International Display Workshops, (2004), pp. 275

[27] R. M. A. Dawson, et al., SID Digest (1999), pp. 438

[28] A. Yumoto, et al., Proc. International Display Workshops, (2001), pp. 1395

[29] S. J. Bae, et al., Proc. International Display Research Conference, (2000), pp. 358

[30] D. A. Fish, et al., SID Digest, (2002), pp. 968

[31] W. A. Steer, et al., AMLCD, (2003), pp. 285

[32] D. Fish, et al., SID Digest, (2004), pp. 1120

[33] D. Fish, et al., SID Digest, (2005), pp. 1340

[34] P. Salam, SID Digest, (2001), pp. 67

[35] D. Antonio-Torres, et al., SID Digest, (2004), pp. 1124

[36] A. Giraldo, et al., Proc. International Display Workshops, (2004), pp. 267

[37] H. J. In, et al., SID Digest, (2005), pp. 252

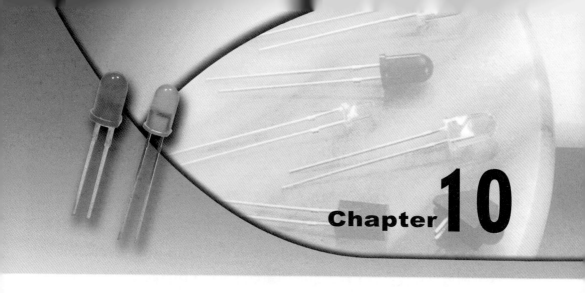

Chapter 10

主動式數位畫素設計

10.1 前言

　　一般類比電視訊號在傳輸過程中，易受到外在環境影響而產生影像失真與雜音。而數位訊號透過 0 與 1 編碼傳輸訊號，在傳送過程不易受到干擾，且視訊資料也較容易作影像處理與補償。傳統液晶電視為類比驅動，類比視訊需經過 ADC 電路轉換為數位訊號，經過處理與校正後，藉由驅動電路中的 DAC 將數位訊號轉換為類比訊號供畫素使用。而 AMOLED 是藉由電流的方式促使有機發光材料發光，因此可藉由面積比例灰階型或訊號時間比例灰階型數位驅動方式提供視訊資料，對於大型 AMOLED 的亮度均勻性與影像品質有直接的助益。

10.2 數位驅動設計

要將有機發光二極點亮並不難，重點在於能亮多久，也就是所謂有機發光二極的壽命。有別於液晶材料的電壓驅動原理，有機發光二極體材料為電流驅動型，控制其灰階須依賴電流流入有機發光二極體的電流密度決定，當面板尺寸放大時，耗電量的問題更加嚴重，因此除了改善有機發光二極體材料的發光效率外，AMOLED 的驅動電路與系統還需要做相當的調整以達到省電的功效。無論是電壓或電流定義的類比驅動架構，或多或少受限於薄膜電晶體特性與均勻性，加上電流驅動所造成的電流誤差(Current Error)與低灰階時的串音現象，以數位的方式控制有機發光二極體的灰階是另一個趨勢。數位驅動可區分為面積比例灰階型(ARG, Area Ratio Gray Scale)[1]、訊號時間比例灰階型(TRG, Time Ratio Gray Scale)與時間面積混合比例灰階型[2,3,4]。

10.3 面積比例灰階型

在數位驅動方式中，每一個畫素只有亮與暗兩種狀態，而其灰階表示方式分為訊號時間比例灰階型與面積比例灰階型。訊號時間比例灰階型是讓每一個畫素在畫框時間內點亮其灰階所對應的時間長度，因此也叫做脈衝寬度調變(PWM, Pulse Width Modulation)。而訊號時間比例灰階型是利用發光面積大小來表示明暗灰階。

● 10.3.1 畫框權重

以 4-bit 為例，每一個子畫素有四個小點，由四個小點的明暗來表現出 16 灰階，其將一畫框中相同的位元獨立而成四個子畫框，而每一個子畫框中的畫素都是 1-Bit，因此亦稱之位元平面(BP, Bit-Plane)。因此可區分為 BP_0、BP_1、BP_2、BP_3，每一個位元平面依照其權重分別顯示不同的時間長度。圖 10.1 顯示位元平面時脈示意圖，LSB(Least Significant Byte)到 MSB(Most Significant Byte)四個位元平面依序顯示 1、2、4、8 個單位時間，即可在人眼中積分出此畫框所表現的 0~15 階灰階特性。

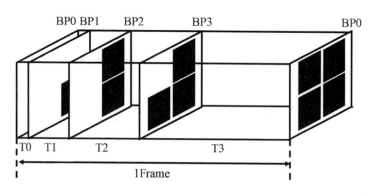

圖 10.1　位元平面時脈示意圖

● 10.3.1　面積比例設計

面積比例灰階型藉由選擇子畫素上的供應電壓來決定畫素的亮度。電路中將電晶體當成類比開關使用，可大大降低薄膜電晶體之臨界電壓飄移所造成的影響。此技術可以比類比驅動電路方式提供一個較準確的灰階及減少功率的損耗。但是相對在高解析度的顯示器中，每個畫素中的子畫素數目會有所限制；亦及更多的灰階即需要更多的訊號線，而造成需要更複雜的驅動電路。一般上數位驅動電路要比類比驅動電路要求較高的運作頻率。圖 10.2 顯示 3-Bit 面積比例型畫素設計，其在每一個子畫素(Sub-Pixel)

中包含了三個有機發光二極體發光區域，同時藉由獨立的驅動電路控制，而每個次畫素代表二進數的權重，其發光面積比例可表示為(10.1)式。

$$2^0 : 2^1 : 2^2 : 2^3 \ldots 2^{m-1} \ldots\ldots\ldots\ldots\ldots\ldots\ldots\ldots\ldots\ldots\ldots\ldots\ldots (10.1)$$

其中 m 代表灰階數。例如 3-Bit 的灰階設計，可藉由 1:2:4 的三個次畫素發光面積比例的控制灰階與較佳的均勻性。相較傳統電壓定義型驅動，以這類面積比例設計方式可以提供 3.2 倍的亮度均勻性[1]。

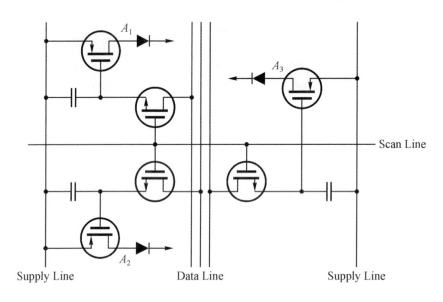

圖 10.2　3-Bit 面積比例型畫素設計

　　面積比例灰階型是直接利用發光面積比例得方式呈現灰階，其利用單一畫素切割為 1:2:4:8:2^{m-1} 的 OLED 發光區，同時藉由最簡單的 2T-1C 的架構控制有機發光二極開與關，而非以寫入類比電壓或電流值呈現灰階。單純的面積比例灰階型驅動需要在一個完整畫素中切割成數個子畫素，因此畫素內薄膜電晶體數目較多而影響開口率。因此實務上可採用上部發光的架構，或是搭配訊號時間比例灰階型的 ARG +TRG 混合架構。

10.4　訊號時間比例灰階型

時間訊號比例型是利用電晶體操作於開與關的狀態，不須考慮到元件的漂移與不均勻性，在同一畫框時間(Frame Time)中驅動電流不同的開啓與關閉的時間比例，也就是所謂的脈衝寬度調變灰階[5,6,7,8]。根據其訊號的不同可分成顯示區間分離法(DPS, Display-Period-Separated)與同步消除掃描法(SES, Simultaneous-Erasing-Scan)[2,3]。

● 10.4.1　顯示區間分離法

數位的驅動方式不外乎亮與暗兩種訊號，因此當亮的狀態維持較久時，由於人的眼睛類似積分器(Integrator)的架構，眼睛內的感光細胞會累積固定時間內的光總量，因此當亮訊號越多時人的眼睛感受到的亮度也就越高。一般的有機發光二極顯示器的訊號爲 60Hz，即一秒有 60 個畫框(Frame)，在顯示區間分離驅動法中每個畫框下又依照顯示位元數分成數個次畫框(Sub-Frame)，並依照畫面所須來調整各個次畫框的發光時間，以完成灰階的表示。以 6-Bit 的顯示區間分離法爲例，每個顏色需要有 2^6 個灰階，因此在一個畫框中會切割成六個次畫框，而每個次畫框中分成定址時域(TA, Addressing Time)與發光時域(TL, Lighting Time)，每個次畫框的發光時域佔之整體次畫框比例分別爲 1:2:4:8:16:32。每個次畫框的發光強度是根據在維持時段中交互維持脈波數目而定，維持脈波數越多次畫框越亮，當發光時域越長時，人的眼睛感受到的亮度越亮。紅綠藍三色的灰階數各需有 256 階，也就是說每一個顏色都有 256 種亮度，組合起來便能得到 1600 多萬種顏色。基本上使用二進位編碼將每個畫面分成八個次畫框，每個次畫框維持時段的維持脈波數比為 1:2:4:8:16:32:64:128。利用人眼視覺暫留效果將八個子圖框的發光強度積分起來，則每個三原色都能有 0 到 255 階，每個次畫框面亮與不亮的不同組合，就可以得到所要求的 256 灰階。例如灰階 156 的亮度，則需要在第三、第四、第五及第八個次畫框發光便可得到(即 4+8+16+128=156)。

圖 10.3 顯示 6-Bit 顯示區間分離法的時脈示意圖，水平方向表示時間，而垂直方向則表示掃描驅動電路所驅動的位置。將一個畫框影像資料分成六個子畫框。每一個子畫框又分成定址時域與發光時域兩部分，TA 為定址時間(Addressing Time)，也就是閘極驅動 IC 掃描完所有閘極方線導線後把該子畫框的資料全部寫入畫素的時間[9]。圖 10.3 斜線部分即是表示閘極驅動 IC 依序掃描並隨著時間增加而往下移動的狀態。TL 為發光時間(Lighting Time)，發光時間的時間長度─該位元平面的權重被設計為 1:2:4:8:16:32 的二進位比例。但是不論是哪一個位元平面寫入資料所花的時間是相同的，因此每一個位元平面的定址時間長度都相同。

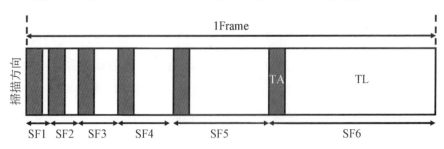

圖 10.3　6-Bit 顯示區間分離法的時脈示意圖

● 10.4.2　顯示區間分離法畫素

　　圖 10.4 為顯示區間分離法畫素，為了讓同一個次畫框的畫素顯示相同的時間，在定址時間內作資料寫入的動作，因此有機發光二極體畫素是不亮的[10]。此時有機發光二極體的陰極要接到 V_{dd} 讓 OLED 處於逆偏的狀態。當此一 BP 的資料都已寫入後，即可將陰極電壓拉到 GND 維持 T_L 的時間，若寫入畫素的是高電壓使得驅動 TFT 的 $|V_{gs}| < |V_t|$，則有機發光二極體不亮。若寫入畫素為低電壓，則驅動薄膜電晶體的 V_{gs} 所對應到的電流流經有機發光二極體。由於定址時間內有機發光二極體是完全不亮的，因此最短的 T_L 長度是一個畫框的時間扣除 $n \cdot TA$ 的時間後，在細分成 2^n 等份，其中 n 為影像資料的 bit 數。當 n 越大時，每一個畫框可顯示的時間也就越短，而最短的發光時間也更小，要在很小的發光時間內把整個有機發光二極體面板的陰極充電或放電將越困難[11]。

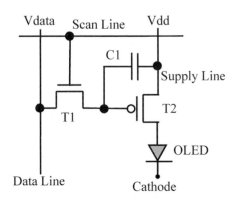

圖 10.4　顯示區間分離法畫素

● **10.4.3 同步消除掃描法**

圖 10.5 顯示同步消除掃描法的時脈示意圖，每個子畫面包括有消除 (Erase)時段、定址(Address)時段與維持(Sustain)時段。同步消除掃描法的各資料線的訊號皆獨立，也就是說每一條資料線在各自定址時域完成後直接進入發光時域，不需要等待下一條的資料線因此可以節省大量的時間，相對的其能顯示的畫面色彩數也相對較高。然而由於資料線的訊號獨立，因此增加驅動系統的設計複雜性[2]。

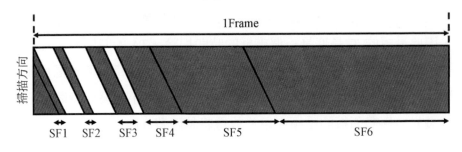

圖 10.5　同步消除掃描法的時脈示意圖

三個 LSB 的子畫框顯示後都有一小段的延遲時間，不能立即開始下一個子畫框寫入與顯示是因為此三個子畫框點亮的時間仍較資料些入時間短，因此任一行的資料寫入並顯示該子畫框所對應的時間需由消除線 (Erase Line)的訊號抹除，同時須等到最後一行的畫素也寫入並顯示後，下一子畫框才可以開始寫入與顯示。而後面三個 MSB 的子畫框因其顯示時間比資料寫入的時間長，因此並不需要抹除，而任一行可在顯示完該子畫框的時間長度後隨即寫入下一子畫框的影像資料。雖然相同表現 64 灰階，但是有機發光二極體不作用的白色區域變的較少，也就是說每個子畫框實際可點亮的時間多了，因此可用較小的電流達到相同的亮度，因此這類架構的有機發光二極體壽命較佳。同時其陰極不需改變電位，因此其功率消耗較低[12]。

● 10.4.4　同步消除掃描法畫素

圖 10.6 顯示同步消除掃描法畫素，為了充分利用到整個畫框時間來顯示，此架構增加 T_2 薄膜電晶體與消除線(Erase Line)用來將寫入畫素的值抹除。因此不需要等到整個位元平面的資料都寫完後再顯示，只要任何一行寫入後顯示該位元平面所對應的時間長度，再藉由消除線將該行的資料抹除，因此有機發光二極體陰極只需提供固定參考位準，而不需要給予兩種電位來區分寫入與發光狀態。

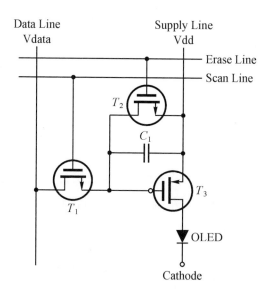

圖 10.6　同步消除掃描法畫素

　　無論是顯示區間分離法或同步消除掃描法，在定址時域時訊號被寫入儲存電容中，而輪到發光時域時儲存電容中的電壓使驅動薄膜電晶體操作於線性區，因此對於薄膜電晶體的特性與均勻性免疫性較高。但由於這類數位驅動對於 Gamma 校正與應用於高灰階數的困難度較高。實際應用上可藉由面積比例灰階型與訊號時間比例灰階型相互搭配使用，同時達到高畫質與灰階度，並可節省數位類比轉換電路的使用簡化驅動架構，對於功率消耗的縮減與開口率的提升有顯著的幫助。

10.5　時間面積混合比例灰階型

　　圖 10.7 顯示時間面積混合比例灰階型，Seiko Epson 提出時間面積混合比例灰階型畫素來增進面板的均勻度，以 TRG 與 ARG 各 2-Bit 所形成 4-Bit 灰階驅動為例，此時每一個子畫素僅有三個小點，有助於提高面板的開口率。此設計畫素中包含 RGB 三各子畫素。子畫框為 0 時，由於畫素中的有機發光二極體面積比例為 1:2，因此可用兩個 LSB 來表現 0、1、2、3 此四灰階。同時為了達到 4-Bit，子畫框為 1 的顯示時間設計為子畫框為 0 的四倍，以便最小的顯示面積點亮時能有四倍於一個 LSB 的亮度，而子畫框為 1 仍以兩個 MSB 來呈現 2-Bit 面積比例灰階型。因此有機發光二極體面板全部可顯示 4×4=16 個灰階。TRG 與 ARG 並用時可以有效降低時間比例灰階型的操作頻率。

　　圖 10.8 顯示 4-Bit 時間面積混合比例灰階型，只需要兩個子畫框，其時間比例為 1:4。若單純以時間比例灰階型的驅動方式則需四個子畫框，其時間比例為 1:2:4:8。然而訊號時間比例灰階型與面積混合比例灰階型並用時一個子畫框需輸入兩個位元平面信號，因此輸入信號寬度為訊號時間

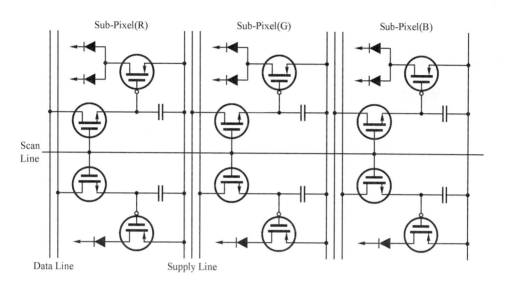

Sub-Pixel(R)　　　　Sub-Pixel(G)　　　　Sub-Pixel(B)

Scan Line

Data Line　　　　Supply Line

圖 10.7　時間面積混合比例灰階型

Digital Signal		Frame			
		0		1	
		Pixel		Time	
		0	1	0	1
0	0000				
1	0001				
2	0010				
3	0011				
4	0100				
5	0101				
6	0110				
7	0111				
8	1000				
9	1001				
10	1010				
11	1011				
12	1100				
13	1101				
14	1110				
15	1111				

(a)　　　　　　　　　　　　(b)

圖 10.8　4-Bit 時間與面積混合比例灰階型

比例灰階型的兩倍。因此訊號時間比例灰階型與面積混合比例灰階型並用的架構較適合應用於高解析度的面板設計。

參考資料

[1] M. Kimura et. al. Proc. International Display Workshops, (1999), pp. 171

[2] K. Inukai et. al. SID Digest, (2000), pp. 924

[3] J. Koyama et al., Int'l. Workshop on AMLCD, (2000), pp. 253

[4] T. Nanmoto et al., International Display Workshops, (2003), pp. 263

[5] M. Kimura et. al. Proc. International Display Workshops, (2004), pp. 271

[6] Patent WO99/42983

[7] A. Tagawa, et al., Proc. International Display Workshops, (2004), pp. 279

[8] T. Iwabuchi, et al., SID Digest, (2005), pp. 265

[9] M. Mizukami, et al., SID Digest, (2000), pp. 912

[10] T. Nishi, et al., SID Digest, (2000), pp. 912

[11] S. Ono, et al., SID Digest, (2006), pp. 325

[12] Y. Tanada, et al., SID Digest, (2004), pp. 1398

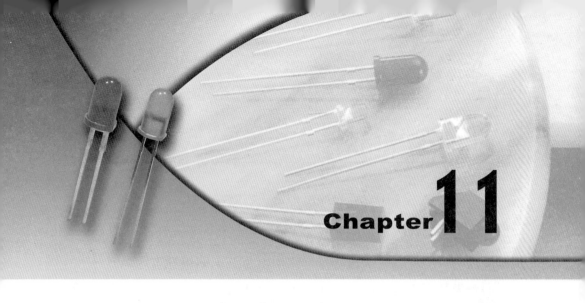

Chapter 11

有機發光二極體
封裝技術

11.1　前言

　　要將有機發光二極體點亮並不難，重點在於亮多久，也就是所謂有機
發光二極體的壽命。一個符合量產的有機發光二極體顯示器除了需要有機
發光材料良好穩定性與薄膜電晶體的均勻性外，高可靠度與完整的模組封
裝(Encapsulation)是另一關鍵。由於有機發光二極體材料對氧氣和水氣相
當敏感，當水氣入侵使得發光層的發光量子效率降低，或者是形成電子或
電洞的捕捉態因而使得載子移動率降低，導致發光層結構發生變化而轉變
為不發光的物質而形成畫素暗點，因此必須採用比液晶模組高出 10,000
倍的密閉封裝技術來避免此現象。

11.2 畫素暗點

　　有機發光二極體元件發光層極薄，暴露在水或氧氣中會立刻氧化，面板易產生暗點而降低畫面品質。環境中的水氣與氧氣除了會讓電極氧化或剝落，高功函數的陰極電極材料表面與水分子或氧分子反應成為氧化物，因而喪失其作為電子注入之作用，使得發光效率降低，產生畫素邊緣侵蝕或暗點(Dark Spot 或 Non-Emissive Spots)而導致該區域無法發光。圖 11.1(a)與圖 11.1(b)分別顯示正常畫素與暗點，暗點初始老化會在畫素發光區域圓心的周圍顯現小點，隨著時間增加暗點的數目會增加，而各個小暗點將擴展並連結相鄰的暗點，最後將整個暗點區域會逐漸侵蝕畫素發光區而使得畫素變暗。另外當溼度相當高時，暗點的粒徑會快速增加[1]。而邊緣侵蝕或暗點往往使得阻值增加，無形中造成電阻性功率消耗更加速有機發光的劣化。

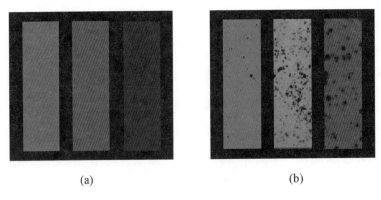

(a)   (b)

圖 11.1　畫素暗點

● 11.2.1　壽命

當畫素暗點分布面積過大時，等效發光面積減少而整體亮度衰退，除了影響壽命(Lifetime)外，其影像品質亦大幅降低。有機發光二極體的壽命定義為在連續固定電壓或固定電流的操作下，發光亮度衰退為原始發光的亮度一半時，這段時期即稱作為有機發光二極體壽命。壽命可簡單以式子(11.1)表示。

$$T \propto c \cdot L^{-p}$$ .... (11.1)

其中 c 為常數、L 為有機發光二極體亮度、p 為次方參數(Power Factor)，通常介於 1.5 至 2 之間[2]。由式子(11.1)可知隨著操作亮度越高時，有機發光二極體使用壽命越低 [3]。圖 11.2 顯示不同有機發光二極體發光效率

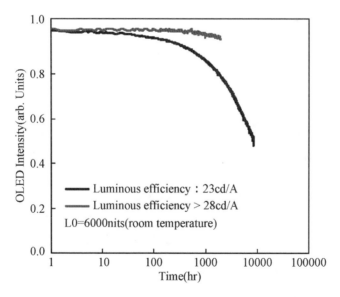

圖 11.2　不同有機發光二極體發光效率的壽命特性

的壽命特性，一般而言商業化有機發光二極體顯示器在室溫操作下的壽命必須高於一萬小時以上[4]。為了有效預測有機發光二極體的壽命，可以藉由式子(11.2)的壽命與亮度可用相關性推論。

$$L^n \cdot T = constant \dots\dots\dots\dots\dots\dots\dots\dots\dots\dots (11.2)$$

其中 L 為亮度、T 為亮度衰減至原始亮度的 50%之時間、n 為加速因子(Acceleration Factor)，一般而言磷光材料的 n 為 1[5]。

OLED 壽命的定義可分為 T50、T90 與 T95，T50 的定義為初始亮度減半(50%)的壽命，是最普遍的 OLED 壽命定義。而 T90 與 T95 分別定義為初始亮度減少 10%與 5%的壽命，目的是為了方便套用 OLED 衰減模型來加速評估壽命。

● 11.2.2 老化機制

有機發光二極體老化成因可能來自於有機層結晶、水氧反應、電極氧化剝離、有機層與電極之電化學反應、金屬離子入侵有機層、有機層孔洞(Pin-Hole)[6]、灰塵微粒[7]、氣泡[8]等。常見的有機發光二極體元件衰變原因有下列幾個主因。

11.2.2.1 熱穩定性與光化學衰變

圖 11.3 顯示經過熱處理後的有機發光二極體發光效率，一般來說有機發光二極體材料的玻璃轉態溫度並不高，低玻璃轉態溫度的材料在高溫操作下易使的發光效率下降或元件老化。另外，有機材料在光照射下不穩定，可能發生光化學反應，導致質變或結晶狀態。

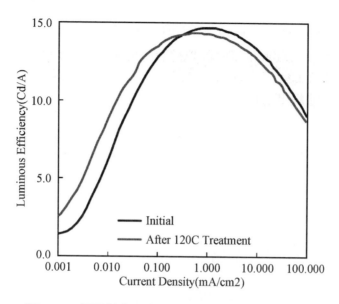

圖 11.3　經過熱處理後的有機發光二極體發光效率

11.2.2.2　界面穩定性

　　有機發光二極體元件中有三種界面，分別為 TCO 透明電極/有機層、有機層/有機層、金屬/有機層。由於有機發光二極體元件整體厚度極薄，同時有機層多屬化學活性材料，當有機發光二極體暴露在水或氧氣中會立刻被氧化而產生黑點，而增加了顯示面板的不穩定性。

11.2.2.3　陽極表面凸起或污染

　　TCO 透明電極表面遺留雜質會導致工作電壓升高，發光效率和使用壽命降低。當電流通過電極時會在電極部份區域形成高電流穿遂，而導致二極體元件漏電流提高[9]。若電極表面粗糙度過高而使電流集中尖端區域，當溫度高到形成熱點(Hot Spot)並足夠造成金屬熔融、有機層孔隙化或有機層崩潰，有機發光二極體畫素便開始快速衰減直到不發光，因此如何維持有機層與水氣隔離是各家面板製造商的開發重點[10,11,12]。

11.2.2.4　陰極腐蝕

陰極腐蝕是最常見的導致器件衰變的原因。例如陰極使用低功函數金屬，其較大的活性易跟水氣產生氧化，如果封裝不好，陰極就會出現被氧化的黑點。另外，金屬或 TCO 透明電極的銦皆會經由擴散而到有機層中，以及有機層與有機層間互相擴散，這些都是有機發光二極體老化的來源。

11.3　封裝規格需求

氣體分子在薄膜中的擴散機制，一般認為由於薄膜內部的分子架構產生暫時性空隙(Transient Gap)，讓氣體分子得以通過此架構上的障礙，而達到薄膜另一端，再以蒸發方式離開。因此氣體分子會藉由孔洞、缺陷等中間過度態穿透緻密性較差的薄膜。而封裝規格需求即在於如何抑制或是延遲各種氣體穿透。液晶顯示器模組厚度約 6mm，真空螢光顯示器(VFD, Vacuum Fluorescent Display)模組厚度約 16~20mm，使用 0.7mm 玻璃封裝的有機發光二極體模組厚度約 1.4mm。

表 11.1 列舉了有機發光二極體面板可靠度的需求，AMOLED 產品在模組觀點看來與液晶模組相似。一般而言，保護材料之製程溫度須低於 100 ℃，確保低於 10^{-6}g/m^2/day 的水氣穿透率(WVTR, Water Vapor Transition Rate)與 10^{-5}cc/bar/m^2/day 的氧氣穿透率(OTR, Oxygen Transmission Rate)，相較液晶顯示器的 10^{-2}g/m^2/day 的水氣穿透率與 10^{-2}cc/bar/m^2/day 的氧氣穿透率，有機發光二極體的封裝要求嚴苛許多。實務經驗上若要有機發光

二極體產品耐用 10 年的壽命，在 38℃溫度與 90%RH 相對溼度的環境下，其封裝規格不可高於 $10^{-6}g/m^2/day$[13]。

表 11.1　有機發光二極體面板可靠度需求

測試項目	測試溫度	測試時間	測試條件
高溫保存	70℃	120 小時	
低溫保存	-30℃	120 小時	
高濕保存	+80℃	240 小時	100%RH
高溫操作	50℃	120 小時	
低溫操作	-20℃	120 小時	
冷熱衝擊	-20℃ to 60℃	30 分鐘	20cycles

11.4　外蓋封裝

　　傳統的液晶顯示器利用熱硬化型樹脂作爲封裝材質，而有機發光二極體的耐熱性與耐溼性較差，對於保護薄膜與封口膠的要求也相對較高。圖 11.4 顯示外蓋封裝之 AMOLED 模組示意圖，一般的 AMOLED 封裝技術區 分 爲 薄 膜 封 裝 (TFE, Thin Film Encapsulation) 與 外 蓋 封 裝 (Lid Encapsulation)架構。其中外蓋封裝又可分成玻璃蓋(Glass Cover)封裝與金屬蓋(Metal Can)封裝。

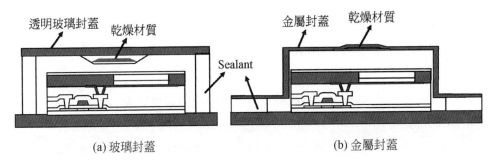

透明玻璃封蓋　乾燥材質　　金屬封蓋　乾燥材質　Sealant

(a) 玻璃封蓋　　　　　　　　　　　　(b) 金屬封蓋

圖 11.4　外蓋封裝之 AMOLED 模組示意圖

● 11.4.1　外蓋封裝製程

　　有機發光二極體的基本結構爲玻璃基板/陽極/電洞注入層/電洞傳輸層/發光層/電子傳輸層/陰極，全部的有機層薄膜厚度加起來不到 $0.15\mu m$，而金屬(Metal)、陶瓷(Ceramic)或玻璃封蓋(Glass Cover)封裝加乾燥劑整個顯示模組厚度不超過 2mm。外蓋封裝分成間隙型與無間隙型，無間隙型使用壩堤填充(Dam and Fill)的方式，壩堤環氧樹脂(Dam Epoxy)可以防止覆蓋於主動區(AA, Active Area)的填充環氧樹脂(Fill Epoxy)外流至 IC 黏貼區[14]。而間隙型環氧樹脂寬度約 1~2mm 之間，厚度約 $15\mu m$，由於覆蓋面積較小因此防水氣能力略差[15]。

　　圖 11.5(a)與圖 11.5(b)分別顯示外蓋封裝製程與薄膜封裝製程。一般而言，外蓋封裝會在氮氣或氬氣等惰性氣體環境下[6]，利用一金屬封蓋或玻璃封蓋覆蓋於有機發光二極體基板上，並在其四周用紫外光硬化型環氧樹脂(UV Epoxy Resin)密封，再以紫外光照射使樹脂能在極短的時間內和不產生水、氧、二氧化碳等氣體的情況下硬化，並在外蓋封裝在玻璃基板和金屬外殼或玻璃封蓋之間放置乾燥劑用來吸收滲過膠縫的濕氣[16]。另外，由於有機發光二極體基板與金屬封蓋的熱膨脹係數差異性相當大，因

此使用玻璃封蓋來代替金屬封蓋，可降低封裝介面熱膨脹係數不匹配所導致的密合性不佳。

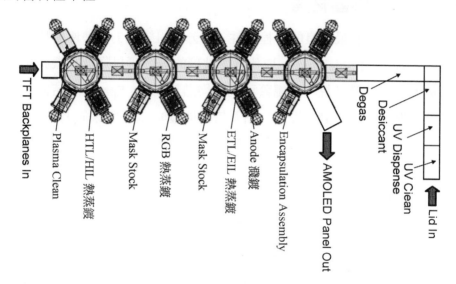

(a) 外蓋封裝流程

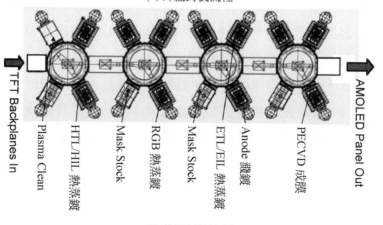

(b) 薄膜封裝流程

圖 11.5　外蓋封裝製程與薄膜封裝製程

● 11.4.2　外蓋材質

金屬外蓋具有最優良的耐撞擊性、水分子阻絕能力、熱傳導特性與電遮蔽性(Electrical Shielding)，取代外蓋玻璃的設計可以降低有機發光二極體面板溫度。一般來說，金屬蓋可視為均熱片(Heat Spreader)結構，其可以降低表面溫度約四倍並提高二點五倍有機發光二極體壽命[17,18]。同時由於金屬薄片可塑性高，可依照乾燥劑的尺寸做最適化的設計。

金屬外蓋非透明的特性並不適合應用於上部發光與雙面發光有機發光二極體架構，因此必須使用玻璃蓋封裝來替代。玻璃外蓋具有優良的化學穩定性、抗氧化性、電絕緣性與緻密性，也可以藉成分的調整改變其性質而應用於各種不同需求的製程中。玻璃材料最主要的缺點為其低機械強度及易脆的材質，因此在應用時須對密封結構、玻璃材料種類與製程技術等做一整體的考量，以避免應力破壞的發生。塑膠外蓋的散熱性、耐熱性、密封性與可靠度雖遜於玻璃構裝與金屬構裝，但它能提供薄型化構裝、低成本、製程簡單、適合自動化生產等優點。

一般而言，外蓋與有機發光二極體基板會維持一定的間距並保留乾燥劑的空間設計。而搭配薄膜封裝時，外蓋可直接粘貼於有機發光二極體基板上，省去中空部結構的設計而降低整體 OLED 模組厚度。然而無論使用餕一類的外蓋架構，外蓋的厚度都直接攸關有機發光二極體面板的整體厚度。表 11.3 列舉了常見玻璃基板特性，大面積 AMOLED 面板用多採用 0.5~1.1mm 玻璃厚度，而攜帶式 AMOLED 則採用 0.3~0.5mm 之玻璃厚度。一般而言將玻璃厚度由 1.1mm 改為 0.7mm，有機發光二極體面板整體重可減少約 40%。目前手機面板厚度一般約在 2.5mm，業者則積極挑戰 2mm

以下的薄型面板。薄型化的關鍵在於主動式矩陣背板玻璃與外蓋玻璃的厚度，必須由現在一般的 0.3~0.5mm 降到 0.3mm 以下，這對於有機發光二極體面板廠的製造良率與品質信賴度都是一大考驗。

表 11.2　外蓋特性一覽

項目	玻璃封蓋規格	金屬封蓋規格
製作方式	Sandblaster + Etching 或 Sandblaster + Heat Treatment	Electroformed Nickel
外蓋材質	玻璃	鎳金屬
外蓋厚度	0.5~2mm	0.1~2mm
圖形準確性	+/-0.05mm	+/-0.05mm
貼合對位準確性	+/-0.03mm	+/-0.03mm

表 11.3　玻璃基板特性一覽

玻璃分類	型號	應變點	密度	熱膨脹係數
鹼玻璃	Corning 0211	508℃	2.57g/cm^3	74×10^7/℃
	Corning 7740	510℃	2.23g/cm^3	32.5×10^7/℃
	AGC AS	510℃	2.49g/cm^3	85×10^7/℃
	AGC AX	527℃	2.41g/cm^3	51×10^7/℃
	Schott D263T	529℃	2.51g/cm^3	72×10^7/℃
	NEG BLC	535℃	2.36g/cm^3	51×10^7/℃
	Corning CS25	610℃	2.88g/cm^3	84×10^7/℃

表 11.3 玻璃基板特性一覽(續)

玻璃分類	型號	應變點	密度	熱膨脹係數
鹼玻璃	Central CP600V	583℃	2.74g/cm³	85×10⁷/℃
	AGC PD2000	570℃	2.77g/cm³	83×10⁷/℃
	NEG PP-8	582℃	2.82g/cm³	83×10⁷/℃
	Saint-Gobain CS77	580℃	2.63g/cm³	—
無鹼玻璃	Corning 7059	593℃	2.75g/cm³	46×10⁷/℃
	Corning 1724	674℃	2.64g/cm³	44×10⁷/℃
	Corning 1729	799℃	2.56g/cm³	35×10⁷/℃
	Corning 1733	640℃	2.49g/cm³	36.5×10⁷/℃
	Corning 1734	661℃	2.7g/cm³	48×10⁷/℃
	Corning 1735	665℃	2.7g/cm³	49×10⁷/℃
	Corning 1737	667℃	2.54g/cm³	37.6×10⁷/℃
	Corning Eagle2000	666℃	2.37g/cm³	31.8×10⁷/℃
	Corning Eagle XG	666℃	2.37g/cm³	31.8×10⁷/℃
	NEG OA2	650℃	2.7g/cm³	47×10⁷/℃
	NEG OA10	650℃	2.5g/cm³	38×10⁷/℃
	NEG OA21	—	2.4g/cm³	32×10⁷/℃
	NHT NA35	650℃	2.5g/cm³	37×10⁷/℃
	NHT NA40	656℃	2.87g/cm³	43×10⁷/℃

表 11.3　玻璃基板特性一覽(續)

玻璃分類	型號	應變點	密度	熱膨脹係數
無鹼玻璃	NHT NA45	610℃	2.78g/cm^3	46×10^7/℃
	AGC AN635	635℃	2.77g/cm^3	48×10^7/℃
	AGC AN690	700℃	—	53×10^7/℃
	AGC AN100	670℃	2.51g/cm^3	38×10^7/℃
石英玻璃	AGC AQ	1000℃	2.2g/cm^3	6×10^7/℃
	Schott AF-45	627℃	2.72g/cm^3	45×10^7/℃
	Corning 7913	890℃	2.18g/cm^3	7.5×10^7/℃
	Corning 7940	990℃	2.2g/cm^3	5.5×10^7/℃

● 11.4.3　外蓋封口膠

　　圖 11.6 顯示外蓋封口示意圖，外蓋封口膠(Perimeter Sealant)需具備低水氣滲透性(Moisture Permeability)、高介面附著性(Interfacial Adhesion)、高紫外光硬化速率(UV Cure Speed)、低釋氣性(Out-gassing)等特性[19]。表 11.4 列舉了外蓋封口膠特性，常見的封口膠材質可區分為熱固型樹脂與紫外光硬化型樹脂。丙烯酸系(Acrylic)的熱固型樹脂有較好的阻水氧能力，熱硬化約在 150 至 180℃，處理時間需 30 至 90 分鐘之間。然而有機發光二極體封裝的製程溫度不可超過 100℃避免有機材料結晶或凝聚現象，因此目前大多以紫外光硬化型環氧樹脂取代熱固型環氧樹脂。

　　紫外光固化樹脂是在紫外線照射下產生聚合硬化的一種樹脂材料，具有無溶劑、快速聚合硬化、不需加熱與保存安定性，可低溫處理且硬化時間大量地縮短。在硬化環氧樹脂過程中紫外光需透過玻璃封蓋方能照射到環氧樹脂，由於玻璃可能會吸收紫外光，因而降低了環氧樹脂吸收紫外光的能量，一般來說大約有 95%的紫外光能量能穿過玻璃封蓋[20]。

　　外蓋封口膠內的水氣濃度(Moisture Concentration)的分布以式子(11.3)與(11.4)表示[21]。

$$L\frac{\partial L}{\partial T} = k_1 \cdot c(t) \quad\text{...(11.3)}$$

$$c(t) = c_0 \cdot \left[1 - \exp\left(-k_2\frac{S}{V} \cdot t \right) \right] \quad\text{...(11.4)}$$

其中 L 為邊界位置(Position of Boundary)，c 為水氣濃度，t 為暴露時間，k_1 為常數，V 為內部體積(Internal Volume)，S 為水氣滲透之表面，c_0 為外部水氣濃度，k_2 滲透正規化(Permeability Normalized)常數。考慮到外蓋的介面附著性與內置乾燥劑的厚度，封口膠的塗佈成為關鍵。過高的封裝高度(BH, Bond-line Height)增加了水氣接觸面積，相對的水氣的滲透機率也較高。而過低的封裝高度附著性不佳，其內應力與主動式矩陣背板易形成造成的膜剝現象。一般而言高分子材料的應力與熱膨脹會因外加無機薄膜而降低，實務上多採取有機與無機薄膜交互堆疊的方式來降低此類問題[19,22]。

　　玻璃膠(Frit Glass)是另一種封口膠的選項，玻璃膠也稱為玻璃熔膏，其主要成分是玻璃粉末與高分子黏著劑(Binder)所混合。其利用網版印刷法(Screen Printing)或點膠方式(Dispenser)塗佈在玻璃封蓋四周，經由 350°C~550°C 加熱烘烤將黏著劑去除，再以 805nm 波長的半導體雷射或 CO2 雷射光照射，將玻璃膠熔融固定封蓋與 OLED 基板。常見的玻璃粉末為硼鉍酸鹽玻璃(Bismuth Borate Glass)，其具有低熔點並吸收雷射光加熱的特性。另外，高分子黏著劑內含有使熱膨脹係數降低的鋰鋁矽酸鹽(Lithium Aluminosilicate)，可以避免在熱循環過程中，因熱不匹配產生的應力，造成密封玻璃變形或裂痕。

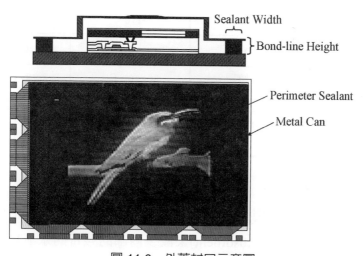

圖 11.6　外蓋封口示意圖

表 11.4　外蓋封口膠特性一覽

類別	一般型有機發光二極體面板封口膠	可撓型有機發光二極體面板封口膠	一般型液晶面板封口膠
材質	紫外光 硬化環氧樹脂	紫外光 硬化環氧樹脂	紫外光 硬化環氧樹脂
黏度(at25℃)	90,000~100,000cps	6,000~7,500cps	35,000~45,000cps
紫外光固化照射劑量	4~6J/cm^2	2~4J/cm^2	1~2J/cm2
固化後 線性收縮度	<0.3%	<0.1%	<0.3%
玻璃轉態溫度	~110℃	~110℃	~106℃
固化後硬度	94D	75D	90~95D
熱膨脹係數 (at75μm film)	25×10^{-6}℃$^{-1}$ (below Tg) 60×10^{-6}℃$^{-1}$ (above Tg)	80×10^{-6}℃$^{-1}$ (below Tg) 195×10^{-6}℃$^{-1}$ (above Tg)	28×10^{-6}℃$^{-1}$ (below Tg) 65×10^{-6}℃$^{-1}$ (below Tg)

● 11.4.4　乾燥劑

　　外蓋式封裝會在金屬或玻璃封蓋內放置乾燥劑(Desiccant)或吸濕劑 (Getter Dryer、Moisture Absorbent)來減少內部的殘留的水氣與環境的影響。表 11.5 為各類乾燥劑比較表，常見如氧化鋇(BaO, Barium Oxide)、氧化鈣(CaO, Calcium Oxide)、氧化鍶(SrO, Strontium Oxide)等都是常被作為乾燥劑的吸水材質[23,24]。圖 11.7 顯示不同乾燥劑之水氣吸收率，氧化鈣呈現白色粉末狀，吸濕力強且吸收快速是其最大特性，是有機發光二極體面板常見的乾燥劑材料。

表 11.5　各類乾燥劑比較表

| 特性 | 分子篩 | 矽膠 | 蒙脫土 | 氧化鈣 | 硫酸鈣 |
	Molecular Sieve	Silica Gel	Montmorillonite Clay	CaO	CaSO$_4$
水氣吸收容量	○	×	×	○	○
水氣吸收率	○	○	○	×	○
含水量(77°F, 40% RH)	○	○	△	○	△
升溫水氣吸收容量	○	×	×	○	×

○代表極佳、△代表適中、×代表差

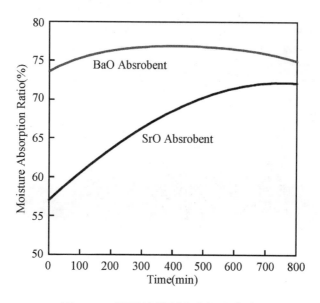

圖 11.7　不同乾燥劑之水氣吸收率

　　有機發光二極體面板用之乾燥劑可分成膠狀(Paste)[25]、片狀(Sheet)或袋狀(Bag)包裝。圖 11.8 顯示片狀乾燥劑之有機發光二極體面板封裝，片狀乾燥劑設計超薄，其厚度約 0.11mm~0.15mm，而袋狀乾燥劑厚度約 0.3mm~0.5mm，貼附於金屬或玻璃封蓋內整個顯示模組厚度不超過 2mm。一般來說乾燥劑由水氣滲透膜(Moisture-Permeable Membrane)與非滲透(Non-Permeable Sheet)塑膠或金屬片所組成，中間置放乾燥材料薄膜或粉末，藉由滲透膜的特性吸收有機發光二極體模組內的水氣[6]。圖 11.9 顯示乾燥劑之重量與水氣吸收時間之相關性，可以明顯發現乾燥劑會隨著吸收水氣時間的增長而增加重量。

乾燥材質

封裝材料

周邊驅動電路

圖 11.8　片狀乾燥劑之有機發光二極體面板封裝

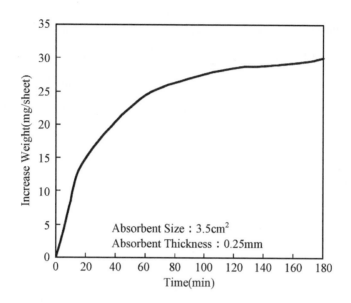

圖 11.9　乾燥劑之重量與水氣吸收時間之相關性

　　表 11.5 顯示各類型乾燥劑材料特性，一般依照水氣吸收容量 (Absorptive Capacity)、水氣吸收率(Absorption Rate)、含水量(Capacity for Water)、升溫水氣吸收容量(Absorptive Capacity at Elevated Temperature)等特性來評斷乾燥劑的好壞。由反應式(11.5)、(11.6)與(11.7)顯示，當鈣與水氣反應後形成 $Ca(OH)_2$，其密度由鈣的 $1.54gr/cm^3$ 增加至 $2.24gr/cm^3$，因此整體重量增加。同時隨著吸收水氣時間的增長，乾燥劑中含 $Ca(OH)_2$ 的比例也會增加，相對於封裝的水氣穿透率也會降低[26]。

$$Ca + H_2O \rightarrow CaO + H_2 \quad\text{...}\quad (11.5)$$

$$CaO + H_2O \rightarrow Ca(OH)_2 \quad\text{...}\quad (11.6)$$

$$2Ca + O_2 + H_2O \rightarrow Ca(OH)_2 + CaO \quad\text{..................................}\quad (11.7)$$

　　由於玻璃或金屬蓋封裝結構需以膠材密封，來抑制外部的水氧入侵，並縮減膠材的封裝寬度，提高相對基板使用率，常用的材質如紫外光硬化型樹脂的封口膠。而金屬蓋封裝型為不透光結構，因此不利於上部發光型有機發光二極體，加上其整體厚度較多層膜封裝型厚，不利於可撓曲之應用。無論是採用哪一類的封裝技術，藉由有機發光二極體材料本身的弱點著手才是最根本的解決之道。

11.5　單層薄膜封裝

　　表 11.6 列舉了常見薄膜封裝之特性，一般而言外蓋封裝有機發光二極體顯示器需用約 3 毫米寬的封口膠，而使用薄膜封裝(TFE, Thin Film Encapsulation)架構只有需小於 1 毫米寬的邊緣，封裝厚度約 5 微米，有機發光二極體模組整體厚度為金屬蓋封裝型的一半(如圖 11.10 所示)。以手機顯示器為例，使用 OLED 不需要背光系統，其面板總厚度可以減少一半，而使用薄膜封裝來替代外蓋封裝，有機發光二極體面板僅需一層玻璃基板。一般而言，玻璃蓋、封口膠和乾燥劑的成本約占有機發光二極體面板成本的 40%，因此薄膜封裝較外蓋封裝節省成本，並提供有機發光二極體面板設計時的靈活性[27]。

表 11.6　薄膜封裝特性一覽

類別	基板	封裝材質	封裝厚度	水氣穿透率	使用廠商或單位	參考資料
單層膜封裝	Glass	CeO$_2$	340nm	39.08g/ m^{2}day	—	[33]
	Glass	SiO$_2$	1000nm	33.97g/ m^{2}day	—	[33]
	Glass	MgF$_2$	100nm	29.93g/ m^{2}day	—	[33]
	Glass	TiO$_2$	25nm	35.47g/ m^{2}day	—	[33]
	Glass	Al$_2$O$_3$	10nm	36.77g/ m^{2}day	—	[33]
	Glass	Ta$_2$O$_5$	50nm	34.64g/ m^{2}day	—	[33]
	Glass	MgO	1100nm	3.3g/ m^{2}day	—	[33]
	Glass	SiNx	200nm	—	Toyota	[34, 35]
	Polycarbonate	Parylene	5μm	—	—	[36]
	PES	AlOx	50nm	0.102g/ m^{2}day	ETRI	[37, 54]
多層薄膜封裝	PES	SiNx/ AlOx	200/ 20nm	0.058g/ m^{2}day	ETRI	[37]
	Glass	SiNx/SiOx/ SiNx/SiOx/ SiNx	—	10-6g/ m^{2}day	—	[27, 56]

表 11.6　薄膜封裝特性一覽(續)

類別	基板	封裝材質	封裝厚度	水氣穿透率	使用廠商或單位	參考資料
混合多層膜封裝	Glass	Organic/ SiO₂-MgO	—	—	Samsung	[33]
	Glass	SiNx、SiOx 或 Al₂O₃/ polyacrylate	30~100 nm/ 0.25mm	10-7g/ m²day	Vitex	[30, 38,39]
	PET	SiOxCyHz/ SiOx/SiOxCy Hz/SiOx	—	—	—	[40]
	Glass	CNx:H/SiNx/ CNx:H/SiNx	500nm/ 200nm/ 500nm/ 200nm	—	Toyota、 Nitto Denko	[34, 35]
	Polycarbonate	Parylene/ SiO₂	5μm/ 300nm	—	—	[36]
	PES	Parylene/ AlOx	3μm/ 20nm	0.199g /m²day	ETRI	[37]
	Glass	Organic CFx/ inorganic SiON/ Organic CFx/ inorganic SiON	50nm/ 5pairs/ 110nm	—	CPT	—
	Glass	Organic/ inorganic SiNx/Organic /inorganic SiNx	0.3~ 12μm/-	—	OTB Display	[41]

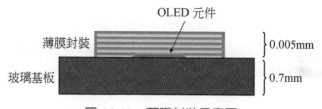

圖 11.10　薄膜封裝示意圖

　　薄膜封裝可分成單層膜封裝與多層膜封裝，一般薄膜封裝的沈積製程會依照有機發光二極體基板的表面結構和表面粗糙度做全面式的覆蓋，因而使整個封裝結構完全密封和平整化。藉由氣體阻隔膜(Gas Barrier)結構達到無封蓋與無乾燥劑因此具有較輕和較薄的面板特性。單層膜封裝(Single-Layer Encapsulation)是藉由單一無機薄膜保護有機發光二極體元件，常見的材質有二氧化矽(SiO_2, Silicon Oxide)、氮化矽(Si_3N_4, Silicon Nitride)[28,29]、氧化鋁(Al_2O_3, Aluminum Oxide)[30]、SiONx[31]、氧化鋇(BaO)、氧化鈣(CaO)、氧化鎂(MgO, Magnesium Oxide)[32]、氟化鎂(MgF_2, Magnesium Fluoride)、類鑽碳(DLC, Diamond Like Carbon)等，其中以氮化矽最常被使用於單層膜封裝。

● 11.5.1　氧化矽膜封裝

　　表 11.7 列舉了常見單層膜與多層膜成膜之技術，傳統 PECVD 沈積氧化層時需要高於 300℃的溫度，因此需藉由低溫閘極氧化層技術，如濺鍍、ECR 電漿或低溫 PECVD 等技術輔助封裝，然而由於低溫所成長的閘極氧化層通常具有較多的缺陷與界面陷阱，因此水氣穿透率高。

11-23

表 11.7　單層膜與多層膜成膜技術

材質	成膜方式	厚度	成膜溫度	崩潰電場	參考資料
氧化矽	PECVD	45nm	110℃	—	[27,43]
	ECR-CVD	—	80℃	5MV/cm	[44]
	ECR/PECVD	20/80nm	100℃	3.5MV/cm	[45]
	Ion Plating	50nm	23℃	9.3MV/cm	[46]
	E-gun Evaporate	100nm	100℃	—	[47]
	ECR Sputtering	40nm	室溫	9~11MV/cm	[48]
氮化矽	PECVD	300nm	100℃	—	[27,28,49]
氮氧化矽	PECVD	—	—	—	[31]
SiNx/CNx:H	PECVD	200nm/500nm	100℃/23℃	—	[35]

利用四甲基矽烷(Tetramethyl Silane, TMS)、四甲氧基矽烷(Tetramethoxysilane, TMOS)以及四乙氧基矽烷(Tetraethoxysilane, TEOS)等液態有機矽氧烷藉由添加氧氣方式沉積 SiOx 薄膜，在測試條件為溫度 25℃，相對濕度 90%RH 的水氣穿透率小於 $1g/m^2/day$[42]。

● 11.5.2　氮化矽膜封裝

有機發光二極體不適合用在高溫製程，因此需要以低溫的電漿輔助化學氣相沉積法(PECVD, Plasma Chemical Vapor Deposition)成膜，PECVD 使用傳統的平行板架構，其操作於 13.56MHz 的射頻功率下。利用 SiH_4、

N_2O 及 NH_3 與高能量電子撞擊反應直接沉積氮化矽薄膜於有機發光二極體元件上，其結果顯示具有阻氣的效果，但還是不及使用玻璃封裝來的佳[49]。

在氮(Nitrogen)及氨(Ammonia)中通入微量的矽甲烷(Silane)形成氮化矽薄膜，並在沉積製程中藉由改變電漿化學性質(Plasma Chemistry)控制薄膜應力。例如以85℃電漿輔助化學氣相沉積氮化矽或二氧化矽會產生些許的孔洞(Pin-Holes)，而孔洞會造成水氣的入侵路徑[27]。因此為了有效隔絕水氣往往需要以較高的成膜溫度或較厚的氮化矽或二氧化矽薄膜，然而過厚的氮化矽的薄膜應力偏高易產生剝離(Crack)，因此實務上可藉由多層膜架構來改善。特別是應用於車用產品(Automotive)等高溫環境時，熱應力(Thermal Stress)效應使得膜剝離現象加劇[50]。另外為了減少水氣穿透率，實務經驗上會藉由 $NH_3/$ SiH_4 的比例與成膜溫度的調配成長富矽氮鍵(Si-N Riched)的氮化矽薄膜，其單層水氣穿透率可達 $5\times10^{-3} g/m^2/day$。然而一般的電漿化學氣相沉積的單層膜封裝其水氣穿透率約只有 $10^{-2} g/m^2/day$，因此視產品規格仍需要搭配外蓋封裝輔助。Pioneer 使用 100 度成膜氮化矽薄膜搭配金屬外封蓋的方式，操作於 60℃、95%的相對溼度(RH, Relative Humidity)環境下 500 小時無異常。

● 11.5.2　SiONx 單層膜封裝

電漿輔助化學氣相沈積法成膜氮氧化矽(SiON, Silicon Oxynitride)以 SiH_4, N_2O, N_2 作為反應氣體。由於氮氧化矽乃是由氧化矽與氮化矽在各種不同比例下混合而成，其性質亦介於氧化矽與氮化矽之間。氮氧化矽的應力較氮化矽緩和，且對於水氣與雜質的阻擋能力較氧化矽佳[31]。

● 11.5.3　類鑽碳單層膜封裝

類鑽碳具有與鑽石相近的薄膜特性，具有高硬度、高絕緣性、高化學穩定、高熱傳導性與高穿透度等特性。非晶質含氫類鑽碳(Amorphous Hydrogenated Diamond-Like Carbon)的成膜方式有 PECVD、ECR-CVD、射頻磁控濺鍍等，其中以 PECVD 的方式最適合於有機發光二極體製程[51]。類鑽碳薄膜含有極高的碳含量，由於 PECVD 成膜溫度較低使得碳原子扭曲嚴重，因此類鑽碳薄膜的殘留應力(Residue Stress)相對較大。PECVD 成膜溫度約 100℃，藉由成膜功率、壓力與 N_2 的添加可以調整類鑽碳薄膜的殘留應力與穿透度[52]。一般而言，低功率、低壓力與高 N_2 的含量的成膜條件，類鑽碳薄膜可達到 82.7%的穿透度[53]。另外，以射頻磁控濺鍍(RF Magnetron Sputter)類鑽碳保護層，其成膜溫度約 80℃，類鑽碳表面粗糙度約 0.2nm 左右。而採取 ECR CVD 成膜的方式，類鑽碳的表面粗糙度約 5nm，橫截面無柱狀組織結構，並隨著射頻偏壓增加而類鑽碳附著性有顯著改善。

● 11.5.4　其他單層膜封裝

真空蒸鍍法在發光元件上成膜金屬氧化物，諸如氧化鋁(AlOx)[54]、氧化鋇(BaO)、氧化鈣(CaO)、氧化鎂(MgO)薄膜等有較緻密且穩定的薄膜特性，能有效隔絕環境水氣與氧氣。此外，氧化鈣與氧化鋇為吸水性材料，故將其製作為保護層時，更可有效阻止水氣對元件的入侵。實務上可藉由與二氧化矽堆疊結構，其效果較單層結構佳。氧化鎂常被使用於電漿顯示器(PDP, Plasma Display Panel)的電極保護層(Protective Layer)[55]，氧化鎂藉由電子束蒸鍍(E-Beam Evaporation)成膜，其成膜溫度約 47℃。氧化鎂薄膜具有低微裂痕(Micro-Crack)、耐撞擊與高透光率的特性，因此是有機發光二極體封裝的另一選擇[32]。

11.6　多層薄膜封裝

圖 11.11(a)與圖 11.11(b)分別顯示單層薄膜封裝與顯示多層薄膜封裝，多層膜封裝(Multi-Layer Encapsulation)可以藉由多層薄膜的互補特性消弭薄膜應力、減少成膜時對有機層與電極的傷害，同時藉由多層膜的個別材料性質降低外在水氣入侵的機率。常見的多層薄膜有氮化矽/氮化碳、氮化矽/氧化矽、TeO$_2$/氮化矽與混合多層膜等。

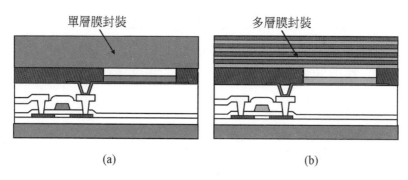

圖 11.11　單層薄膜封裝與多層薄膜封裝側視圖

● 11.6.1　氮化矽/氮化碳多層膜封裝

氮化矽薄膜較硬且易碎(Fragile)，可藉由不同應力的材料如氮化碳(CNx:H, Hydrogenated Carbon Nitride)來補償氮化矽應力以減少應力不均的剝離現象。氮化碳具備高強度、高硬度、高分解溫度、高熱傳導率、低質量密度。氮化碳薄膜具有極大的體積壓縮係數(Bulk Modulus)，而使得硬度可與鑽石相比擬。隨著氮含量的增加,氮化碳薄膜之熱擴散性將增加,同時薄膜折射率有降低的趨勢。

利用電漿化學氣相沉積法使用 N_2、CH_4 與 H_2 做為反應氣體來成膜,氮化碳在低溫成膜時呈現非晶型,而當高於 600℃時開始顯現晶相。一般藉由 N_2 的流量調整 CNx:H 含氮的比例,而 CNx:H 的氮含量調變可選擇為壓應力(Compress Stress)或張應力(Tensile Stress)。Toyota 研究單位藉由多層 CNx:H/SiNxCNx:H/SiNx 薄膜的搭配增加高溫環境的壽命,其 CNx:H 薄膜厚度約 500nm,SiNx 薄膜厚度約 200nm,整體封裝厚度約 1.4μm[34,35]。

● 11.6.2 氮化矽/氧化矽多層膜封裝

因單獨之氮化矽膜材孔洞密度高,導致水氣穿透率仍過高,因此實務上可複合搭配氧化矽薄膜,此 SiNx/SiOx/SiNx 複合膜之水氣穿透率可降至 $10^{-6}g/m^2/day$。藉由 PECVD 多腔體的特性,可以連續成膜 SiNx/SiOx/SiNx,非常適合量產型封裝製程。以 80℃至 130℃成膜 NON 與 NONON 多層膜封裝,其水氣穿透率可低於 $10^{-6}g/m^2/day$[27]。NON 或 NONON 堆疊架構的 Pin-Hole 密度較低且薄膜應力較平衡。隨著 NONON 的堆疊層數由五層增加至十二層時,水氣穿透率可以提升兩個數量級數,若在搭配表層保護塗佈(Top Coat)可再提升一個數量級數。實際應用於一般型可撓有機發光二極體面板或可撓型有機發光二極體面板時仍是以 NONON 的堆疊架構效果最佳[56]。

● 11.6.3　混合多層膜封裝

　　一般傳統 CVD 無機薄膜較硬且需要較高的成膜溫度，可藉由塗佈較軟的有機材料來補償無機薄膜的應力，以減少應力不均的剝離現象。混合多層膜封裝(Hybrid Multi-Layer Encapsulation)的方法是在有機發光二極體面板上沈積無機材質/有機高分子/無機材質之類的堆疊結構，實務上多採用 SiNx/Polymer/SiNx 或陶瓷膜/Polymer/陶瓷膜。中間層藉由紫外光或電漿聚合(Plasma Polymerization)產生聚合反應產生固態聚合物膜，使整個有機發光二極體結構完全密封和平整化。

　　陶瓷材料具有優良的熱傳導與電絕緣性質，又可改變化學組成調整其性質，由於陶瓷材料的緻密性高，對水分子滲透有優良的阻絕能力，因此成為氣密性構裝主要的材料。但陶瓷材料脆性較高，易受應力破壞，因此需要搭配其他無機材質做應力匹配，藉由多層聚合物層和多層陶瓷層的堆疊達到 $10^{-6}g/m^2/day$ 的滲水率要求[30,38,39]。多層膜封裝材料大多為透光性佳的材質，這意味著有機發光二極體顯示器可向上發光或向下發光而不受限非透明外蓋的架構，因此適用於下部發光型畫素、上部發光型畫素與雙面發光型畫素的 AMOLED 面板。外蓋封裝需要玻璃蓋、封口膠和乾燥劑因此成本較高，因此低成本的固態薄膜封裝技術來替代機械封裝成為趨勢。

● 11.6.4　可撓曲封裝

　　一般有機發光二極體模組使用的金屬外蓋封裝技術並不能滿足可撓曲顯示器的要求，可撓曲塑膠基板具有低成本、輕薄、易加工等優點。表 11.8 列舉了可撓曲基板之特性[57]，傳統塑膠基板為了達到阻隔水氧的目地，必需在塑膠基板和無機導電層之間塗覆緻密的特殊材料以防止水氧值的滲透及擴散。因為有機及無機材質間界面的問題，因此阻隔層材料的選取必需在塗覆過程中能無缺陷地均勻成膜、不會產生孔洞、高透光性及避免對可見光的吸收，並以多層膜的製程方式來達成可撓曲有機發光二極體封裝。

表 11.8　可撓曲基板之特性

特性	聚對苯二甲酸二乙酯	聚醚碸	芳香族聚酯	聚碳酸酯	聚奈二甲酸二乙酯	聚醯亞胺	聚甲基丙烯酸甲酯
	PET	PES	PAR	PC	PEN	PI	PMMA
玻璃轉態溫度	70℃	225℃	215℃	195℃	75℃	350℃	105℃
最高製程溫度	120℃	180℃	160℃	130℃	150℃	—	110℃
透明度	87%	87%	87%	89%	91%	—	91%
比重	1.4g/cm^3	1.37g/cm^3	1.2g/cm^3	1.2g/cm^3	1.4g/cm^3	—	1.19g/cm^3
折射率	1.66	1.65	1.6	1.59	1.66	—	1.49
水氣吸收率	0.3%	1.4%	0.6%	0.2%	0.3%	2.4%	2%
水氣透過率	40g/m^2/day	52g/m^2/day	84g/m^2/day	24g/m^2/day	1.8g/m^2/day	4g/m^2/day	—
氧氣透過率	160cc/m^2/day	168cc/m^2/day	1500cc/m^2/day	—	5.5cc/m^2/day	4cc/m^2/day	—
CTE	60ppm/℃	55ppm/℃	51ppm/℃	70ppm/℃	18ppm/℃	120ppm/℃	80ppm/℃

參考資料

[1]　T. P. Nguyen, et al, Mater. Sci. Eng. B 60, (1999), pp. 76

[2]　J. J. L. Hoppenbrouwers, et al., Proceedings of International Display Workshops, (2004), pp. 1257

[3]　R. S. Cok, et al., SID Digest, (2006), pp. 905

[4]　I. D. Parker et al. SID Digest, (1998), pp. 15

[5]　P. Wellmann, et al., J. SID (2005), pp. 393

[6]　S. F. Lim, et al., Appl. Phys. Lett., 78, (2001), pp. 15

[7]　K. K. Lin, et al., SID Digest, (2001), pp. 734

[8]　L. Ke, et al, Appl. Phys. Lett., 80, (2002), pp. 171.

[9]　C. C. Wu, et al., Appl. Phys. Lett.,70, (1997), pp. 1348.

[10] L. M. Do, et al., J. Appl. Phys. 76, (1994), pp. 5118

[11] J. McElvain, et al. J. Appl. Phys. 80, (1996), pp. 6002

[12] P. E. Burrows , et al., Appl. Phys. Lett., 65, (1994), pp. 2922

[13] R. Dunkel , et al., International Meeting on Information Display, (2005), pp. 589

[14] A. K Saafir, et al., SID Digest (2005), pp. 968

[15] J. W. Hamer, et al., SID Digest (2005), pp. 1902

[16] Patent US6111357A1, US6226890B1, US6551724B1, US5882761A1, US6284342B1, EP0776147,

[17] H. Kageyama, , SID Digest, (2006), pp. 1455

[18] R. S. Cok et al., International Display Manufacturing Conference, (2005), pp. 132

[19] D. Herr, et al., SID Digest, (2005), pp. 182

[20] R. Doerfler, et al., SID Digest, (2006), pp. 440

[21] A. Bonucci, et al., SID Digest, (2006), pp. 990

[22] Patent US6608283, US5686360A1, US5811177A1, US5652067A1

[23] T. Mori, et al.,, Appl. Phys. Lett., 80, (2002), pp. 3895.

[24] M. S. Weaver, et al., Appl. Phys. Lett., 81, (2002), pp. 2929.

[25] M. Erdmann, et al., SID Digest (2006), pp. 436

[26] P. O. Nilsson et al., Phys. Rev. B, 16, (1977), pp. 3352

[27] H. Lifka, et al., SID Digest, (2004), pp. 1384

[28] H. Kubota, et al., Journal of Luminescence Vol.87-89, (2000), pp. 56

[29] D. Stryahilev et al., J. Vac. Sc. Techn. A20, 3, (2002), pp. 1087

[30] P. E. Burrows, et al., Proceedings of SPIE Vol.4105, (2001), pp. 75

[31] A. Sugimoto et al., Proceedings of International Workshop on Inorganic and Organic Electroluminescence, (2000), pp. 365

[32] H. Kim, et al., Proceedings International Display Workshops, (2002), pp. 1167

[33]J. H. Jung, et al., Proceedings International Display Workshops, (2004), pp. 1261

[34] K. Akedo, et al., SID Digest, (2003), pp. 559

[35] K. Akedo, et al., Proceedings of International Display Workshops, (2004), pp. 1367

[36] S. H. Choi, et al., Proceedings International Display Workshops, (2004), pp. 1417

[37] S.-H. K. Park, et al., ETRI Journal, Vol.27, No.5, (2005), pp. 545

[38] A. B. Chwang, et. al., Appl. Phys. Lett. 83, (2003), pp. 413

[39] J. D. Affinito, et al, J. Vac. Sci. Technol. A 17, (1999), pp. 1974

[40] M. Walther, et al., Surf. Coat. Technol. Vol.80, (1996), pp. 200

[41] M. Hemerik,et al., SID Digest (2006), pp. 1571

[42] K. Teshima, et al., Surface and Coatings Technology Vol.169-170 (2003), pp. 583

[43] N. D. Young et al., IEEE Electron Devices, Letters, Vol.18, No.1, (1997), pp. 19

[44] M. Miyasaka et al., Jpn. J. Appl. Phys. Vol.33, No.1B, (1994), pp. 444

[45] Y. -J. Tung, SID Digest, (1998), 30.3

[46] C. -F. Yeh, IEEE Electron Devices, Letters, Vol.17, No.9, (1996), pp. 421

[47] C.-H. Kim, Mat. Res. Soc. Symp. Proc. Vol.685E,(2001),pp. D5.1

[48] K. Furukawa, J. Appl. Phys. Vol.84,No.8, (1998),pp. 4579

[49] W. Huang, et al., Materials Science and Engineering, (2003), pp. 248

[50] A. B. Chwang, et. al. SID Digest, (2003), pp. 868

[51] A. Grill, IBM Journal of Res. and Dev., Vol.43, (1999), pp. 147

[52] X. Wang. et al., Appl. Phys. Lett. Vol78, No.20, (2001), pp. 3079

[53] K. J. Chen, et al., International Workshop on Inorganic and OrganicElectroluminescence, (2002), pp. 433

[54] S. J. Yun, et al., Applied Physics Letters Vol.85 Issue 21, (2004), pp. 4896

[55] T. Urade, et al., IEEE. Trans. Electron Devices vol.23, (1976), pp. 313

[56] J. J. W.M. Rosink, et al., SID Digest, (2005), pp. 1272

[57] S. C. Nam et al., Proceedings of International Display Workshops, (2004), pp. 1383

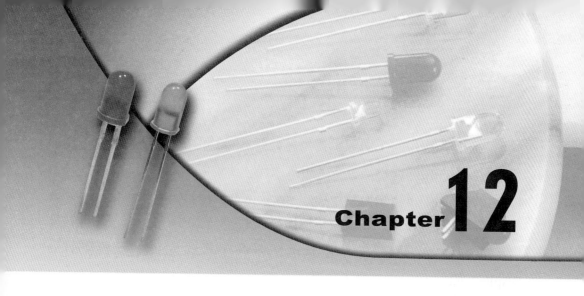

Chapter 12

有機發光二極體
技術藍圖

12.1 平面顯示技術藍圖

在高階顯示的應用面上，由於低溫複晶矽顯示技術的導入，有效地整合掃描驅動電路、資料驅動電路，加上高速多工器(MUX, Multiplex)的設計減少了資料驅動 IC 的使用量。下世代平面顯示技術藍圖(Technology Roadmap)朝向整合週邊驅動電路、感應器、低位元記憶體、低位元中央處理器(CPU, Central Processing Unit)。而下下世代著重於系統面板(SOP, System On Panel)的實現，因此平面顯示器將具備有高位元記憶體、微電腦架構與數位訊號處理能力[1,2,3]。

　　然而低階應用的平面顯示器也是發展重點，藉由微晶矽薄膜電晶體與有機薄膜電晶體的成熟與導入，切入大尺寸與低成本的應用產品中。在表12.1 預測平面顯示未來之技術藍圖，在技術藍圖中指出未來將由現行的液晶顯示朝向有機發光二極體顯示技術發展，如圖 12.1 所示低溫複晶矽技術搭配有機發光二極體顯示器產品將是殺手級的完美顯示器(Perfect Display)。

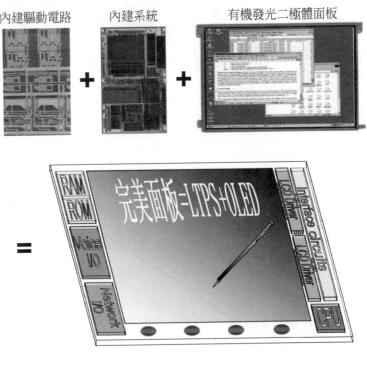

圖 12.1　完美面板示意圖

表 12.1　平面顯示技術藍圖

世代		目前	下世代	下下世代
面板解析度		200PPI	300PPI	>400PPI
顯示媒介		液晶	液晶/有機發光二極體	有機發光二極體
基板材質		玻璃	玻璃/塑膠	塑膠
低階應用	背板技術	非晶矽薄膜電晶體	微晶矽薄膜電晶體、有機薄膜電晶體	有機薄膜電晶體
	系統積集度	・WOA (Wring on Array) ・感應器	・多工器、掃描驅動電路	・有機電池 ・低位元記憶體
高階應用	背板技術	低溫複晶矽薄膜電晶體	低溫複晶矽薄膜電晶體	低溫複晶矽薄膜電晶體
高階應用	系統積集度	・WOA (Wring on Array) ・類比 S/H 電路 ・多工器 ・掃描驅動電路	・DAC 電路 ・顯示界面 ・低位元記憶體 ・低位元中央處理器 ・時脈控制電路 ・類比/數位周邊驅動電路 ・感應器、揚聲器	・3D 顯示技術 ・高位元記憶體 ・高位元中央處理器 ・數位訊號處理 ・數位周邊架構 ・RF 電路

● 12.1.1　次世代基板尺寸

　　然而次世代的製造技術日趨困難，由圖 12.2 的各世代顯示器基板尺寸趨勢可以明顯發現，隨著基板尺寸增加，無論是在於設備、傳送、材料等環節都面臨相當大的挑戰[4] 第三點五代基板尺寸為 $600 \times 720 mm^2$，玻璃基板相當於一張浴巾的大小，而第六代基板尺寸為 $1500 \times 1850 \ mm^2$，玻璃尺寸已相當於一張雙人床大小，到了第八代玻璃基板時，基板尺寸增至 2160×2460 mm²，其基板長寬均已大於一般正常成人的身高。圖 12.3 顯示次世代基板之經濟尺寸切割，第六代線主要以切割 32 吋、37 吋與 65 吋面板為主，第八代線主要以切割 46、53 吋與 94 吋面板為主。然演進到第十代技術時，玻璃基板尺寸大幅擴增至 2850×3050 mm²，主要切割 42 吋級面板、57 吋級面板或是 118 吋級面板為主，同時 42 吋面板可切割出十五片、57 吋面板可切割出八片、118 吋面板可切割出 2 片。表 12.2 估算出次世代 OLED 面板折舊攤提，若考量四年折舊攤提的條件下，相同 42 吋尺寸面板在第十代生產的折舊攤提金額約是第六代的 0.53 倍，因此適當的 OLED 面板尺寸應用在次世代技術上，能有效降低單位面積折舊攤提的金額，整體 OLED 面板成本亦相對降低。

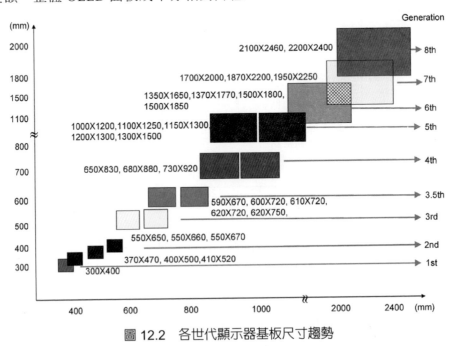

圖 12.2　各世代顯示器基板尺寸趨勢

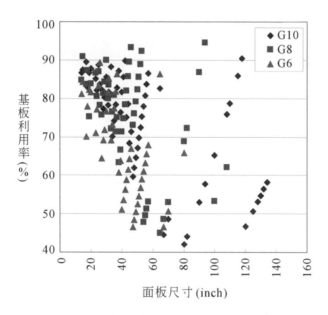

圖 12.3　次世代基板之經濟尺寸切割

表 12.2　OLED 面板折舊攤提金額

世代	第六代	第七代	第七點五代	第八代	第八代	第十代
玻璃尺寸 (mm)	1500× 1850	1870× 2200	1950× 2250	2160× 2460	2200× 2500	2850× 3050
產能 (Sheet/Month)	60000	60000	60000	60000	60000	60000
生產良率(%)	94%	94%	94%	94%	94%	94%
投資金額 (百萬美金)	1500	2000	2400	3000	3200	4000
折舊攤提	4	4	4	4	4	4

表 12.2　OLED 面板折舊攤提金額(續)

世代		第六代	第七代	第七點五代	第八代	第八代	第十代
單一玻璃面板切割數	20"	20	24	28	35	35	60
	32"	8	12	12	15	15	24
	37"	6	8	8	10	10	18
	40"	3	8	8	8	8	15
	42"	3	6	6	8	8	15
	46"	3	6	6	8	8	10
	47"	2	4	6	6	8	8
	50"	2	3	3	6	6	8
	52"	2	3	3	6	6	8
	55"	2	3	3	3	3	8
	65"	2	2	2	2	3	6
	80"	1	2	2	2	2	2
每片面板折舊攤提金額（美金）	20"	24.5	27.2	28.0	28.0	29.8	21.8
	32"	61.2	54.4	65.3	65.3	69.6	54.4
	37"	81.6	81.6	97.9	97.9	104.4	72.5
	40"	163.2	81.6	97.9	122.4	130.6	87.0
	42"	163.2	108.8	130.6	122.4	130.6	87.0
	46"	163.2	108.8	130.6	122.4	130.6	130.6
	47"	244.8	163.2	130.6	163.2	130.6	163.2
	50"	244.8	217.6	261.1	163.2	174.1	163.2
	52"	244.8	217.6	261.1	163.2	174.1	163.2
	55"	244.8	217.6	261.1	326.4	348.1	163.2
	65"	244.8	326.4	391.7	489.6	348.1	217.6
	80"	489.6	326.4	391.7	489.6	522.2	652.8

● 12.1.2　次世代製造生產

除了垂直整合 OLED 面板相關零組件並有效控管直接材料與間接材料成本(BOM, Bill of Material)外，第八代廠房與設備成本為第六代的一點五倍到二點五倍，因此提高製程設備的擁有成本(Cost of Ownership)、縮短製造循環時間與減少製程光罩數成為次世代 OLED 廠獲利的關鍵。次世代玻璃尺寸與基板卡匣極大，重量更是劇增，相關的製造設備也隨之放大，生產過程中自動傳送的走向效率更加重要。次世代 OLED 生產藉由佈局(Layout)設計來降低不必要的閒置時間與無效率的傳送，並考慮重工與機台共用的特性，使各設備平穩生產、各製程平衡 WIP 與最佳化生產規劃。圖 12.4 顯示第八代陣列段佈局示意圖，藉由製造流程的有效規劃，搭配自動搬送系統(AMHS, Automated Materials Handling Systems)的自動行走輸送車(AGV, Auto Guided Vehicle)、軌道輸送車(RGV, Rail Guided Vehicle)系統、抬頭輸送車(OHV, Over Head Vehicle)、運輸裝置(Conveyer)與基板卡匣儲存倉(Stocker)的串聯，使基板的搬運路線精簡到最短，並避免急劇加速搬運保管卡匣來降低玻璃的破損。同時導入 In-line 的概念，減少不必要的離線製程與量測，如此提高單位時間的搬運量與有效工作時間，達到低的製造循環時間。

以表 12.3 的各世代基板承載卡匣(Cassette)規格為例，隨著世代的推進，有機發光二極體背板製造用的 Cassette 尺寸與重量亦隨之增加，顯示著製造的困難度與營運成本大幅提升。

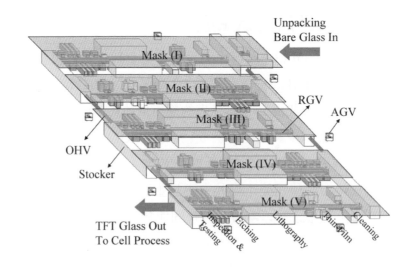

圖 12.4 第八代陣列段佈局示意圖

表 12.3 各世代 Cassette 規格一覽表

世代	基板尺寸	Cassette 尺寸	Cassette 重量	基板與 基板間距	單一 Cassette 基板數
G5	1000×1200	1060×860×1250	60Kg	36mm	20 片 /Cassette
	1100×1250	1160×865×1300	65Kg	38mm	20 片 /Cassette
	1100×1300	1160×898×1350	65Kg	40mm	20 片 /Cassette
	1200×1300	1262×964×1350	75Kg	42mm	20 片 /Cassette
G5.5	1300×1500	1476×1292×1531	268Kg	18mm	60 片 /Cassette

表 12.3　各世代 Cassette 規格一覽表(續)

世代	基板尺寸	Cassette 尺寸	Cassette 重量	基板與基板間距	單一 Cassette 基板數
G6	1500×1800	1640×1900×1890	247Kg	67mm	25 片 /Cassette
	1500×1850	1648×1900×1985	252Kg	55mm	30 片 /Cassette
G8	2200×2400	2549×1738×2540	965Kg	27mm	48 片 /Cassette

12.2　有機發光二極體顯示器的未來

　　表 12.4 為有機發光二極體顯示技術藍圖[5]，無論是系統層次、面板層次、元件層次或製程層次都朝向高效率與低成本的方向演進，特別是照明應用技術方面。表 12.5 比較白熾燈(Incandescent)、日光燈管(Fluorescent)、高照度放電燈管(HID, High-Intensity Discharging Lamp)與有機發光二極體照明技術的優缺點，白熾電燈泡從愛迪生發明至今已百多年，由於白熾電燈泡發光效率約在 10~15lm/W 之間，效率不高。而日光燈管發光效率約 50～100lm/W 之間，但受到結構、啟動電壓較高的限制，變化有限，而且它的使用壽命通常不久，這都大大限制其所使用的場所與對象。

　　白光有機發光二極體應用於液晶面板背光，目標是發展發光強度 1,000cd/m^2 且消耗功率 5mA/cm^2 以下。白光有機發光二極體的發光光譜必須涵蓋傳統 RGB 彩色濾光片的光譜[6]。1999 年 Philips 發表了第一個手機上液晶顯示器的有機發光二極體背部照光光源，其具有 4~8lm/W 的發光效率。

　　白光有機發光二極體與白光發光二極體一樣屬於固態發光(SSL, Solid-State Lighting)，具備有小型、堅固、低溫、亮燈速度快等優點。而且相較於傳統發光二極體，藍光有機發光二極體可以輕易的獲得，並且只要在有機發光二極體的發光主體層中摻雜紅、黃色的染料後，就可以輕易得到白光，或是利用多層發光層來組成白光，由於有機發光二極體是利用真空熱蒸鍍法及旋轉塗佈法來沉積薄膜，因此，大面積製程較簡單且製造成本較發光二極體低。另外有機發光二極體屬於面光源，相較於點光源的發光二極體更適合室內照明使用。以美國為例，照明的用電量約佔四分之一的總發電量，所以若能開發省電的白光有機發光二極體照明裝置，可減少燃燒產生 CO_2 的污染，及減少燈管中汞等重金屬污染的環保問題。

表 12.4　有機發光二極體顯示技術藍圖

類別		目前	下世代	下下世代
	二極體能源效率	3%	7.5%	15%
元件層次	二極體發光效率	12lm/W	30lm/W	60lm/W
	藍光發光效率	3lm/W	7.5lm/W	15lm/W
	藍光色飽和度(CIE x+y)	<0.33	<0.25	<0.22
	綠光發光效率	20lm/W	50lm/W	100lm/W

表 12.4　有機發光二極體顯示技術藍圖(續)

類別		目前	下世代	下下世代
元件層次	綠光色飽和度(CIE y)	>0.6	>0.7	>0.75
	紅光發光效率	5lm/W	12.5lm/W	25lm/W
	紅光色飽和度(CIE x)	>0.65	>0.67	>0.7
	最低壽命(1000 cd/m^2)	10K hours	20K hours	40K hours
	最大電壓	8V	5V	3V
製程層次	背板尺寸(Slow Track)	400×400mm	730×920mm	1500×1800mm
	背板尺寸(Fast Track)	620×750mm	1500×1800mm	2000×3000mm
	均勻度	5%	5%	5%
	最小畫素尺寸	85×255mm	42×128mm	28×85mm
	位置精確度	5mm	3mm	2mm
面板層次	面板能源效率	5%	12.5%	>30%
	面板發光效率	20lm/W	50lm/W	>120lm/W
	解析度	100ppi	200ppi	300ppi
	對比(500lux)	50	100	200
	演色性指數	75	80	>90
	最低壽命(2000cd/m^2)	10K hours	20K hours	>50K hours
	最大面板尺寸	20inch	40inch	>40inch
	最低壽命(2000cd/m^2)	10K hours	20K hours	>50K hours
	最大面板尺寸	20inch	40inch	>40inch

表 12.4　有機發光二極體顯示技術藍圖(續)

類別		目前	下世代	下下世代
面板層次	面板厚度	2mm	1mm	0.5mm
	面板重量	$0.5gm/cm^2$	$0.25gm/cm^2$	$0.1gm/cm^2$
	製造成本	120$/sq m	60$/sq m	<30$/sq m

表 12.5　各類照明技術比較

類別	發光效率	使用壽命	演色性指數	眩光	製造成本	使用成本
白熾燈	10~15lm/W	×	○	×	○	×
日光燈管	50~100lm/W	○	△	△	×	△
高照度放電燈管	50~130lm/W	○	×	×	×	△
有機發光二極體	50~120lm/W	○	○	○	○	○

○代表極佳、△代表適中、×代表差

12.3　結語

　　有機發光二極體顯示器被喻為最完美的顯示器，研究領域包括了材料合成、製程及元件物理，是一個典型的跨化學、物理及電子電機工程領域的研究。早期有機電激發光材料的專利技術主要由 Kodak 和 CDT 兩巨頭所擁有，因此有機發光二極體顯示器市場切入不易。然隨著有機電激發光材料的不斷開發，加上部分有機發光材料的專利技術即將到期，可預期將吸引更多競爭者加入 AMOLED 的市場。而台灣憑藉著 TFT-LCD 產業的高良率與高產值等優勢下，切入 AMOLED 的門檻相對較低，特別在未來次世代產能開出後，舊產線的規劃將是下一波 AMOLED 的契機。無論在亞洲、歐洲或是美洲等全球大廠，AMOLED 的商業化正在逐步實現，消費者享受 AMOLED 的高畫質指日可待。

參考資料

[1]　T. Nishibe, et al., SID Digest, (2006), pp. 1091

[2]　Y. Yamamoto, et al., SID Digest, (2006), pp. 1173

[3]　Y. Nakajima, et al., SID Digest, (2006), pp. 1185

[4]　N. Pettengill, International Display Manufacturing Conference (2005), pp. 109

[5]　A. R. Duggal, et al., SID Digest, (2005), pp. 28

[6]　Y. J. Tung, et al., SID Digest, (2004), pp. 48

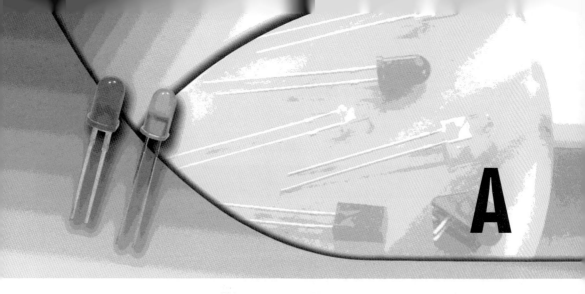

RPI 複晶矽薄膜電晶體模型參數

參數名稱	單位	參考預設值	說明
ASAT	—	1	Proportionality constant of Vsat
AT	m/V	3.00E-08	DIBL parameter 1
BLK	—	0.001	Leakage barrier lowering constant
BT	m.V	1.90E-06	DIBL parameter 2
CGDO	F/m	0	Gate-drain overlap capacitance per meter channel width
CGSO	F/m	0	Gate-source overlap capacitance per meter channel width

(續前表)

參數名稱	單位	參考預設值	說明
DASAT	1/°C	0	Temperature coefficient of ASAT
DD	m	1400Å	Vds field constant
DELTA	—	4	Transition width parameter
DG	m	2000Å	Vgs field constant
DMU1	cm2/Vs°C	0	Temperature coefficient of MU1
DVT	V	0	The difference between VON and the threshold voltage
DVTO	V/°C	0	Temperature coefficient of VTO
EB	EV	0.68	Barrier height of diode
ETA	—	7	Subthreshold ideality factor
ETAC0	—	ETA	Capacitance subthreshold ideality factor at zero drain bias
ETAC00	1/V	0	Capacitance subthreshold coefficient of drain bias
I0	A/m	6	Leakage scaling constant
I00	A/m	150	Reverse diode saturation current
LASAT	M	0	Coefficient for length dependence of ASAT
LKINK	M	1.90E-05	Kink effect constant
MC	—	3	Capacitance knee shape parameter

(續前表)

參數名稱	單位	參考預設值	說明
MK	—	1.3	Kink effect exponent
MMU	—	3	Low field mobility exponent
MU0	cm2/Vs	100	High field mobility
MU1	cm2/Vs	0.0022	Low field mobility parameter
MUS	cm2/Vs	1	Subthreshold mobility
RD	μ	0	Drain resistance
RDX		0	Resistance in series with Cgd
RS	μ	0	Source resistance
RSX		0	Resistance in series with Cgs
TNOM	°C	25	Parameter measurement temperature
TOX	m	1.00E-07	Thin-oxide thickness
V0	V	0.12	Characteristic voltage for deep states
VFB	V	-0.1	Flat band voltage
VKINK	V	9.1	Kink effect voltage
VON	V	0	On-voltage
VTO	V	0	Zero-bias threshold voltage

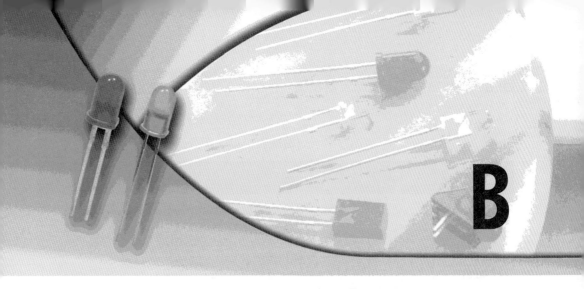

RPI 非晶矽薄膜電晶體模型參數

參數名稱	單位	參考預設值	說明
ALPHASAT	—	0.6	Saturation modulation parameter
CGDO	F/m	0	Gate-drain overlap capacitance per meter channel width
CGSO	F/m	0	Gate-source overlap capacitance per meter channel width
DEF0	eV	0.6	Dark Fermi level position
DELTA	—	5	Transition width parameter
EL	eV	0.35	Activation energy of the hole leakage current

(續前表)

參數名稱	單位	參考預設值	說明
EMU	eV	0.06	Field effect mobility activation energy
EPS	—	11	Relative dielectric constant of substrate
EPSI	—	7.4	Relative dielectric constant of gate insulator
GAMMA	—	0.4	Power law mobility parameter
GMIN	m-3eV-1	1.00E+23	Minimum density of deep states
IOL	A	3.00E-14	Zero bias leakage current parameter
KASAT	1/℃	0.006	Temperature coefficient of ALPHASAT
KVT	V/℃	-0.036	Threshold voltage temperature coefficient
LAMBDA	1/V	0.0008	Output conductance parameter
M	—	2.5	Knee shape parameter
MUBAND	m^2/Vs	0.001	Conduction band mobility
RD	μ	0	Drain resistance
RS	μ	0	Source resistance
SIGMA0	A	1.00E-14	Minimum leakage current parameter
TNOM	℃	25	Parameter measurement temperature
TOX	m	1.00E-07	Thin-oxide thickness
V0	V	0.12	Characteristic voltage for deep states

(續前表)

參數名稱	單位	參考預設值	說明
VAA	V	7.50E+03	Characteristic voltage for field effect mobility
VDSL	V	7	Hole leakage current drain voltage parameter
VFB	V	-3	Flat band voltage
VGSL	V	7	Hole leakage current gate voltage parameter
VMIN	V	0.3	Convergence parameter
VTO	V	0	Zero-bias threshold voltage

國家圖書館出版品預行編目資料

OLED 有機發光二極體顯示器技術 / 陳志強編著. --
　四版. -- 新北市 ： 全華圖書股份有限公司,
　2023.03
　　面 ； 公分

　ISBN 978-626-328-417-3(平裝)

　1.CST: 光電科學　2.CST: 顯示器
448.68　　　　　　　　　　　　112003069

OLED 有機發光二極體顯示器技術

作者 / 陳志強

發行人 / 陳本源

執行編輯 / 葉書瑋

出版者 / 全華圖書股份有限公司

郵政帳號 / 0100836-1 號

印刷者 / 宏懋打字印刷股份有限公司

圖書編號 / 0594603

四版一刷 / 2023 年 05 月

定價 / 新台幣 550 元

ISBN / 978-626-328-417-3

全華圖書 / www.chwa.com.tw

全華網路書店 Open Tech / www.opentech.com.tw

若您對本書有任何問題，歡迎來信指導 book@chwa.com.tw

臺北總公司(北區營業處)
地址：23671 新北市土城區忠義路 21 號
電話：(02) 2262-5666
傳真：(02) 6637-3695、6637-3696

南區營業處
地址：80769 高雄市三民區應安街 12 號
電話：(07) 381-1377
傳真：(07) 862-5562

中區營業處
地址：40256 臺中市南區樹義一巷 26 號
電話：(04) 2261-8485
傳真：(04) 3600-9806(高中職)
　　　(04) 3601-8600(大專)

版權所有・翻印必究

23671 新北市土城區忠義路 21 號

全華圖書股份有限公司

行銷企劃部　收

廣　告　回　信
板橋郵局登記證
板橋廣字第540號

歡迎加入 全華會員

● 會員獨享

會員享購書折扣、紅利積點、生日禮金、不定期優惠活動…等。

● 如何加入會員

掃 QRcode 或填妥讀者回函卡直接傳真 (02) 2262-0900 或寄回，將由專人協助
登入會員資料，待收到 E-MAIL 通知後即可成為會員。

如何購書

1. 網路購書

全華網路書店「http://www.opentech.com.tw」，加入會員購書更便利，並享
有紅利積點回饋等各式優惠。

2. 實體門市

歡迎至全華門市（新北市土城區忠義路 21 號）或各大書局選購。

3. 來電訂購

(1) 訂購專線：(02) 2262-5666 轉 321-324
(2) 傳真專線：(02) 6637-3696
(3) 郵局劃撥（帳號：0100836-1　戶名：全華圖書股份有限公司）

※　購書未滿 990 元者，酌收運費 80 元。

OpenTech.com.tw 全華網路書店

全華網路書店 www.opentech.com.tw
E-mail: service@chwa.com.tw

※ 本會員制如有變更更則以最新修訂制度為準，造成不便請見諒。

讀者回函卡

掃 QRcode 線上填寫 ▶▶▶

姓名：

生日：西元　　　年　　月　　日　性別：□男 □女

電話：（　　）　　　　　　　手機：

e-mail：（必填）

通訊處：□□□□□

註：數字零，請用 Ø 表示，數字 1 與英文 L 請另註明並書寫端正，謝謝。

學歷：□高中·職 □專科 □大學 □碩士 □博士

職業：□工程師 □教師 □學生 □軍·公 □其他

學校／公司：　　　　　　　　　科系／部門：

· 需求書類：

□ A.電子 □ B.電機 □ C.資訊 □ D.機械 □ E.汽車 □ F.工管 □ G.土木 □ H.化工
□ I.設計 □ J.商管 □ K.日文 □ L.美容 □ M.休閒 □ N.餐飲 □ O.其他

· 本次購買圖書為：　　　　　　　　　書號：

· 您對本書的評價：

封面設計：□非常滿意 □滿意 □尚可 □需改善，請說明

內容表達：□非常滿意 □滿意 □尚可 □需改善，請說明

版面編排：□非常滿意 □滿意 □尚可 □需改善，請說明

印刷品質：□非常滿意 □滿意 □尚可 □需改善，請說明

書籍定價：□非常滿意 □滿意 □尚可 □需改善，請說明

整體評價：請說明

· 您在何處購買本書？

□書局 □網路書店 □書展 □團購 □其他

· 您購買本書的原因？（可複選）

□個人需要 □公司採購 □親友推薦 □老師指定用書 □其他

· 您希望全華以何種方式提供出版訊息及特惠活動？

□電子報 □ DM □廣告（媒體名稱　　　　　）

· 您是否上過全華網路書店？（www.opentech.com.tw）

□是 □否　您的建議

· 您希望全華出版哪方面書籍？

· 您希望全華加強哪些服務？

感謝您提供寶貴意見，全華將秉持服務的熱忱，出版更多好書，以饗讀者。

填寫日期：　　／　　／

2020.09 修訂

親愛的讀者：

感謝您對全華圖書的支持與愛護，雖然我們很慎重的處理每一本書，但恐仍有疏漏之處，若您發現本書有任何錯誤，請填寫於勘誤表內寄回，我們將於再版時修正，您的批評與指教是我們進步的原動力，謝謝！

全華圖書 敬上

勘誤表

書　號	書　名	作　者
頁　數	行　數	錯誤或不當之詞句	建議修改之詞句

我有話要說：（其它之批評與建議，如封面、編排、內容、印刷品質等...）